普通高等教育计算机类专业教材

信息安全技术基础
（第二版）

主编　张浩军　陈莉　王峰

中国水利水电出版社
www.waterpub.com.cn

·北京·

内 容 提 要

随着计算机和网络应用的普及，信息安全已经成为关系国家政治稳定、经济发展、军事对抗的重要问题。本书面向实际应用，全面介绍了信息安全保障体系和防御体系，信息安全基本概念、理论背景，以及各种信息安全技术的实现机理，解读信息安全技术的典型应用，帮助读者树立信息安全工程思想。

全书共 12 章，主要介绍了信息安全工程基本思想、密码技术、基于密码技术的安全服务、非密码网络安全防御技术。

本书在编写上强调实用性和系统性，适合高等院校计算机、通信、电子商务等相关专业的信息安全课程使用，也可以作为从事计算机、网络工程项目建设与运行维护的技术人员的参考书。

本书提供配套的电子课件，读者可从中国水利水电出版社网站（http://www.waterpub.com.cn）或万水书苑（http://www.wsbookshow.com）免费下载。

图书在版编目（CIP）数据

信息安全技术基础 / 张浩军，陈莉，王峰主编. --
2版. -- 北京 ：中国水利水电出版社，2021.12
普通高等教育计算机类专业教材
ISBN 978-7-5226-0107-6

Ⅰ. ①信… Ⅱ. ①张… ②陈… ③王… Ⅲ. ①信息系
统－安全技术－高等学校－教材 Ⅳ. ①TP309

中国版本图书馆CIP数据核字(2021)第209432号

策划编辑：石永峰　　责任编辑：周益丹　　加工编辑：吕慧　　封面设计：梁燕

书　　名	普通高等教育计算机类专业教材 信息安全技术基础（第二版） XINXI ANQUAN JISHU JICHU
作　　者	主编　张浩军　陈莉　王峰
出版发行	中国水利水电出版社 （北京市海淀区玉渊潭南路 1 号 D 座　100038） 网址：www.waterpub.com.cn E-mail: mchannel@263.net（万水） 　　　　sales@waterpub.com.cn 电话：（010）68367658（营销中心）、82562819（万水）
经　　售	全国各地新华书店和相关出版物销售网点
排　　版	北京万水电子信息有限公司
印　　刷	三河市德贤弘印务有限公司
规　　格	184mm×260mm　16 开本　14 印张　349 千字
版　　次	2011 年 10 月第 1 版　　2011 年 10 月第 1 次印刷 2021 年 12 月第 2 版　　2021 年 12 月第 1 次印刷
印　　数	0001—3000 册
定　　价	42.00 元

第二版前言

作为一种资源和交流的载体，信息在现代社会发展中发挥着重要作用。信息在产生、加工、传递和使用过程中面临着各种安全威胁，如信息可能丢失，可能被非授权用户获取、使用等。随着计算机和网络应用的普及，人们的生活和工作越来越离不开计算机和计算机网络，随之而来的信息安全问题则更加突出。个人担心隐私泄露，企业或组织担心商业秘密被窃取或重要数据被盗，政府部门担心国家机密信息泄露，病毒通过网络肆虐，网络资源可能被滥用，等等。信息安全已成为国家、政府、部门、组织、个人都非常重视的问题。

信息安全涉及计算机科学与技术、密码学、数学、通信工程等学科专业领域，已成为一门交叉学科。同时，信息安全保障不仅是一个技术问题，还涉及人、管理、制度、法律等众多层面。本书为读者介绍信息安全技术的基本背景、原理与应用，突出网络环境下的信息安全保障体系建立和相关技术，面向实用，力求向读者诠释"什么是信息安全""如何构建信息安全保障体系""信息安全有哪些主要技术及如何应用"。

本书面向应用，全面地介绍了实现和保障信息安全的各种技术和手段，透视了各种信息安全技术的实现机理与方法，帮助读者掌握信息安全基本概念，建立对信息安全较全面的、系统的认识，从而掌握信息安全技术应用，解决实际工作中信息安全工程问题。同时，本书编者希望与读者一起对这些技术的设计开发理念、创新思想进行剖析。

本书以网络环境下的信息安全保障技术为主线，介绍安全保障与防御的各种具体技术，重点突出以密码技术为基础的安全机制与服务。本书共 12 章，各章内容简述如下：

第 1 章描述常见的信息安全威胁实例，通过列举一些影响深刻的典型信息安全案例，对信息安全事件进行分类，圈定信息安全问题的讨论范畴，为读者建立信息安全基本概念。

第 2 章从信息本身、信息载体、信息环境角度总结信息安全范畴，刻画保密性、完整性、鉴别性等信息安全属性；介绍信息安全保障体系结构，并给出闭环式具有动态适应性的信息安全防御模型；介绍信息安全等级保护与风险评估的相关标准与过程，使读者建立信息安全工程思想与方法。密码技术是实现信息安全服务中保密性、完整性、鉴别性、抗抵赖性等安全属性的基础性关键技术。

第 3 章介绍了密码技术的基本概念和发展，数据保密通信模型，抽象介绍对称密码体制、公钥密码体制和数字签名体制，以及基于密码技术实现消息完整性保护和认证等服务，最后简单介绍密码技术理论支撑——计算复杂理论。

第 4 章详细介绍两种典型对称密码算法 DES、AES 的实现，并简单介绍 IEDA、RC4 等其他几个著名的对称密码算法，还介绍分组密码工作模式，使读者了解现代对称加/解密算法的实现机理，掌握对称密码的应用。

第 5 章详细介绍著名的 RSA、ElGamal 和基于椭圆曲线的公钥密码算法，使读者了解公钥密码算法的实现机理，掌握公钥密码的应用。

第 6 章介绍对称密钥管理，详细介绍基于数字证书的公钥密码中的密钥管理技术——公钥基础设施 PKI。

第 7 章介绍基于密码技术实现网络环境下数据安全通信的典型协议——虚拟专用网协议 IPSec 和传输层安全协议 TLS，以解释在网络层、传输层不同协议层上实现对等实体相互认证以及数据保密通信的方法。

第 8 章以特殊的无线局域网 WLAN 环境为背景，介绍典型的 IEEE 802.11 定义的健壮网络安全以及我国 WAPI 无线局域网的安全基础架构。

第 9 章介绍非密码的网络防御技术，包括基于主机和端口的扫描技术、隔离内外网络的防火墙技术、基于模式及规则匹配的入侵检测技术，以及建立诱导系统发现攻击和系统脆弱性的蜜罐技术。

第 10 章介绍数字隐藏和数字水印技术。

第 11 章介绍基于信任模型的可信计算技术，重点介绍可信计算平台的工作原理和实现。

第 12 章介绍分布式去中心化安全应用——区块链技术与比特币系统。

本书的第一版在 2015 年被遴选为河南省"十二五"普通高等教育规划教材。本书在第一版的基础上对案例进行了更新，对第一版中的错误进行了勘正，并扩展了区块链应用等信息安全新技术。本书的编写出版获得河南省"计算机网络"教学团队项目资助。

本书由河南工业大学张浩军教授、王峰博士，河南财经政法大学陈莉教授共同编写。其中，张浩军编写第 1~4 章，并负责全书统稿；王峰编写第 7~10 章；陈莉编写第 5、6、11、12 章。此外，张文帅参与了本书的素材整理和校对工作。

由于编者水平有限，书中难免有疏漏和不妥之处，敬请专家和读者批评指正，欢迎就相关技术问题进行切磋交流。作者联系方式：zhj@haut.edu.cn。

编 者
2021 年 10 月

第一版前言

信息作为一种资源和交流的载体,在现代社会发展中发挥着重要作用。信息在产生、加工、传递和使用过程中面临着各种安全威胁,信息可能丢失,可能被非授权用户获取、使用。随着计算机和网络应用的普及,人们的生活和工作越来越离不开计算机和计算机网络,随之而来的信息安全问题也更加突出。个人担心隐私泄露,企业和组织担心商业秘密被窃取或重要数据被盗,政府部门担心国家机密信息泄露,病毒通过网络肆虐,网络资源可能被滥用等,这些已经成为影响国家政治稳定、经济发展、军事对抗的重要方面。信息安全已成为国家、政府、部门、组织、个人都非常重视的问题。

信息安全涉及计算机科学与技术、密码技术、数学、通信工程等专业领域,已成为一门交叉学科。同时,信息安全保障不仅是技术问题,还涉及人、管理、制度、法律等众多层面。本书为读者介绍信息安全技术的基本背景、原理与应用,本书编写不求大而全,而是突出网络环境下的信息安全保障体系的建立和相关技术,面向实用,力求向读者诠释"什么是信息安全""如何构建信息安全保障体系""信息安全有哪些主要技术和如何应用"等问题。

本书适合计算机、通信、电子商务等大专院校相关专业的信息安全课程使用,也可以作为从事计算机、网络工程项目建设与运行维护的技术人员的工具参考书。本书面向应用,全面地介绍了实现和保障信息安全的各种技术和手段,透视了各种信息安全技术的实现机理与方法,帮助读者掌握信息安全基本概念,建立起对信息安全较全面的、系统的认识,掌握信息安全技术应用,解决实际工作中的信息安全工程问题。同时,本书编者希望与读者一起对这些技术的设计开发理念、创新思想进行剖析,产生共鸣,启发我们的创新思维。

本书以网络环境下的信息安全保障技术为主线,力求全面刻画信息安全保障体系,介绍安全保障与防御的各种具体技术,重点突出以密码技术为基础的安全机制与服务。本书共分11 章。第 1 章描述常见的信息安全威胁实例,通过列举一些影响深刻的典型信息安全案例,归纳出信息安全事件分类,为读者建立起信息安全的基本概念,圈定信息安全问题的讨论范畴。第 2 章从信息本身、信息载体、信息环境角度总结信息安全范畴,刻画保密性、完整性、鉴别性等信息安全属性;介绍信息安全保障体系结构,并给出闭环式具有动态适应性的信息安全防御模型;介绍信息安全等级保护与风险评估的相关标准与过程;为读者建立起信息安全工程思想与方法。密码技术是实现信息安全服务中保密性、完整性、鉴别性、抗抵赖性等安全属性的基础性关键技术。第 3 章介绍密码技术的基本概念和发展,数据保密通信模型,抽象介绍对称密码体制、公钥密码体制、数字签名体制,以及基于密码技术实现消息完整性保护和认证等服务,最后简单介绍密码技术的理论支撑——计算复杂理论。第 4 章详细介绍两种典型对称密码算法 DES、AES 的实现,并简单介绍了 IEDA、RC4 等其他几个著名的对称密码算法,介绍了分组密码工作模式,使读者了解现代对称加解密算法的实现机理,掌握对称密码的应用。第 5 章详细介绍著名的 RSA、ElGamal 和基于椭圆曲线的公钥密码算法,使读者了解公钥密码算法的实现机理,掌握公钥密码的应用,以及密码技术应用中必须解决的密钥分发与管理问题。第 6 章介绍了对称密钥管理,详细介绍了基于数字证书的公钥密码中的密钥管理技术——公钥基础设施 PKI，密码技术使得在开放的网络环境下实现实体认证和数据保密通信成为可能。第 7 章介绍基于密码技术实现网络环境下数据安全通信的典型协议——虚拟专用网协议 IPSec 和传输层安全 TLS 协议，以解释在网络层、传输层不同协议层上实现对等实体相互认证以及数据保密通信的方法。第 8 章以特殊的无线局域网 WLAN 环境为背景，介绍了典型的 IEEE 802.11 定义的健壮网络安全以及我国 WAPI 无线局域网的安全基础架构。第 9 章介绍非密码的网络防御技术，包括基于主机和端口的扫描技术、隔离内外网络的防火墙技术、基于模式及规则匹配的入侵检测技术，以及建立诱导系统发现攻击和系统脆弱性的蜜罐技术。第 10 章介绍数字隐藏和数字水印技术。第 11 章介绍基于信任模型的可信计算技术，重点介绍可信计算平台的工作原理和实现。

本书由河南工业大学张浩军教授、杨卫东博士、谭玉波博士、王峰博士共同编写。其中张浩军编写第 4～6 章和第 8 章，并负责全书统稿；杨卫东编写第 1～3 章；谭玉波编写第 7、10、11 章；王峰编写第 9 章。此外，范学辉、赵保鹏、齐庆磊、吴勇、易红、赵玉娟、程立、王雪涛、尹辉、程凤娟、王晓松、李国平等在本书的编写、素材整理、校对等过程中做了大量工作，在此表示感谢。本书编写工作受到河南省青年骨干教师资助计划、河南工业大学高层次人才引进计划项目（150269）、河南省精品课程"计算机网络技术"、河南省教育科学"十一五"规划 2010 年度课题等项目资助。

本书编者诚挚欢迎广大读者和各界人士批评指正本书中的错误和不妥之处并提出宝贵的建议，欢迎就相关技术问题进行切磋交流，作者联系方式：zhj@haut.edu.cn。

编　者

2011 年 8 月

目　　录

第1章 绪论

本章学习目标

本章介绍信息安全问题的产生及其重要性、信息系统面临的威胁及分类。通过本章的学习，读者应该掌握以下内容：

- 信息安全的基本概念和范畴。
- 信息及信息系统面临的安全威胁。
- 安全事件的分类。

1.1 信息安全问题及其重要性

 在网络世界中我们的信息安全吗？

信息作为一种资源和交流的载体，具有普遍性、共享性、增值性、可处理性和多效用性，对人类社会发展具有特别重要的意义。当然，我们这里讨论的是计算机中存储和处理的、在网络中传递的信息——以各种形式存在的数据。信息安全的实质就是要保护信息系统和信息网络中的信息资源免受各种类型的威胁、干扰和破坏。保护信息安全性应贯穿信息生命周期的各个环节，即信息的产生、存储、处理、传递、使用等，也包括保护信息各种形态的安全性。

什么是信息系统（Information System）呢？按照《信息安全技术 信息安全事件分类分级指南》（GB/Z 20986—2007）国家标准定义，信息系统是由计算机及其配套的设备、设施（含网络）构成的，按照一定的应用目标和规则对信息进行采集、加工、存储、传输、检索等处理的人机系统。信息安全事件（Information Security Incident）则是指由于自然或者人为，以及软硬件本身缺陷或故障，对信息系统造成危害，或对社会造成负面影响的事件。保障信息安全就是要查找、防范、阻断引起危害和影响的潜在威胁。因此，信息安全是指信息系统的硬件、软件及系统中的数据受到保护，不因偶然的因素或者恶意的行为而遭到破坏、更改、泄露，系统能够连续可靠正常地运行，信息服务不中断。

保障信息安全是任何国家、政府、部门、行业都必须十分重视的，是一个不容忽视的国家安全战略。

随着计算机、网络的日益广泛应用，人们的生活和工作越来越离不开计算机和计算机网络，人们把繁多且复杂的事情托付给计算机来完成，导致"敏感"信息正在通过"脆弱"的通信线路在计算机系统之间传送，隐私信息在计算机内存储或在计算机之间交换，机密的电子商务信息正在被不安全地存储和传送，个人隐私信息正在被无数的恶意软件窥视，所有这一切让我们使用计算机和网络时有"担惊受怕"的感觉，而问题的关键是如何防范非授权用户非法获取（非授权访问）这些敏感（重要）信息。网络的开放性、自主/自由性、无组织性使这些信息的安全问题更为突出。

我们经常可以听到或看到各种信息安全事件的报道，例如，使用聊天软件或访问挂马网站导致用户的账户等敏感信息泄露，网上交易遭遇虚假商家致使资金被骗，病毒和木马泛滥影响我们计算机系统的正常工作或窃取我们的私密信息。最近几年，个人隐私通过网络外泄的概率正在增加，"日记门"、人肉搜索，人人都有可能因为隐私泄露而在网络上一夜"走红"。

先让我们看一些近年来发生的信息安全重大事件和国内网络安全现状。

"维基解密"风波

2017 年 3 月 7 日，维基解密网站（WikiLeaks）曝光了一份 2013 年至 2016 年间的对美国 CIA 黑客工具大揭秘的资料，共有 8761 份 CIA 秘密文件，很大程度上曝光了 CIA 的黑客技术和内部基建情况。随后，基本上保持着平均一周时间公布 CIA 的一项工具详情文档和用户手册，从而把 CIA 实施黑客攻击的工具箱亮在了全世界面前。无论是手机、计算机还是智能电视，都有可能变成 CIA 监听和监视的装备。赛门铁克的研究人员表示，这些泄露的 CIA 黑客工具应当对 16 个国家的 40 多起网络攻击负责。卡巴斯基实验室的报告也表明，这些泄露的利用漏洞的工具的确促成了更多网络攻击。这是继斯诺登泄露 NSA 数据之后又一国家级机密信息泄露，维基解密将此次泄露项目命名为"Vault 7"。这是 CIA 史上最大规模的文档泄露。同年 11 月 9 日，维基解密又曝光了名为"Vault 8"的文档，里面包含大量 CIA 网络武器的控制端源码和后端开发架构信息。

英特尔"芯片门"事件

2018 年 1 月，媒体披露英特尔 CPU 存在"熔断（Meltdown）"与"幽灵（Spectre）"底层漏洞，引发全球用户对信息安全的担忧。攻击者利用这两个漏洞能读取设备内存，获得账户信息、密码、密钥等敏感信息。英特尔自 1995 年起发布的 x86 处理器几乎全受影响，使得过去 20 年制造的每一种计算设备，无论是个人计算机、服务器还是移动设备都面临受到攻击的风险。同时，包括 Windows、MacOS 及 Linux 等在内的操作系统也都受到影响。不仅如此，由于英特尔处理器的市场高占有率和高流通率，漏洞事件还波及了包括亚马逊、微软、谷歌等在内的云服务厂商。诉讼者指控英特尔数月前就了解芯片存在漏洞，却未及时对外公布消息，而英特尔也因此面临着自 1994 年"奔腾门"事件后的最大公关危机。

国内网络安全现状

2021 年 7 月 20 日，国家计算机网络应急技术处理协调中心（CNCERT/CC）正式发布《2020 年中国互联网网络安全报告》，报告显示，2020 年我国网络安全威胁呈现以下几个特点：①APT（高级持续性威胁）组织利用社会热点、供应链攻击等方式持续对我国重要行业实施攻击，远程办公需求的增长扩大了 APT 攻击面，如以"新冠肺炎疫情""基金项目申请"等相关社会热点及工作文件为诱饵，向我国重要单位邮箱账户投递钓鱼邮件；②APP 违法违规收集个人信息以及非法售卖个人信息情况仍较为严重，联网数据库和微信小程序数据泄露风险较为突出；③历史重大漏洞利用风险依然严重，网络安全产品自身漏洞风险上升，如利用安全漏洞针对境内主机进行扫描探测、代码执行等的远程攻击行为日均超过 2,176.4 万次；④勒索病毒的勒索方式和技术手段不断升级（全年已捕获勒索病毒软件 78.1 万余个），采用 P2P 传播方式的联网智能设备恶意程序异常活跃，仿冒 APP 综合运用定向投递、多次跳转、泛域名解析等多种手段规避检测；⑤以社会热点为标题的仿冒页面骤增，如仿冒 ETC 页面呈井喷式增长，针对网上行政审批的仿冒页面数量大幅上涨；⑥工业控制系统互联网安全风险仍较为严峻，直接暴露在互联网上的工业控制设备和系统存在高危漏洞隐患占比仍然较高。

2020 年，CNCERT/CC 共接收境内外报告的网络安全事件 103,109 起，网络安全事件数量排名前 3 位的是安全漏洞、恶意程序、网页仿冒。从网络安全检测数据来看，全年捕获恶意程序样本数量超过 4,200 万个，恶意程序日均传播次数为 482 万余次，境内感染计算机恶意程序的主机约 533.82 万台。2020 年 CNVD 收录安全漏洞数量共计 20,704 个，同比增长 27.9%，监测发现约 20 万个针对我国境内网站的仿冒页面，境内外约 2.6 万个 IP 地址对我国境内约 5.3 万个网站植入后门。

在 2020 年"全面推进互联网+，打造数字经济新优势"背景下，数字化转型后业务安全面临的挑战日益严峻，其中 Web 应用程序漏洞仍然是网络攻击的主要入口。2020 年，Web 应用漏洞主要集中在跨站脚本攻击、注入攻击、无效的身份验证、敏感数据泄露 4 种类型，占据全部漏洞类型的 80.4%。操作系统漏洞一直是被黑客利用的重灾区，2020 年操作系统漏洞总数为 2,343 个，较 2019 年增长 17.4%。2020 年收录数据库漏洞总数为 266 个，相比 2019 年增长 5%。2020 年工业控制系统漏洞总数为 645 个，比 2019 年增加 205 个。随着云计算技术的日益成熟和应用，云计算安全日益迫切，2020 年新增云计算通用组件漏洞 241 个，比 2019 年增长 45.2%。2020 年，在利用木马或僵尸程序控制服务器对主机进行控制的事件中，我国境内木马或僵尸程序受控主机 IP 地址数量为 5,338,246 个，境内控制服务器 IP 地址数量为 12,810 个。新冠肺炎疫情爆发后，黑客和攻击组织趁火打劫，持续发起网络窃密攻击，攻击形势严峻，整体攻击态势在 2020 年 4 月达到全年高点。

"维基解密"暴露了信息安全保障的严重问题，网络上各种类型的攻击、破坏甚至犯罪呈上升趋势。针对日益严峻的网络安全事件，为了遏制黑客袭扰不断升级的现象，美国联邦政府实施了代号为"爱因斯坦"的网络安全工程，整个项目将持续数年。美国国土安全部表示，本次接受改造的互联网接入系统不仅涉及军方网站，未来美联邦政府雇员的所有网络活动（如浏览网页和收发电子邮件）都将使用特别打造的安全网络。届时，美国联邦政府设在互联网上的 2,400 多处"接入点"将处于严密保护之下，从而防止黑客盗取各类敏感信息。不过，此举也引发了一些人的顾虑，担心它可能侵害联邦政府雇员的隐私权。

英特尔芯片缺陷导致的漏洞可能影响几乎所有计算机和移动设备用户的个人信息安全，受波及设备数以亿计。尽管通过安全补丁可以解决漏洞问题，但打补丁后计算机性能可能下降 5%～30%，并且芯片漏洞是由 CPU 架构而非软件引起，所以打补丁并不能彻底解决芯片漏洞。英特尔 CPU 存在的严重技术缺陷是体系结构的设计漏洞，所有拥有分支预测、乱序执行、投机执行、缓存特性的现代处理器平台都会遭到这样的攻击。事实上，Meltdown 漏洞几乎影响了所有的 Intel CPU 和部分 ARM CPU，而 Spectre 则影响了所有的 Intel CPU 和 AMD CPU，以及主流的 ARM CPU。英特尔"芯片门"事件引发了人们对信息安全的反思，我们在无限制追求芯片性能的同时，不应忘记安全性也是一个很重要的因素。

而国内统计的信息安全事件及其造成的危害与损失也越来越突出。信息安全事件不仅危及公共安全、政治稳定、企业竞争，更关系到广大网民的切身利益。

由此可见，信息安全问题已经成为上至国家、政府、企业、组织，下至每个使用计算机和网络的个人都需要关注和面对的现实问题。

1.2 信息安全威胁实例

 在使用信息产品和基础设施时，我们面临哪些威胁？

上面列举了一些重大信息安全事件以及身边发生的许多信息安全实例。不难看出，信息在存储、处理和交换过程中，都存在泄密或被截获、窃听、篡改、伪造的可能性，信息系统面临着其所涉及的各个环节的安全保护问题，包括信息的载体，如计算机、手机等终端设备，以及构成网络通信基础设施的各种网络设备和服务平台等。

那么，我们在使用信息系统时，到底面临哪些安全问题呢？或者说面临哪些威胁呢？直观地看，作为一个计算机用户或单位的网络管理员可能担心如下的安全威胁。

- 我的计算机是否感染了病毒或木马？病毒或木马会造成系统工作不稳定，工作速度缓慢，经常出现宕机，而此时我又忘记保存正在输入的文档，系统内数据或文件莫名其妙地丢失，系统中的重要口令、文件或数据被通过网络传输出去，系统经常从网络中下载"莫名其妙"的文件等。

- 我在网络中传输的数据是否会被别人看到、截获（拦截）、篡改？我通过网络把一份重要文件传递给一位商业伙伴，文件能安全、正确地被接收吗？

- 我从网络中接收到的数据确实来自我所信任或期望的发送者吗？我能确信接收到的数据是正确的（没有被篡改、不是伪造的）吗？

一个假想的例子：

假设某大学张教授准备通过网络给王教授发送一份期末考试试卷的电子文档，而同学李某是一位计算机天才、网络技术高手，他试图通过网络截获这份试卷。张教授会担心以下问题：试卷通过网络传输，是否会被李同学监听到并看到试卷的全部或部分内容（保密性问题）；试卷在传输过程中是否被李同学篡改过（完整性问题），他把不会做的题目换成了简单的题目；王教授能否确定这份试卷来自张教授而不是被李同学调换的试卷（可认证性）；张教授发送了这份试卷但事后否认此事，或者王教授接收到这份试卷事后否认已经收到了这份试卷（不可否认性或抗抵赖性）。天哪，张教授最后决定亲自上门把试卷送到王教授手中，双方当面再签署一份确认函。

这些问题是我们在使用网络传输数据时需要考虑的，当然在具体应用中还有其他安全问题需要一并考虑，如网络上电子交易中的匿名性、可追溯性、公平性保障等。

- 我单位内部网络是否遭到入侵？单位内部服务器（面向内部应用）是否受到非法访问（非授权人员访问）？我单位内部数据库系统是否受到非法访问？数据是否被窃取或篡改？内部应用软件（如内部 OA 系统）是否被非法使用？

- 我单位的对外服务器是否受到破坏或干扰？服务器是否能够对外提供正常而稳定的服务？我单位网站的主页是否被篡改，主页文件是否被替换，网站上是否被非法外挂恶意代码？

- 我的计算机是否会被盗？保存有重要数据的移动硬盘或 U 盘丢失了怎么办？

- 我的办公室是否会漏水？供电不稳定或打雷会不会导致我的计算机损坏？

● 如果发生地震或洪水，我的办公楼倒塌了，我的计算机损坏了，重要的数据就会丢失。

上面列举了我们在使用计算机和网络等信息系统时可能面临的一些安全威胁，也是我们在使用、管理我们的计算机、网络、软件、系统时需要认真考虑并加以防范的安全需求。

1.3 信息安全事件分类

上面列举了一些典型的安全威胁，如何系统地进行分类呢？《信息安全技术 信息安全事件分类分级指南》（GB/Z 20986—2007）国家标准中将信息安全事件分为 7 个基本类型，每个基本类型又分为若干子类，这些安全事件分类可以概括我们可能面临的信息安全问题，可以更系统地分析我们面临的安全事件。

1. 有害程序事件

有害程序事件是指蓄意制造、传播有害程序（或称恶意代码、恶意软件），或是因受到有害程序的影响而导致的信息安全事件。有害程序是指插入到信息系统中的一段程序，会危害系统中的数据、应用程序或操作系统的保密性、完整性或可用性，或影响信息系统的正常运行。有害程序事件又包括以下 7 个子类。

（1）计算机病毒事件。计算机病毒事件指蓄意制造、传播计算机病毒，或是因受到计算机病毒影响而导致的信息安全事件。计算机病毒是指在计算机程序中插入的一组计算机指令或者程序代码。它可以破坏计算机功能或者毁坏数据，影响计算机使用，并能自我复制。

（2）蠕虫事件。蠕虫事件指蓄意制造、传播蠕虫，或是因受到蠕虫影响而导致的信息安全事件。蠕虫是指除计算机病毒以外，利用信息系统缺陷，通过网络自动复制并传播的有害程序。

（3）特洛伊木马事件。特洛伊木马事件指蓄意制造、传播特洛伊木马程序，或是因受到特洛伊木马程序影响而导致的信息安全事件。特洛伊木马程序是指伪装在信息系统中的一种有害程序，具有控制该信息系统或进行信息窃取等对该信息系统有害的功能。

（4）僵尸网络事件。僵尸网络事件是指利用僵尸工具软件形成僵尸网络而导致的信息安全事件。僵尸网络是指网络上受到黑客集中控制的一群计算机，可以被用于伺机发起网络攻击，进行信息窃取或传播木马、蠕虫等其他有害程序。

（5）混合攻击程序事件。混合攻击程序事件指蓄意制造、传播混合攻击程序，或是因受到混合攻击程序影响而导致的信息安全事件。混合攻击程序是指利用多种方法传播和感染其他系统的有害程序，可能兼有计算机病毒、蠕虫、木马、僵尸网络等多种特征。混合攻击程序事件也可以是一系列有害程序综合作用的结果，例如一个计算机病毒或蠕虫在侵入系统后安装木马程序，进而可能构建僵尸网络等。

（6）网页内嵌恶意代码事件。网页内嵌恶意代码事件指蓄意制造、传播网页内嵌恶意代码，或是因受到网页内嵌恶意代码影响而导致的信息安全事件。网页内嵌恶意代码是指内嵌在网页中，未经允许由浏览器执行，影响信息系统正常运行的有害程序。

（7）其他有害程序事件。其他有害程序事件指不包含在以上 6 个子类之中的有害程序事件。

实际中，病毒、蠕虫、木马等有害程序有融合的趋势，即现在攻击者往往综合多种技术构造有害程序，因此有时通称恶意代码。

2. 网络攻击事件

网络攻击事件是指通过网络或其他技术手段，利用信息系统的配置缺陷、协议缺陷、程序缺陷或使用暴力攻击对信息系统实施攻击，造成信息系统异常或对信息系统当前运行造成潜在危害的信息安全事件。网络攻击事件又包括以下 7 个子类。

（1）拒绝服务攻击事件。拒绝服务攻击事件指利用信息系统缺陷或通过暴力攻击的手段，以大量消耗信息系统的 CPU、内存、磁盘空间或网络带宽等资源，以影响信息系统正常运行为目的的信息安全事件。

（2）后门攻击事件。后门攻击事件指利用软硬件系统设计过程中留下的后门或有害程序所设置的后门而对信息系统实施攻击的信息安全事件。

（3）漏洞攻击事件。漏洞攻击事件指除拒绝服务攻击事件和后门攻击事件之外，利用信息系统配置缺陷、协议缺陷、程序缺陷等漏洞，对信息系统实施攻击的信息安全事件。

（4）网络扫描窃听事件。网络扫描窃听事件指利用网络扫描或窃听软件，获取信息系统网络配置、端口、服务、存在的脆弱性等特征而导致的信息安全事件。

（5）网络钓鱼事件。网络钓鱼事件指利用欺骗性的计算机网络技术，使用户泄漏重要信息而导致的信息安全事件。例如，利用欺骗性电子邮件获取用户银行账号和密码等。

（6）干扰事件。干扰事件指通过技术手段对网络进行干扰，或对广播电视有线或无线传输网络进行插播、对卫星广播电视信号非法攻击等导致的信息安全事件。

（7）其他网络攻击事件。其他网络攻击事件指不包含在以上 6 个子类之中的网络攻击事件。

应该注意的是，这里所指的软硬件系统包括网络中的终端设备（如计算机、服务器、智能终端等），也包括网络通信设备（如路由器、交换机、防火墙等）。

3. 信息破坏事件

信息破坏事件是指通过网络或其他技术手段造成信息系统中的信息被篡改、假冒、泄漏、窃取等导致的信息安全事件。信息破坏事件又包括以下 6 个子类。

（1）信息篡改事件。信息篡改事件指未经授权将信息系统中的信息更换为攻击者所提供的信息而导致的信息安全事件，例如网页篡改等导致的信息安全事件。

（2）信息假冒事件。信息假冒事件指通过假冒他人信息系统收发信息而导致的信息安全事件，例如网页假冒等导致的信息安全事件。

（3）信息泄漏事件。信息泄漏事件指因误操作、软硬件缺陷或电磁泄漏等因素导致信息系统中的保密、敏感、个人隐私等信息暴露于未经授权者而导致的信息安全事件。

（4）信息窃取事件。信息窃取事件指未经授权的用户利用可能的技术手段恶意主动获取信息系统中的信息而导致的信息安全事件。

（5）信息丢失事件。信息丢失事件指因误操作、人为蓄意或软硬件缺陷等因素使信息系统中的信息丢失而导致的信息安全事件。

（6）其他信息破坏事件。其他信息破坏事件指不包含在以上 5 个子类之中的信息破坏事件。

随着互联网的普及应用，越来越多的组织大量收集、使用个人信息，在给人们生活带来便利的同时，也出现了对个人信息的非法收集、滥用、泄露等问题，个人信息安全面临严重威胁。2017 年 6 月 1 日，我国《网络安全法》开始实施。该法将个人信息保护列入重点保护范围，对隐私条款提出了明确的要求。2017 年 12 月 29 日，《信息安全技术个人信息安全规范》

（GB/T 35273—2017）（以下简称《规范》）正式发布，并于 2018 年 5 月 1 日开始实施。《规范》以国家标准的形式，规范了个人信息控制者在收集、保存、使用、共享、转让、公开披露等信息处理环节的相关行为，旨在遏制非法收集、滥用和泄露个人信息的乱象，最大限度地保障个人的合法权益和社会公共利益。《规范》的出台在技术性实操层面填补了诸多规则空白，为提升公民意识、企业合规水平和国家监管水平提供了新的业务参照和行为指引，具有重要的意义。

4. 信息内容安全事件

信息内容安全事件是指利用信息网络发布、传播危害国家安全、社会稳定和公共利益的内容的安全事件，包括以下 4 个子类。

（1）违反宪法和法律、行政法规的信息安全事件。

（2）针对社会事项进行讨论、评论形成网上敏感的舆论热点，出现一定规模炒作的信息安全事件。

（3）组织串联、煽动集会游行的信息安全事件。

（4）其他信息内容安全事件。

网络舆情及监测

互联网被公认为是"第四媒体"，成为反映社会舆情的主要载体之一。网络环境下的舆情信息来源包括新闻评论、BBS、博客、聚合新闻等。网络舆情表达快捷、信息多元、方式互动，具备传统媒体无法相比的优势。舆情是指在一定的社会空间内，围绕中介性社会事件的发生、发展和变化，民众对社会管理者产生和持有的社会政治态度。它是较多群众关于社会中各种现象、问题所表达的信念、态度、意见和情绪等表现的总和。网络舆情形成迅速，对社会影响巨大。

网络的开放性和虚拟性决定了网络舆情具有以下特点：直接性，通过 BBS、新闻点评和博客网站，网民可以立即发表意见，下情直接上达，民意表达更加畅通；突发性，网络舆论的形成往往非常迅速，一个热点事件的存在加上一种情绪化的意见，就可以成为点燃一片舆论的导火索；偏差性，由于发言者身份隐蔽，并且缺少规则限制和有效监督，网络自然成为一些网民发泄情绪的空间。在现实生活中遇到挫折、对社会问题的片面认识等，都能通过网络得以宣泄。因此，在网络上更容易出现庸俗、灰色的言论。

网络是把"双刃剑"，在提供下情上达的便捷方式的同时，也对国家政治安全和文化安全构成了严重威胁，例如通过网络实施政治文化侵蚀，人们的观念、生活方式可以便捷地被渗透，网上思想舆论阵地的争夺战日趋激烈；传统的政治斗争手段在网上将以更高效的方式实现，利用网络串联、造谣、煽动将比在现实中容易得多，也隐蔽得多。

2018 年，我国网络热点事件除了国家政策、外交资讯等宏观议题，如全国两会、个税改革、改革开放 40 周年、中美经贸摩擦、美国制裁中兴事件、上合组织青岛峰会、中非合作论坛北京峰会、D&G 设计师辱华言论事件，网络热点舆情更多地围绕与普通人利益攸关的民生问题展开，如长春长生疫苗事件、滴滴顺风车乘客遇害事件、昆山持刀砍人案、高铁霸座事件、五星级酒店卫生乱象、贺建奎"基因编辑婴儿"事件等。稍不留意，这些议题就会被一些别有用心的人加以利用，造谣生事。

5. 设备设施故障

设备设施故障是指由于信息系统自身故障或外围保障设施故障而导致的信息安全事件，以及人为地使用非技术手段有意或无意造成信息系统被破坏而导致的信息安全事件。设备设施故障又包括以下 4 个子类。

（1）软硬件自身故障。软硬件自身故障指因信息系统中硬件设备的自然故障、软硬件设计缺陷或者软硬件运行环境发生变化等而导致的信息安全事件。

（2）外围保障设施故障。外围保障设施故障指由于保障信息系统正常运行所必需的外部设施出现故障而导致的信息安全事件，例如电力故障、外围网络故障等导致的信息安全事件。

（3）人为破坏事故。人为破坏事故指人为蓄意地对保障信息系统正常运行的硬件、软件等实施窃取、破坏造成的信息安全事件，或由于人为的遗失、误操作以及其他无意行为使信息系统硬件、软件等遭到破坏，影响信息系统正常运行的信息安全事件。

（4）其他设备设施故障。其他设备设施故障指不包含在以上 3 个子类之中的设备设施故障而导致的信息安全事件。

6. 灾害性事件

灾害性事件是指由于不可抗力对信息系统造成物理破坏而导致的信息安全事件。灾害性事件包括由水灾、台风、地震、雷击、坍塌、火灾、恐怖袭击、战争等导致的信息安全事件。

"9·11 恐怖袭击事件"引发的数据灾难

美国东部时间 2001 年 9 月 11 日上午，恐怖分子劫持的 4 架民航客机撞击美国纽约世界贸易中心和华盛顿五角大楼，美国纽约地标性建筑世界贸易中心双塔建筑被完全摧毁。此次恐怖袭击不仅造成两栋 400 米摩天大厦的坍塌，使 2000 余名无辜者不幸罹难，还彻底毁灭了数百家公司所拥有的重要数据。坐落在纽约的世界贸易中心，曾经是美国乃至全球财富的象征。在这座建筑群中，聚集了众多全球一流的大公司，不少是银行、证券和 IT 行业的翘楚，如世界著名的摩根斯坦利公司、AT&T 公司、SUN 公司、瑞士银行等。在此次灾难之后的废墟中，深埋着 800 多家公司和机构的重要数据，其中许多公司的数据，特别是那些没有进行备份的数据永远无法恢复。国外的一项调查表明，因灾难而丢失关键数据，并且在几天内不能恢复关键业务的企业将会从市场上消失。对于依赖计算机系统运作的金融、电信、保险、民航、铁路和制造业而言，系统停机的可忍受时间更短。

随着大厦的轰然坍塌，无数人认为摩根斯坦利公司将成为这一恐怖事件的殉葬品之一。然而，该公司竟然奇迹般地宣布，全球营业部第二天可以照常工作。摩根斯坦利公司之所以能够在 9 月 12 日恢复营业，其主要原因是它不仅像一般公司那样在内部进行了数据备份，而且在新泽西州建立了灾备中心，并保留着数据备份。"9·11 恐怖袭击事件"发生后，摩根斯坦利公司立即启动新泽西州灾难备份中心，从而保障了公司全球业务的不间断运行。正是数据备份和远程容灾系统在关键时刻挽救了摩根斯坦利公司，同时也在一定程度上挽救了美国的金融行业。然而许多其他企业并没有像摩根斯坦利公司一样幸运。（摘自《金融电子化》2004 年第 3 期）

7. 其他事件

其他事件是指不能归为以上 6 个基本分类的信息安全事件。

上述安全事件不是相互独立的，有的事件可能需要依赖其他事件而发生，或借助其他手段实施。如信息泄漏事件可能是借助病毒、蠕虫、特洛伊木马等有害的恶意软件获得敏感信息，也可能通过网络监听或者漏洞攻击等手段而获得非授权的信息访问。

显然，单一的保护措施很难完整地保证信息安全，必须综合应用各种保护措施，即通过技术、管理、行政的手段实现信源、信号、信息等各个环节的保护，以达到信息安全的目的。

信息安全事件的分级主要考虑 3 个要素：信息系统的重要程度、系统损失和社会影响。

（1）信息系统的重要程度是指信息系统所承载的业务对国家安全、经济建设、社会生活的重要性，以及业务对信息系统的依赖程度。可以将一个信息系统划分为特别重要、重要和一般 3 类。

（2）系统损失是指由于信息安全事件对信息系统的软硬件、功能及数据的破坏导致系统业务中断，从而给事发组织造成的损失，其大小主要考虑恢复系统正常运行和消除安全事件负面影响所需付出的代价，可划分为特别严重的系统损失、严重的系统损失、较大的系统损失和较小的系统损失。

（3）社会影响是指信息安全事件对社会造成影响的范围和程度，其大小主要考虑对国家安全、社会秩序、经济建设和公众利益等方面的影响，可划分为特别重大的社会影响、重大的社会影响、较大的社会影响和一般的社会影响。

谈到信息安全或网络安全，很多人自然而然地联想到黑客，实际上，黑客只是实施网络攻击或导致信息安全事件的一类主体，很多信息安全事件并非由黑客（包括内部人员或还称不上黑客的人）所为，同时也包括自然环境等因素带来的安全事件。因此，有必要阐明黑客的定义。

什么是黑客？

黑客一词，源于英文 Hacker，原指热心于计算机技术、水平高超的电脑专家，尤其是程序设计人员。但到了今天，黑客一词已被用于泛指那些专门利用电脑搞破坏或恶作剧的家伙，对这些人的正确英文叫法是 Cracker，有人翻译成"骇客"。

The New Hacker's Dictionary 一文中对 Hacker 的解释：那些喜欢发掘程序系统内部实现细节并延展自己的能力的人，这与只满足于学习有限知识的人是截然不同的；那些狂热地沉浸在编程乐趣中的人，他们喜爱编程而不仅仅在理论上谈及编程的人；那些能够体会侵入他人系统价值的人；那些擅长快速编程的人；特定程序的专家，经常使用这种程序或在上面工作，如 UNIX 黑客；一个专家或某领域热衷者，例如，可能是一个天文学黑客；一个喜欢智力挑战、创造性地突破各种环境限制的人；一个恶意的爱管闲事、在网络上逡巡溜达试图发现敏感信息的人。

有人这样区分黑客和骇客：黑客们建设，而骇客们破坏。这里我们不讨论到底哪种定义更准确，因为实施网络攻击或信息系统攻击的人的目的不同，很难用"好人"与"坏人"来区分，所以只要是有意窥探、干扰或破坏他人信息系统的人，我们更愿意使用攻击者（Attacker）来描述。

1.4　本书的内容组织与使用指南

信息安全涉及计算机技术、网络技术、通信技术、密码技术、应用数学、信息论等技术与理论，已与数学、计算机科学与技术和通信工程等交叉形成了一门综合性学科。国内许多高校开设了信息安全本科专业，许多高校在计算机科学与技术、通信工程等硕士、博士点下开设信息安全方向。研究领域涉及现代密码学、计算机系统安全、计算机与通信网络安全、信息系统安全、电子商务/电子政务系统安全、信息隐藏与伪装等。

　　本书旨在介绍信息安全领域涉及的基础技术，主要面向计算机、通信、电子商务等本科专业。通过一门信息安全课程的学习，了解信息安全相关基础知识、技术，建立信息安全工程思想。本书在内容组织上力求知识的连贯性、关联性，便于读者形成系统性认识，较全面地了解和掌握信息安全保障涉及的技术，同时方便读者对感兴趣的技术领域进一步拓展学习。

　　本书的内容组织与体系如下：

　　第 1 章介绍了信息安全问题产生的背景、定义和涵盖的内容。通过介绍典型的信息安全事件，使读者了解信息安全事件的分类，了解在使用信息系统时可能面临的安全威胁。

　　第 2 章从信息本身、信息载体、信息环境角度总结了信息安全范畴，刻画保密性、完整性、鉴别性等信息安全属性；介绍了信息安全保障体系结构，并给出了闭环式具有动态适应性的信息安全防御模型；介绍了信息安全等级保护与风险评估的相关标准与过程，为读者建立起信息安全工程思想与方法。

　　第 3 章介绍了密码技术的基本概念和发展。密码技术是实现信息安全服务中保密性、完整性、鉴别性、抗抵赖性等安全属性的基础性关键技术。本章介绍了数据保密通信模型，对称密码体制、公钥密码体制和数字签名体制抽象模型，以及如何基于密码技术实现消息完整性保护和认证等服务；最后简单介绍了密码技术的理论支撑——计算复杂理论。

　　第 4 章详细介绍了两种典型对称密码算法 DES、AES 的实现；简单介绍了 IEDA、RC4 等其他几个著名的对称密码算法；讨论了分组密码工作模式，使读者了解现代对称密码算法的实现机理，掌握对称密码的应用。

　　第 5 章详细介绍了 RSA、ElGamal 和椭圆曲线公钥密码算法，使读者了解公钥密码算法的实现机理，掌握公钥密码的应用。

　　第 6 章介绍了密码技术应用中密钥分发与管理，包括对称密码体制中密钥管理，基于数字证书的公钥密码体制中密钥管理——公钥基础设施 PKI。

　　第 7 章介绍了基于密码技术实现网络环境下数据安全通信的典型协议——虚拟专用网协议 IPSec 和传输层安全协议 TLS。IPSec 和 TLS 分别在网络层、传输层上应用密码技术，在开放的网络环境下实现对等实体相互认证以及数据保密通信。

　　第 8 章以特殊的无线局域网 WLAN 环境为背景，介绍了典型的 IEEE 802.11 定义的健壮网络安全，以及我国 WAPI 无线局域网安全基础架构。

　　第 9 章介绍了非密码的网络防御技术，包括基于主机和端口的扫描技术、隔离内外网络的防火墙技术、基于模式及规则匹配的入侵检测技术，以及建立诱导系统发现攻击和系统脆弱性的蜜罐技术。

　　第 10 章介绍了用于信息安全传输的数字隐藏技术和用于版权保护的数字水印技术。

　　第 11 章介绍了基于信任模型的可信计算技术，重点介绍了可信计算平台的工作原理和实现。

　　第 12 章介绍了区块链技术，并以比特币系统为例剖析了分布式链式记账系统的工作机理和应用。

　　本书作为教材使用时的学时分配建议见表 1-1。

表 1-1　教学组织学时分配参考

序号	内容	类型	建议学时
1	第 1 章　绪论	课堂	2
2	第 2 章　信息安全保障体系	课堂	2
3	第 3 章　密码技术概述	课堂	4
4	第 4 章　对称密码技术	课堂	4
5	密码算法验证编程（2 个算法）	实验	4
6	第 5 章　公钥密码技术	课堂	4
7	公钥加密算法的实现和验证	实验	2
8	数字签名算法的实现和验证	实验	2
9	第 6 章　密钥管理	课堂	2
10	数字证书的申请与应用	实验	2
11	第 7 章　安全协议	课堂	4
12	安全协议仿真与分析	实验	4
13	第 8 章　无线局域网（WLAN）安全机制	课堂	2
14	WLAN 安全配置与分析	实验	2
15	第 9 章　网络安全技术	课堂	4
16	网络安全系统配置	实验	4
17	第 10 章* 数字隐藏和数字水印技术	课堂	2
18	第 11 章* 可信计算	课堂	2
19	第 12 章* 区块链技术	课堂	2
20	合计		课堂学时：32/36* 实验学时：20

*注：其中第 10 章、第 11 章和第 12 章为教学可选章节，根据学时可自行舍去。

　　各学校可以根据各自的课程要求和教学进度安排各章节学时。其中，课堂教学建议采用讲授与讨论相结合的模式，20 学时的实验可以有选择地开设，或利用课外开放性实验等形式完成实验项目。

本章小结

　　本章介绍了信息安全的基本概念、信息及信息系统的定义，以及信息系统可能面临的安全威胁。通过列举信息安全威胁实例，让读者了解信息及网络可能面临的各种威胁；介绍了《信息安全事件分类分级指南》（GB/Z 20986—2007），系统地定义安全事件分类；最后给出了使用本教材的建议。通过本章的学习，读者应建立信息和信息系统面临安全威胁的概念和范畴，了解信息安全事件的内容。

习题 1

1．什么是信息系统？什么是信息系统的安全？

2．为什么说信息安全是国家安全战略？

3．请列举你所遇到过的信息安全问题，并分析其属于哪类安全事件。

4．信息安全就是指遭受病毒攻击，这种说法正确吗？

5．网络安全问题主要是由黑客攻击造成的，这种说法正确吗？

6．什么是网络舆情？网络舆情有什么特点？如何监测网络舆情？请查阅当前网络舆情的热点事件。

第 2 章　信息安全保障体系

本章学习目标

本章介绍信息安全保障体系的建立、信息系统主动防御模型，以及信息安全风险评估、等级保护的相关标准规范和内容。通过本章的学习，读者应该掌握以下内容：

- 信息安全涉及的范畴、安全属性需求以及信息安全保障体系结构。
- 动态和可适应的信息安全防御模型。
- 风险评估、等级保护、安全测评的内容与方法。

2.1　信息安全保障体系概述

 如何构架全面的信息安全保障?

第 1 章已经提到，信息安全涉及信息产生、传播、使用、存储等各个环节，涉及信息主体、载体等实体。那么，如何建立完善、全面的信息安全保障体系呢？首先，我们必须明确信息安全涉及的范畴，以及所保护对象的安全需求，并形成系统的保障体系，全面保护我们的信息及信息系统。同时，保护方法应该是动态可适应的，即随着信息及信息系统的变化而动态变化，以适应新的需求和技术的发展。

2.1.1　信息安全的范畴

 信息安全涉及哪些范围?

还记得第 1 章中给出的可能面临安全威胁的例子以及安全事件的分类吗？其中涉及物理环境、物理设备的安全，软件系统的安全，系统的授权访问安全，信息通信的安全等各方面。可见，信息安全是一个宽泛的概念，涵盖了信息自身、信息载体和信息环境的安全。信息安全范畴如表 2-1 所列。其中，信息载体包括物理平台和软件平台，信息环境涉及硬环境和软环境。

表 2-1　信息安全范畴

分类	子类	实例
信息自身		文本、图形、图像、音频、视频、动画等
信息载体	物理平台	计算芯片：CPU、控制芯片、专用处理芯片等 存储介质：内存、磁盘、光盘、U 盘、磁带等 通信介质：双绞线、同轴电缆、光纤、无线电波、微波、红外线等 系统设备：计算机（包括个人计算机、服务器、小型机、智能终端等）、打印机、扫描仪、数字摄像机、智能手机等

续表

分类	子类	实例
信息载体	软件平台	系统平台：操作系统、数据库系统等系统软件 通信平台：通信协议及其软件 网络平台：网络协议及其软件 应用平台：应用软件
信息环境	硬环境	机房、电力、照明、温度控制、湿度控制、防盗、防火、防震、防水、防雷、防电磁辐射、抗电磁干扰等设施
	软环境	国家法律、行政法规、部门规章、政治经济、社会文化、思想意识、教育培训、人员素质、组织机构、监督管理、安全认证等方面

2.1.2 信息安全的属性

 如何刻画信息及信息系统的安全性？

信息是否安全是通过信息安全属性来刻画和衡量的，通过信息安全服务，使用技术手段，结合政策、人力资源管理等实现信息安全属性需求。信息安全属性可以抽象为以下几个主要方面。

（1）保密性（也称机密性，Confidentiality）：保证信息与信息系统不被非授权者所获取或利用。保密性包含数据的保密性和访问控制等方面的内容。

（2）完整性（Integrity）：保证信息与信息系统的正确和完备，不被冒充、伪造或篡改，包括数据的完整性、系统的完整性等方面。

（3）鉴别性（也称可认证性，Authentication）：保证信息与信息系统真实，包括实体身份的真实性、数据的真实性、系统的真实性等方面。

（4）不可否认性（也称不可抵赖性，Non-Repudiation）：建立有效的责任机制，防止用户否认其行为，这一点在电子商务中极为重要。

（5）可用性（Availability）：保证信息与信息系统可被授权者在需要的时候进行访问和使用。

（6）可靠性（Reliability）：保证信息系统为合法用户提供稳定、正确的信息服务。

（7）可追究性（Accountability）：保证从一个实体的行为能够唯一地追溯到该实体。它支持不可否认、故障隔离、事后恢复、攻击阻断等应用，具有威慑作用，支持法律事务。其结果可以保证一个实体对其行为负责。

（8）可控性（Controllability）：指对信息和信息系统实施有效的安全监控管理，防止非法利用信息和信息系统。

（9）保障（Assurance）：为在具体实现和实施过程中的保密性、完整性、可用性和可追究性等得到足够满足提供信心基础，这种信心基础主要通过认证和认可来实现。

此外，在不同应用领域中可能还有特殊的信息安全属性需求，如电子商务中的应用信息安全属性还可能包括时效性、公平性、匿名性等。

2.1.3　信息安全保障体系结构

 如何构建全面的信息安全保障体系?

信息安全保障包括人、政策（包括法律、法规、制度、管理）和技术 3 大要素，主要内涵是实现上述保密性、鉴别性、完整性、可用性等各种安全属性，从而保证信息和信息系统的安全性目的。

信息安全保障体系包括技术体系、组织体系和管理体系，具体如表 2-2 所列。技术体系是工具，组织体系是运作，管理体系是思想，三者紧密配合，缺一不可，从而实现共同的安全目标。

表 2-2　信息安全保障体系

分类	子类	实例
技术体系	机制	加密、数字签名、访问控制、数据完整性、鉴别交换、通信业务填充、路由选择控制、公证、可信功能度、安全标记、事件检测、安全审计跟踪、安全恢复、电磁辐射控制、抗电磁干扰等
	服务	鉴别/身份认证、访问控制、数据机密性、数据完整性、抗抵赖、可靠性、可用性、安全审计等
	管理	技术管理策略、系统安全管理、安全机制管理、安全服务管理、安全审计管理、安全恢复管理等
	标准	上述安全技术的实现依据、交互接口和评估准则
组织体系	机构	决策层：明确总体目标、决定重大事宜 管理层：根据决策层的决定全面规划、制定策略、设置岗位、协调各方、处理事件等 执行层：按照管理层的要求和规定执行某一个或某几个特定安全事务
	岗位	负责某一个或某几个特定安全事务的职位
	人事	负责岗位上人员管理的部门
管理体系	法律	根据国家法律和行政法规，强制性约束相关主体的行为
	制度	依据部门的实际安全需求，具体化法律法规，制定规章制度，规范相关主体的行为
	培训	培训相关主体的法律法规、规章制度、岗位职责、操作规范、专业技术等知识，提高其安全意识、安全技能、业务素质等

技术体系由机制、服务、管理和标准 4 部分组成。机制实现特定的安全属性；服务通过采用一种或多种组合的安全机制实现所需的安全功能；管理实现对目标系统、安全机制和安全服务在技术层面上的安全配置；标准为各种安全技术提供实现依据、交互接口和评估准则。

组织体系由机构、岗位和人事 3 部分组成。机构分为决策层、管理层和执行层，分别履行重大决策、日常管理和具体执行的职责；岗位是由机构管理层根据安全需求来设定的，负责某一个或某几个特定安全事务的职位；人事负责组织内部上岗人员的管理。

管理体系包括法律、制度和培训 3 方面。

技术体系涵盖了上述信息安全保护对象中的信息自身、信息载体和信息环境中硬环境的全部安全需求，而组织体系和管理体系则涵盖了信息环境中软环境的全部安全需求。国标 GB/T 9387.2—1995（等同于 ISO 7498-2）《信息系统-开放系统互连基本参考模型 第 2 部分：安全体系结构》定义了安全体系结构，从安全服务、安全机制、OSI 分层结构以及它们之间的关系等方面描述了安全体系。当然该标准侧重网络通信环境下的安全服务与机制，从整个信息系统角度也可以借鉴与参考。下面重点解释安全服务、安全机制的定义及其关系。

（1）安全服务。

- 认证（也称鉴别）服务：提供通信中对等实体间认证和数据来源的认证，即解决是谁和从哪儿来的问题。

- 访问控制服务：防止未授权用户非法使用系统资源，包括用户身份认证和用户权限确认，即解决能否访问和可以使用到何种程度的问题。

- 数据保密性服务：防止系统内数据被非法存取，或网络上各系统之间数据交换被截获而泄密，即提供数据机密保护，同时，防范有可能通过观察信息流而统计和推导出信息的情况。

- 数据完整性服务：防止非法实体对交换数据的修改、插入、删除，以及数据在交换过程中丢失。

- 抗否认性服务：防止发送方在发送数据后否认发送，或接收方在收到数据后否认收到或伪造数据的行为。

- 可靠性服务：信息系统能够在规定条件下和规定的时间内完成规定的功能，即提供系统承诺的稳定、正确的服务。部署信息系统时，硬件系统（如服务器、网络通信线路）采用备份系统是提供可靠性的手段。而软件系统也存在可靠性问题，如部分子系统出现问题，是否影响整个系统工作。此外还有人员、环境可靠性等因素。可靠性又可以从抗毁性、生存性和有效性 3 个方面度量。

  - ➢ 抗毁性是指系统在非人为破坏下的可靠性，反映在系统部件失效后，系统是否仍然能够提供一定程度的服务。增强抗毁性可以有效地避免因各种灾害（战争、地震等）造成的大面积瘫痪事件。

  - ➢ 生存性是在随机性破坏下系统的可靠性，如系统部件因为自然老化等造成的自然失效。

  - ➢ 有效性是一种基于业务性能的可靠性，主要反映在信息系统部件失效情况下满足业务性能要求的程度，如网络节点失效会导致的通信延迟增多、拥塞等，有效性保证在此情况下网络系统仍能够提供通信服务。

- 可用性服务：可用性指信息系统可以被授权实体访问并按需求使用的特性，即信息系统能够提供其所承诺的服务。当系统部分受损或遭受干扰，需要降级使用时，仍能为授权用户提供有效服务。

- 安全审计服务：指对与信息系统安全有关的活动的相关信息进行识别、记录、存储和分析；审计记录的结果用于检查发生了哪些与安全有关的活动，谁（哪个用户）应该对这个活动负责。

（2）安全机制。

- 加密机制：即使用密码技术保护数据机密性的基本方法，包括对称加密、公钥加密等方法。

- 数字签名机制：即使用特定密码技术标识信息产生的唯一来源，一般使用公钥密码技术，签名者使用私有信息对数据单元签名，验证者使用与签名者私有信息对应的公开信息验证签名的有效性。事后任何时候可以向第三方（法官、仲裁者）证明，只有私有信息唯一拥有者可以产生该签名。
- 访问控制机制：按照事先定义的规则确定主体对客体的访问权限。首先能够确定访问主体的身份，并能够确定可以授予该主体的权限——访问资源范围和访问时间等。
- 数据完整性机制：通过对数据单元附加信息——运用特定计算方法针对数据单元计算得到，使得能够发现对数据的任何修改，以防止数据被篡改或因为各种原因产生的错误。
- 鉴别交换机制：使用可鉴别信息（如口令、特征、密钥等）对对等实体进行鉴别。网络通信中，对等实体可能需要通过"握手"协议实现相互鉴别。
- 业务流填充机制：通过对业务流的填充，如站点间通信过程中没有数据交换时发送随机数据，结构化数据经过随机化变换再传输，通过上述手段加大攻击者对通信业务流的分析难度。
- 路由选择控制机制：能够动态地、预定地选择路由，保障使用物理上安全的子网、中继节点或链路。在大型计算机网络中，从源点到目的地往往存在多条路径，其中有些路径是安全的，有些路径是不安全的，路由选择控制机制可根据信息发送者的要求（安全标识）按照策略选择安全路径，以确保数据通信安全。
- 公证机制：通信实体共同信任的第三方公证人，通过掌握必要信息，以一种可证实的方式提供所需的保证。在网络通信中，并不是所有的用户都是诚实可信的，同时也可能由于设备故障等技术原因造成信息丢失、延迟等，用户之间很可能产生责任纠纷。为了解决纠纷，需要有一个各方都信任的第三方以提供公证仲裁，借助数字签名、加密和完整性保护等机制为公证提供技术支撑。

（3）表 2-3 给出了 OSI 安全服务与安全机制之间的关系，描述了不同安全机制可实现的不同安全服务。例如，加密机制可以用于实现鉴别服务、数据保密性服务和数据完整性服务，而数字签名机制可以用于实现鉴别服务、数据完整性服务和抗抵赖性服务。

表 2-3　OSI 安全服务与安全机制的关系

安全服务		安全机制							
		加密	数字签名	访问控制	数据完整性	鉴别交换	业务填充	路由控制	公证
鉴别服务	对等实体鉴别	√	√			√			
	数据源鉴别	√	√						
访问控制	访问控制服务			√					
数据保密性	连接保密性	√						√	
	无连接保密性	√						√	
	选择字段保密性	√							
	流量保密性	√					√	√	

安全服务		安全机制							
		加密	数字签名	访问控制	数据完整性	鉴别交换	业务填充	路由控制	公证
数据完整性	有恢复功能的连接完整性	√			√				
	无恢复功能的连接完整性	√			√				
	选择字段连接完整性	√			√				
	无连接完整性	√	√		√				
	选择字段非连接完整性	√	√		√				
抗抵赖性	源发方抗抵赖		√		√				√
	接收方抗抵赖		√		√				√

安全服务可以实施在不同网络协议层上，从而实现网络数据传输的安全需求。不同服务适合在不同层面上实现，如 OSI 标准中建议鉴别服务可以在第 3、第 4 和第 7 层上实现，连接保密性服务可以在除第 5 层以外的其他层上实现，而选择字段保密性服务只能在第 7 层上实现。同样，在 TCP/IP 协议簇结构中，可以在应用层上实现各类服务，在传输层上根据采用的 TCP 或 UDP 实现连接保密性或无连接保密性。实际应用中，如 WLAN 中安全标准 802.11i、WAPI 在数据链路层实现了无线网络环境下实体鉴别与保密通信，当然，在无线实体鉴别过程中，有线网络（访问节点 AP 与鉴别服务器 AS 之间）基于 UDP 协议采用无连接保密通信，802.11i 中采用传输层安全协议 TLS 实现实体鉴别。因此，可以在不同网络层次上通过不同安全协议实现网络环境下的安全服务。

2.2　信息安全防御模型

 如何有效实现信息安全防御？

保障信息安全必须能够适应安全需求、安全威胁以及安全环境的变化，没有一种技术可完全消除信息系统及网络的安全隐患，系统的安全实际上是理想中的安全策略和实际执行之间的一个平衡。实现有效的信息安全保障，应该构建动态适应的、合理可行的主动防御，且在投资和技术上是可行的，而不应该是出现了问题再处理的被动应对。

主动信息安全防御模型可以抽象为 6 个环节：风险评估（Evaluation）、制定策略（Policy）、实施保护（Protection）、实时监测（Detection）、及时响应（Reaction）、快速恢复（Restoration），如图 2-1 所示。

主动信息安全防御模型体现了在整体的安全策略的控制和指导下，在综合运用防护工具的同时，利用检测工具了解和评估系统的安全状态，通过适当的反应将系统调整到相对最安全和风险最低的状态。该模型体现了监控、检测、响应、防护等环节的循环过程，形成了动态的、可适应的安全防护，通过这种循环达到保持安全水平的目的。

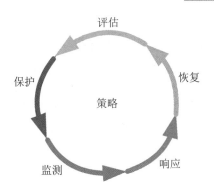

图 2-1　主动信息安全防御模型

1. 风险评估

对信息系统进行全面的风险评估，这需要对信息系统的应用需求、网络基础设施、外部内部环境、安全威胁、人员、政策法规、安全技术等具有全面的了解，并善于应用各种方法、手段、工具对系统风险进行人工和自动分析，给出全面细致的风险评估。例如，可以使用自动扫描工具扫描内部网络拓扑，扫描主机、服务器、防火墙、路由器配置，扫描操作系统、数据库、应用系统配置，利用缺陷扫描工具检测系统存在的漏洞或安全弱点等，从而提出修复、补救、防护建议与措施，并为安全策略制定提供依据。

风险评估要分析威胁来源与方式，分析系统的脆弱性，评估资产与风险，考虑使用什么强度的保护可以消除、避免、转嫁风险，剩下的风险能否承受。需要确定用户能够承受的适度风险，从而在这个基础上考虑系统建设，实现投资效益最大化，即安全保障投资与保护资产成正比，而非盲目追求所谓的绝对安全（不存在绝对安全）。

2. 制定策略

安全策略是安全模型的核心，防护、检测、响应和恢复各个阶段都是依据安全策略实施的，安全策略为安全管理提供管理方向和支持手段。策略体系的建立包括安全策略的制定、评估、执行等。制定科学并切实可行的安全策略取决于对网络信息系统的了解程度。

3. 实施保护

安全保护就是采用一切可能的方法、手段和技术防护信息及信息系统遭受安全威胁，减少和降低遭受入侵和攻击的可能，即实现保密性、完整性、可用性、可控性和不可否认性等安全属性。应该依据不同等级的系统安全要求来完善系统的安全功能、安全机制，如采用加密、认证、防火墙等技术。对信息及信息的典型保护措施包括如下几个方面。

（1）提高边界抵御能力。边界是不同安全区域结合处，提高边界抵御能力是保护的一个重要内容。在网络环境下，界定信息系统的边界通常是困难的。一方面，系统是随着业务的发展不断扩张或变化的；另一方面，要保护无处不在的网络基础设施成本是很高的。边界防护通常将安全边界设在需要保护的信息周边。典型的边界保护包括针对系统边界、网络边界和物理环境边界等进行的保护，例如在存储和处理信息的计算机系统的外围，重点阻止诸如假冒、越权访问、线路窃听等试图"越界"的行为，通常使用包括数据加密、数据完整性保护、数字签名、主体认证、访问控制和公证仲裁等技术；网络边界保护包括在内部和外部网络接口处设置防火墙、入侵检测等设备；而对物理环境边界保护，如机房安全，包括防盗、防火、防水等技术。

（2）信息处理环节保护。对信息处理环节的保护，包括计算机软硬件的保护技术，如使用计算机口令字验证、数据库存取控制技术、审计跟踪技术、密码技术、防病毒技术等。

（3）信息传输保护。在网络发达的今天，数据主要通过开放的网络环境进行传输，对信息传输的保护包括：对信息传输信道采取措施，如专网通信技术、跳频通信技术（扩展频谱通信技术）、光纤通信技术、辐射屏蔽和干扰技术等，以增加窃听的难度；对传递的信息使用密码技术进行保护，如使用加密技术使窃听者即使截获信息也无法获悉其真实内容，使用完整性保护技术防止信息被篡改、伪造等。

4. 实时监测

保护可以防范和减少可能遭遇的威胁，但不能完全消除威胁。监测是在系统实施保护之后根据安全策略对信息系统实施监控和检测。监控是对系统运行状态进行监视和控制，发现异常，并能做出动态调整。检测是对已部署的系统及其安全防护进行检查测量，是动态响应和加强防护的依据，是强制落实安全策略的手段。通过不断地检测和监控网络和系统，发现新的威胁和弱点，通过循环反馈及时做出有效的响应。网络的安全风险是实时存在的，检测的对象主要针对系统自身的脆弱性及外部威胁，可以利用检测工具了解和评估系统的安全状态。

检测包括：检查系统存在的脆弱性；在计算机系统运行过程中，检查、测试信息是否发生泄漏、系统是否遭到入侵，并找出泄漏的原因和攻击的来源，如入侵检测、信息传输检查、电子邮件监视、电磁泄漏辐射检测、屏蔽效果测试、磁介质消磁效果验证等。

典型的检测技术（如入侵检测）是发现渗透企图和入侵行为，攻击者利用各种漏洞，一旦突破边界防御系统，就可以对内部系统造成威胁，实施进一步攻击。入侵检测系统（IDS）是一个软硬件结合系统，它的功能是检测出正在发生或已经发生的入侵事件，这些入侵已经成功地穿过防护防线。入侵检测的目的就是尽早发现入侵行为，并予以防范。入侵检测基于以下事实，即通常入侵者的攻击行为与合法用户的正常行为明显不同，从而实现对入侵行为的检测和告警，以及对入侵者的跟踪定位和行为取证。IDS 一般分为基于主机的 HIDS（Host-based Intrusion Detection System——基于主机上的系统日志、审计数据等信息检测对主机系统的入侵）和基于网络的 NIDS（Network-based Intrusion Detection System——通过分析网络流量发现入侵内部网络行为）。

5. 及时响应

响应就是已知一个攻击（入侵）事件发生之后所进行的处理。在检测到入侵之后，必须及时地做出正确的响应，并且把系统调整到安全状态；对于危及安全的事件、行为、过程，及时做出处理，杜绝危害进一步扩大，力求系统保持提供正常的服务。例如关闭或重启受到攻击的服务器、阻止可疑连接等。

6. 快速恢复

再完善的保护也难免百密一疏，一旦信息系统遭到破坏，应该能够在尽可能短的时间内排除故障，将信息系统恢复到正常的（原来的）工作状态。恢复可以分为系统恢复和信息恢复：系统恢复是指修补安全事件所利用的系统缺陷，如采取系统升级、软件升级和打补丁等方法去除系统漏洞或后门，不让攻击者再次利用这样的缺陷入侵；信息恢复是指恢复丢失的数据，数据丢失的原因可能是由于攻击者入侵，也可能是由于系统故障、自然灾害等。信息恢复就是从备份或归档的数据中恢复原来的数据，这取决于数据备份的效果。数据备份做得是否充分、及时对信息恢复有很大的影响。因此，保证系统能够有效恢复的手段是采用有效的系统备份，例如，当主系统出现故障后，切换启用备份系统；网络路由器出现故障，可以快速切换到备份路由器上；系统数据库服务器崩溃，能够快速切换到备份服务器上。当然为了将系统切换所带来的损失减少到最小，备份系统与主系统间应该能够做到实时备份数据和实时切换。

综上所述，信息安全保障模型应该具有动态性、过程性、全面性、层次性和平衡性等特点，该模型可以描述为以下公式：

$$安全=风险分析+执行策略+系统实施+运行监测+实时响应+灾备恢复$$

主动防御并不能消除威胁，也不能避免威胁可能造成的破坏和损失，因此主动安全防御模型中要解决紧急响应和异常处理问题。通过建立反应机制，提高实时性，形成快速响应的能力。同时更需要制定应急方案，做好应急方案中的一切准备工作。若能够做到预警、预报、预测，则可以使信息安全保障体系更加完善，更好地实现动态适应性。

良好的安全保障不应该只是被动防御，应该实现主动防御，上述过程也体现了这种主动性。主动防御方法中，还有一个环节就是反击，当然这不是所有信息系统建设都需要的。反击就是利用特定技术、工具，提供犯罪分子犯罪的线索、犯罪依据，依法侦查犯罪分子，处理犯罪案件，要求形成取证能力和打击手段，依法打击犯罪和网络恐怖主义分子。因此，结合主动防御体系，信息系统取证、证据保全、举证、媒体修复、媒体恢复、数据检查、完整性分析、系统分析、密码分析破译、追踪等技术与工具得到了大力发展。还有一种可用于主动防御的技术——对抗，这一般是在军事或特殊"斗争"中采用的手段。

2.3 等级保护与风险评估

 建设信息系统时，如何确定和规划安全保护？

由于要支持组织完成相应的使命、任务或实现组织战略目标，信息系统往往成为竞争对手、黑客等各种攻击者攻击的目标和对象，从而给组织带来威胁，导致风险与安全事件等不安全因素的出现。信息系统安全建设过程中，由于组织的信息系统往往规模庞大、系统复杂，数据安全属性要求存在差异，安全保护措施需求存在差异，因此，有必要对信息系统的安全性进行划分及等级确定，实现对重要内容的重点保护。同时，安全是相对的，安全系统的建设必须在对组织信息系统进行全面的风险评估的基础上，通过识别组织信息系统的特性、系统面临的威胁、存在的脆弱性，以及威胁利用脆弱性产生风险的可能性等因素，综合平衡系统风险与安全投资成本，同时考虑系统安全规划与法律法规等的要求，确定系统安全建设的实际安全要求，从而设计出符合信息系统实际的安全解决方案，保证系统安全建设满足组织的实际需要。

2.3.1 等级保护

确定安全等级保护，是建设符合等级保护要求的信息系统的首要步骤。信息安全等级保护是指对国家秘密信息，各类组织和公民的专有信息、公开信息，以及存储、传输、处理这些信息的信息系统分等级实行安全保护，对信息系统中使用的安全产品实行按等级管理，对信息系统中发生的信息安全事件按等级响应、处置。如前所述，这里所指的信息系统，是指由计算机及其相关和配套的设备、设施构成的，按照一定的应用目标和规则对信息进行存储、传输、处理的系统或者网络；信息是指在信息系统中存储、传输和处理的数字化信息。

国外从 20 世纪 80 年代以来，一直在进行可信安全产品的等级评估准则的研究，其中比较著名的包括美国国防部提出的可信计算机系统安全评价准则（TCSEC）、欧洲四国（英国、法国、德国、荷兰）的信息技术安全评价准则（ITSEC）和国际合作的信息技术安全评价通用准则（CC）。

美国 TCSEC（橘皮书）是计算机系统安全评估的第一个正式标准，具有划时代的意义。TCSEC 分为 4 个方面：安全政策、可说明性、安全保障和文档，从用户登录、授权管理、访问控制、审计跟踪、隐通道分析、可信通道建立、安全检测、生命周期保障、文本写作、用户指南方面均提出了规范性要求。该标准将以上 4 个方面分为 7 个安全级别，从低到高依次为 D、C1、C2、B1、B2、B3 和 A 级，各个级别描述见表 2-4。

表 2-4 TCSEC 等级保护

类别	级别	名称	主要特征
A	A1	验证设计	形式化的最高级描述和验证，形式化的隐藏通道分析，形式化的代码对应证明
B	B3	安全区域	存取监控，高抗渗透能力
	B2	结构化保护	形式化模型/隐通道约束，面向安全的体系结构，较好的抗渗透能力
	B1	标识的安全保护	强制存取控制、安全标识
C	C2	受控制的存取控制	单独用户的可查性、广泛的审计跟踪
	C1	自主安全保护	自主存取控制
D	D	低级保护	系统只为文件和用户提供安全保护。最普通的形式是本地操作系统，或者是一个完全没有保护的网络

与 TCSEC 不同，ITSEC 并不把保密措施直接与计算机功能相联系，而是只叙述技术安全的要求，把保密作为安全增强功能。TCSEC 把保密作为安全的重点，而 ITSEC 则把完整性、可用性与保密性作为同等重要的因素。ITSEC 定义了从 E0 级（不满足品质）到 E6 级（形式化验证）的 7 个安全等级，对于每个系统，安全功能可分别定义。ITSEC 预定义了 10 种功能，其中前 5 种与橘皮书中的（C1～B3）级相似。

CC 是国际标准化组织统一现有多种准则的结果，是目前最全面的评价准则。1999 年 10 月 CC v2.1 版发布，并且成为 ISO 标准（ISO/IEC 15408）。CC 的主要思想和框架部分取自 ITSEC，并充分突出了"保护轮廓"概念。CC 将评估过程划分为功能和保证两部分，评估等级分为 EAL1～EAL7 共 7 个等级。每一级均需评估 7 个功能类，分别是配置管理、分发和操作、开发过程、指导文献、生命期的技术支持、测试和脆弱性评估。

1999 年，我国发布了《计算机信息系统安全保护等级划分准则》（GB 17859—1999）（以下简称《准则》）。《准则》借鉴了 TCSEC 和 CC 等信息安全标准，根据我国信息系统安全技术的发展而制定。《准则》是建立安全等级保护制度、实施安全等级管理的重要基础性标准，标准规定了计算机信息系统安全保护能力的 5 个等级，具体如下所述。

第一级：用户自主保护级（相当于 C1 级），由用户来决定如何对资源进行保护，以及采用何种方式进行保护。

第二级：系统审计保护级（相当于 C2 级），本级的安全保护机制支持用户具有更强的自主保护能力。特别是具有访问审计能力，即它能创建、维护受保护对象的访问审计跟踪记录，记录与系统安全相关事件发生的日期、时间、用户和事件类型等信息，所有和安全相关的操作都能够被记录下来，以便当系统发生安全问题时，可以根据审计记录，分析追查事故责任人。

第三级：安全标记保护级（相当于 B1 级），具有第二级系统审计保护级的所有功能，并对访问者及其访问对象实施强制访问控制。通过对访问者和访问对象指定不同安全标记，限制访问者的权限。

第四级：结构化保护级（相当于 B2 级），将前三级的安全保护能力扩展到所有访问者和访问对象，支持形式化的安全保护策略。其本身构造也是结构化的，以使之具有相当的抗渗透能力。本级的安全保护机制能够使信息系统实施一种系统化的安全保护。

第五级：访问验证保护级（相当于 B3～A1 级），具备第四级的所有功能，还具有仲裁访问者能否访问某些对象的能力。为此，本级的安全保护机制不能被攻击、被篡改，具有极强的抗渗透能力。

GB 17859—1999 中的分级是一种技术的分级，即是对系统客观上具备的安全保护技术能力等级的划分。2002 年 7 月 18 日，公安部在 GB 17859—1999 的基础上，又发布实施了 5 个GA 新标准，具体见表 2-5。

表 2-5　GA 的 5 个标准

编号	名称
GA/T 387—2002	《计算机信息系统安全等级保护网络技术要求》
GA/T 388—2002	《计算机信息系统安全等级保护操作系统技术要求》
GA/T 389—2002	《计算机信息系统安全等级保护数据库管理系统技术要求》
GA/T 390—2002	《计算机信息系统安全等级保护通用技术要求》
GA/T 391—2002	《计算机信息系统安全等级保护管理要求》

2004 年，四局办（公安部、国家保密局、国家密码管理委员会办公室、国务院信息化工作办公室）联合下发的〔2004〕66 号文《关于信息安全等级保护工作的实施意见的通知》（简称"66 号文"）将信息和信息系统的安全保护等级划分为五级，即：第一级自主保护级；第二级指导保护级；第三级监督保护级；第四级强制保护级；第五级专控保护级。66 号文中的分级主要是从信息和信息系统的业务重要性及遭受破坏后的影响出发，系统从应用需求出发所必须纳入的安全业务等级，而不是 GB 17859—1999 中定义的系统已具备的安全技术等级。上述国家政策和标准基本明确了信息安全等级保护的 5 个等级，具体见表 2-6。

表 2-6　信息安全等级保护的 5 个等级

等级	安全功能		保障/有效性	国家管理程度	对象
	管理	技术			
一级	基本	用户自主保护	基本保障	自主	中小企业
二级	必要	系统审计保护	计划跟踪	指导	政府机关业务用的一般系统、企事业单位内部生产管理和控制的信息系统
三级	体系化	安全标记保护	良好定义	监督	基础信息网络、政府、重点工程、大型国企

等级	安全功能		保障/有效性	国家管理程度	对象
	管理	技术			
四级		结构化保护级	持续改进	强制	国家政府机关重要部门的信息系统重要子系统
五级		验证保护级	严格监控	专控	国家重要核心部门的专用信息系统

2007年6月，公安部等四部委颁布了《信息安全等级保护管理办法》（公通字〔2007〕43号），确定了等级保护制度的基本内容、要求和工作流程，随后又颁布了定级、等级划分、实施及与测评相关的多个国家标准，包括信息安全等级保护工作所需要的基础类、应用类、产品类和管理类4大类标准，初步建成了比较完整的信息安全等级保护标准体系，为开展信息安全等级保护工作提供了制度保障。2017年6月，《中华人民共和国网络安全法》正式实施，等级保护工作正式入法，等级保护制度已成为新时期国家网络安全的基本国策和基本制度。相应地，信息安全等级保护制度改为网络安全等级保护制度，等级保护对象由原来的"信息系统"改为"等级保护对象（网络和信息系统）"，安全等级保护对象包括基础信息网络（广电网、电信网等）、信息系统（采用传统技术的系统）、云计算平台、大数据平台、移动互联、物联网和工业控制系统等。2018年6月，公安部向社会发布了《网络安全等级保护条例（征求意见稿）》公开征求意见。相较于2007年实施的《信息安全等级保护管理办法》所确立的等级保护1.0体系，新版等级保护条例在国家支持、定级备案、密码管理等多个方面进行了更新与完善，适应了现阶段网络安全的新形势、新变化以及新技术、新应用发展的要求，标志着等级保护正式迈入2.0时代，网络安全等级保护的法律法规体系正在逐步完善。安全等级保护相关标准如表2-7所列。

表2-7　安全等级保护相关标准

编号	名称
GA/T 708—2007	《信息系统安全等级保护体系框架》
GA/T 709—2007	《信息系统安全等级保护基本模型》
GA/T 710—2007	《信息系统安全等级保护基本配置》
GA/T 711—2007	《应用软件系统安全等级保护通用技术指南》
GA/T 712—2007	《应用软件系统安全等级保护通用测试指南》
GB/T 21053—2007	《公共基础设施PKI系统安全等级保护技术要求》
GB/T 22239—2008	《信息系统安全等级保护基本要求》
GB/T 22240—2008	《信息系统安全等级保护定级指南》
GB/T 25058—2010	《信息系统安全等级保护实施指南》
GB/T 25070—2010	《信息系统等级保护安全设计技术要求》
GB/T 28448—2012	《信息系统安全等级保护测评要求》
GB/T 28449—2012	《信息系统安全等级保护测评过程指南》
GA/T 1389—2017	《网络安全等级保护定级指南》
GA/T 1390—2017	《网络安全等级保护基本要求》
GB/T 36627—2018	《网络安全等级保护测试评估技术指南》

2.3.2　风险评估

风险评估是安全建设的出发点，遵循成本/效益平衡原则，通过对用户关心的重要资产（如信息、硬件、软件、文档、代码、服务、设备、企业形象等）的分级，对安全威胁（如人为威胁、自然威胁等）发生的可能性及严重性进行分析，对系统物理环境、硬件设备、网络平台、基础系统平台、业务应用系统、安全管理、运行措施等方面的安全脆弱性（或称薄弱环节）进行分析，以及对已有安全控制措施的确认，借助定量、定性分析的方法，推断出用户关心的当前重要资产的安全风险，并根据风险的严重级别制定风险处理计划，确定下一步的安全需求方向。

简单地讲，风险评估是参照风险评估标准和管理规范，对信息系统的资产价值、潜在威胁、薄弱环节、已采取的防护措施等进行分析，判断安全事件发生的概率以及可能造成的损失，从而提出风险管理措施的过程。

通常，确定安全等级保护的基本方法是进行风险评估，同时等级保护标准又是进行风险评估的指南。我们可以根据政策、法规、机构要求确定信息系统的安全等级，然后对信息系统安全管理和信息系统技术风险进行评估。

安全是一个过程而不是结果。随着系统的改扩建，系统的安全性也在不断改变；另外，信息资产本身的价值也在变，现在重要的信息，也许三年五年后就不需要进行保护了。因此，系统需要不断地反复进行评估，不断确定合适的安全保护等级，直至系统开发生命周期的结束。

风险评估可以采用定量分析和定性分析的方法。定量分析是依据统计出来的数据建立数学模型，并用数学模型计算出分析对象的各项指标及其数值的一种方法。定性分析则是主要凭分析者的直觉、经验，以及分析对象过去和现在的延续状况及最新的信息资料，对分析对象的性质、特点、发展变化规律做出判断的一种方法。

图 2-2 所示为风险评估要素关系图。

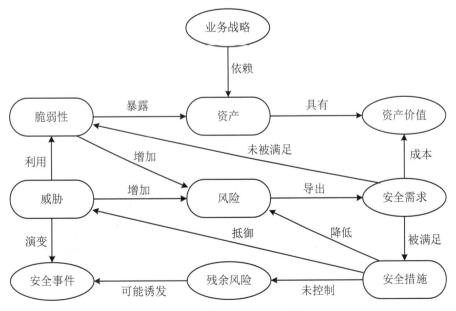

图 2-2　风险评估要素关系图

风险分析的主要内容如下所述（图 2-3）。

（1）对资产进行识别，并对资产的价值进行赋值。

（2）对威胁进行识别，描述威胁的属性，并对威胁出现的频率进行赋值。

（3）对脆弱性进行识别，并对具体资产的脆弱性的严重程度进行赋值。

（4）根据威胁及威胁利用脆弱性的难易程度判断安全事件发生的可能性。

（5）根据脆弱性的严重程度及安全事件所影响的资产的价值计算安全事件的损失。

（6）根据安全事件发生的可能性以及安全事件出现后的损失计算安全事件一旦发生对组织的影响，即风险值。

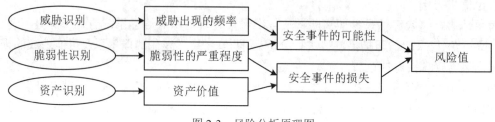

图 2-3　风险分析原理图

风险评估的流程如图 2-4 所示。

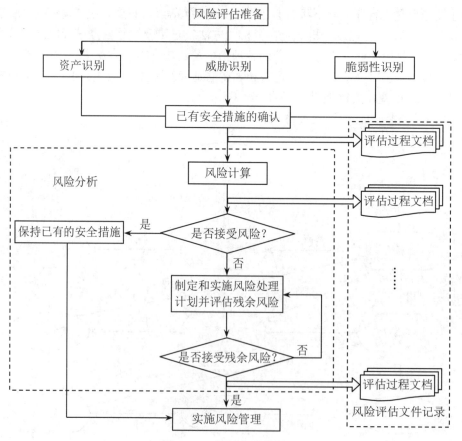

图 2-4　风险评估流程图

下面对风险评估流程中的一些主要环节进行说明。

（1）风险评估准备。风险评估准备的主要任务：确定风险评估的目标；确定风险评估的范围；组建适当的评估管理与实施团队；进行系统调研；确定评估依据和方法；获得最高管理者对风险评估工作的支持等。

其中，系统调研是确定评估对象的过程，通过系统介绍、调查问卷、现场面谈、文档审查以及使用工具自动扫描等方法，明确业务战略及管理制度、主要的业务功能和要求、网络结构与环境、系统边界、主要硬件和软件、数据和信息、系统和数据的敏感性、支持和使用系统的人员等。

确定评估依据和方法，即根据国际、国家或行业标准，以及行业主管机构的业务系统要求和制度、系统互联单位的安全要求、系统本身的实时性或性能要求等，对信息系统进行合理的划分与定级，以确定信息系统风险评估的角度，如对涉密系统和非涉密系统，信息系统完成的使命有所差异，风险评估的角度也有所区别。此外，根据评估依据，通过考虑评估的目的、范围、时间、效果、人员素质等因素来选择具体的风险计算方法。

（2）资产识别。资产识别即确定风险评估的对象。机密性、完整性和可用性是评价资产的 3 个主要安全属性。风险评估中资产的价值不是以资产的经济价值来衡量的，而是由资产在这 3 个安全属性上的达成程度或者其安全属性未达成时所造成的影响程度来决定的。根据资产的表现形式，可将资产分为数据、软件、硬件、文档、服务、人员等类型，每一类资产又可细分多种具体产品，如硬件包括网络设备、终端设备、传输线路等。确定资产后，还需要对每一种资产进行赋值，如根据安全属性价值的高低赋予一定数值（如从低到高表示为 1～5）。

（3）威胁识别。识别威胁需要查看以往的安全事件记录情况，根据入侵检测情况和专家经验对信息系统存在的威胁进行识别，分析可能的威胁源、威胁动机和目的以及威胁源具备的能力情况，确定系统可能遭受的威胁列表。

（4）脆弱性识别。脆弱性的存在是必然的，威胁总是要利用资产的脆弱性才可能造成危害。脆弱性识别阶段将识别可能被威胁利用的弱点，并对脆弱性的严重程度进行评估。可以从物理、网络、系统、应用等层次识别存在的脆弱性，并与资产、威胁对应起来。可以通过漏洞扫描、主机检测等工具了解系统存在的技术脆弱性，通过文档查阅、人工核查发现可能存在的脆弱性，通过渗透测试了解系统深层的脆弱性，通过专家经验对整个系统的薄弱环节进行分析，明确系统可能被威胁利用的在管理和技术方面的脆弱性情况。

（5）已有安全措施的确认。对系统中现有的安全措施和规划中的安全措施进行调研与分析，明确安全措施解决了系统中的哪些脆弱性，缓解了哪些风险。

（6）风险分析。风险分析是一个计算、评审、确认的反复过程，包括以下内容。

1）风险计算：根据上述完成的资产识别、威胁识别、脆弱性识别，以及对已有安全措施确认后，综合安全事件所作用的资产价值及脆弱性的严重程度，判断安全事件造成的损失对组织的影响，即安全风险。通过公式计算并描述出安全事件发生的可能性（威胁利用脆弱性导致安全事件的可能性级别）、损失影响（系统或信息在完整性、可用性和保密性等方面的影响级别）和风险值。

2）风险结果判定：计算每种资产面临的风险值，对风险评估的结果进行等级化处理。

3）风险处理计划：对不可接受的风险应根据导致该风险的脆弱性制定风险处理计划，明确应采取的弥补弱点的安全措施、预期效果、实施条件、进度安排、责任部门等。

上述各个阶段完成后应该撰写对应的报告。

2.3.3 系统安全测评

一个组织在确立了安全等级保护需求、完成自身安全系统建设之后，可以通过权威的第三方机构对系统安全进行测评，以评估信息系统安全建设情况，改进完善安全系统建设。

系统安全测评是指由具备检验技术能力和政府授权资格的权威机构（如中国信息安全测评中心），依据国家标准、行业标准、地方标准或相关技术规范，按照严格程序对信息系统的安全保障能力进行的科学公正的综合测试评估活动，以帮助系统运行单位分析系统当前的安全运行状况、查找存在的安全问题，并提供安全改进建议，从而最大限度地降低系统的安全风险。

测评与认证、认可是有区别的。认证是对测评活动是否符合标准化要求和质量管理要求所做的确认，认证以标准和测评的结果作为依据。在美国，系统认证的结果通常作为主管部门对新建系统投入运行前的安全审批或已建系统安全动态监管（即系统认可）的依据。根据美国FISMA6 及 NIST SP800-37 的规定，系统认证是"对信息系统的技术类、管理类和运行类安全控制所进行的综合评估"。认可则是"由管理层做出的决策，用来授权一个信息系统投入运行"。在我国，权威信息安全认证机构（如中国信息安全认证中心）承担信息安全产品认证、人员培训与认证等职能，目前提供包括防火墙、网络安全隔离卡与线路选择器、安全路由器、智能卡COS、入侵检测系统等产品认证。

这里再总结一下等级保护、风险评估与系统测评及认证的关系。

等级保护是指导信息安全保障体系总体建设的基础管理原则，是围绕信息安全保障全过程的一项基础性管理制度。其核心内容是对信息安全分等级、按标准进行建设、管理和监督。风险评估、系统测评则只是针对信息安全评价方面的两种有所区分但又有所联系的不同研究和分析方法。从这个意义上讲，等级保护高于风险评估和系统测评。当系统定级原则确定并根据该原则将系统分类分级后，风险评估、系统测评都可以理解为在等级保护制度下的风险评估和在等级保护制度下的系统测评，操作时需要在原有风险评估、系统测评方法、操作程序的基础上，加入特定等级的特殊要求。

风险评估是等级保护（不同等级、不同安全需求）的出发点。风险评估中的风险等级和等级保护中的系统定级都充分考虑到信息资产的保密性、完整性和可用性等特性（简称"CIA特性"）的高低，但风险评估中的风险等级加入了对现有安全控制措施的确认因素，也就是说，等级保护中高级别的信息系统不一定就有高级别的安全风险。

等级保护的级别是从系统的业务需求或 CIA 特性出发，定义了系统应具备的安全保障业务等级。而风险评估中最终风险的等级则是综合考虑了信息的重要性、系统现有安全控制措施的有效性及运行现状后的综合评估结果，也就是说，在风险评估中，CIA 特性价值高的信息资产不一定风险等级就高。在确定系统安全等级级别后，风险评估的结果可作为实施等级保护、等级安全建设的出发点和参考。

认证过程偏重于对系统安全性的评估；认可过程则属于管理机关的行为，是指根据评估的结果来判断信息系统的安全控制措施是否有效、残余风险是否可以接受。进行等级保护建设、实施风险管理过程后的系统安全测评及行政认可是等级保护的落脚点。

2.3.4　信息系统安全建设实施

通常情况下，我们将一个信息系统建设生命周期（SDLC）划分为 5 个阶段：规划需求阶段、设计开发阶段、实施阶段、运行维护阶段、废弃阶段。也就是说，系统是不断变化的，安全建设也应随之发生变化。因此，从理论上讲，无论是等级保护、风险评估或是系统测评，均适用于 SDLC 的各个阶段。

规划需求阶段：机构应按照国家有关安全等级划分并按系统定级的原则进行定级，报主管部门备案。建设单位按照既定等级的风险评估管理要求和国家有关风险评估的技术标准自觉进行风险评估，明确系统在机密性、完整性、可用性等方面的安全需求目标。

设计开发阶段及实施阶段：建设单位（或委托承建单位）根据既定的安全需求目标，按照国家有关等级保护的管理规范和技术标准，进行系统安全体系结构及详细实施方案的设计，采购并使用相应等级的信息安全产品，建设安全设施，落实安全技术措施。主管部门委托或指定第三方机构对建设单位的系统安全设计方案进行评审，并将第三方机构出具的安全方案评审报告作为是否允许安全实施的依据。

运行维护阶段：主管部门在系统安全建设基本完成后，委托或指定第三方机构对基本建成的系统进行安全测评，以评价系统当前运行环境下的安全控制措施是否和既定等级的安全需求一致，关键资产的安全风险是否控制在可接受范围之内，并将第三方机构的安全测评报告作为是否批准系统投入运行（即系统认可）的依据。此外，考虑到信息技术、安全技术等的理论、方法、标准的不断发展，即使系统在认可有效期内没有任何关于技术、业务及管理内容的变更，主管部门也应该发起周期性的安全测评和安全认可，以保持系统的安全状态维持在标准许可及公众接受的范围之内。

废弃阶段：建设单位重点对废弃处理不当的资产（如硬件、软件、设备、文档等）的影响、对信息/硬件/软件的废弃处置方面的威胁、对访问控制方面的弱点进行综合风险评估，以确保硬件和软件等资产及残留信息得到了适当的废弃处置，并且要确保系统以安全和系统化的方式更新换代。

需要说明的是，上述实施建议主要针对同一个完整的 SDLC，但事实上，在 SDLC 的某一个具体阶段，也有可能由于业务类型变化（并可能导致安全等级变化）、新的安全威胁的出现或安全形势的突变，需要即时调整安全需求、安全设计及安全实施方案。这时，仍然应该按照 SDLC 过程中的"安全定级－风险评估－确定安全需求－安全体系设计及方案－方案评审－等级保护实施－安全测评－主管认可"的步骤进行。当然，这个过程中涉及的风险评估、方案评审、安全测评等活动要充分考虑利用已有的评估/测评成果，减少再评估/再测评造成的重复投入。

2.3.5　信息安全原则

安全是相对的，同时也是动态的，没有绝对的安全，安全程度会随着时间的变化而改变。在一个特定的时期内，在一定的安全策略下，系统是安全的。但是随着时间的演化和环境的变迁（如攻击技术的进步、新漏洞的暴露），系统可能变得不安全。因此需要适应变化的环境并能做出相应的调整以确保安全防护的有效性。

　　安全是一个系统工程，具有整体性，包括物理层、网络层、系统层、应用层以及管理层等各个方面的安全。从技术上来说，信息系统的安全可以由安全的软件系统、防火墙、网络监控、信息审计、通信加密、灾难恢复、安全扫描等多个安全组件来保证，单独的安全组件提供部分的安全功能，因此，我们需要综合使用各种技术手段，制定全面而完善的安全策略以及快速的响应机制和恢复措施。

　　为了达到信息安全的目标，各种信息安全技术的使用必须遵守一些基本的原则。

　　（1）最小化原则。受保护的敏感信息只能在一定范围内被共享，履行工作职责和职能的安全主体，在法律和相关安全策略允许的前提下，为满足工作需要，仅被授予其访问信息的适当权限，这就是最小化原则。敏感信息的知情权一定要加以限制，是在"满足工作需要"的前提下的一种限制性开放。

　　（2）分权制衡原则。在信息系统中，对所有权限应该进行适当的划分，使每个授权主体只能拥有其中的一部分权限，使他们之间相互制约、相互监督，共同保证信息系统的安全。如果一个授权主体分配的权限过大，无人监督和制约，就隐含了"滥用权力""一言九鼎"的安全隐患。

　　（3）安全隔离原则。隔离和控制是实现信息安全的基本方法，而隔离是进行控制的基础。信息安全的一个基本策略就是将信息的主体与客体分离，按照一定的安全策略，在可控和安全的前提下实施主体对客体的访问。

本章小结

　　本章从信息安全范畴、衡量信息安全的属性出发，介绍了信息安全保障体系。信息安全保障包括人、政策和技术工程方法，使用各类安全机制实现安全服务，满足安全功能需求。信息安全防御体系的构建应该是动态和可适应的，以策略为核心，实施评估、保护、监测、响应和恢复环节的闭环管理。最后介绍了等级保护、风险评估和安全测评的内容与方法，以及它们之间的关系。本章从整体上概括了信息系统的安全保障体系和实施的工程方法。

习题 2

1. 信息安全涉及哪些范畴？
2. 主要安全属性有哪些？它们的含义是什么？
3. 信息系统的可靠性和可用性是一个概念吗？它们有什么区别？
4. 信息安全保障体系包括哪 3 大类？描述各种安全机制的含义和功能。
5. 一个信息系统的可靠性可以从哪些方面度量？
6. 解释可用性保障主要防范哪方面威胁。
7. 为什么说信息安全防御应该是动态和可适应的？
8. 信息防御模型包括哪些主要环节？各个环节的功能是什么？

9．在对一个信息系统实施保护时主要保护哪些环节？

10．对信息系统安全性进行监测主要包括哪些内容？

11．什么是风险评估？风险评估的主要内容是什么？

12．什么是等级保护？我国发布的《计算机信息系统安全保护等级划分准则》将信息系统安全保护能力分为哪几个等级？各个等级是如何定义的？

13．风险评估的流程是什么？如何定性和定量地分析一个信息系统的安全性？

14．系统安全测评的作用是什么？实施系统安全测评的机构需要什么样的资质？

15．信息安全的基本原则有哪些？

第 3 章　密码技术概述

本章学习目标

本章介绍密码的基本概念、分类、实现和应用原理。通过本章的学习，读者应该掌握以下内容：

- 数据保密通信模型及基本术语。
- 对称密码体制及其分类与工作原理。
- 公钥密码体制及其工作原理。
- 数字签名技术及其特性。
- 消息完整性保护及其认证。
- 如何定义和衡量密码体制的安全性。

3.1　密码技术及其发展

 什么是密码技术？

信息安全的一个主要属性就是保密性（机密性），即信息只能被授权者使用，换句话讲，非授权者无法了解信息内容。信息在以数据形式存储（各类文档）和传递（数据流）的过程中，都存在着被截获、窃听或偷窃的威胁。保密性要求即使非授权者获取了数据副本，也无法从副本中获得有用的信息。达到此目的最直接的方法就是对数据进行加密，这属于密码学领域。从传统意义上来说，密码学研究如何把信息转换成一种隐蔽的方式并阻止其他人得到它。

如图 3-1 所示，图 3-1（a）表示按照一定规则、方法对数据进行变换，图 3-1（b）表示将保密信息隐藏在图片中，但无论是哪种方法，只有授权者能够恢复原始信息，其他人不知道恢复的方法。

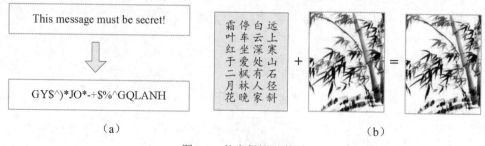

（a）　　　　　　　　　　　　　　　　　　　（b）

图 3-1　信息保护示意图

中国古代秘密通信的手段已有一些近于密码的雏形。宋曾公亮、丁度等编撰的《武经总要》"字验"记载，北宋前期，在作战中曾用一首五言律诗的 40 个汉字分别代表 40 种情况或要求，这种方式已具有了密本体制的特点。

在欧洲，公元前 405 年，斯巴达的将领来山得使用了原始的错乱密码；公元前 1 世纪，古罗马皇帝恺撒曾使用有序的单表代替密码；之后逐步发展为密本、多表代替及加乱等各种密码体制；此外还有隐写术。上述这些早期密码技术都称为古典密码。古典密码可以分为两大类别：一是置换加密法，将字母的顺序重新排列；二是替换加密法，将一组字母换成其他字母或符号。古典加密术易受统计攻击，通过分析信息（如字母出现频率）发现统计规律，资料越多，破解就越容易。

1863 年普鲁士人卡西斯基所著的《密码和破译技术》，以及 1883 年法国人克尔克霍夫所著的《军事密码学》等著作，都对密码学的理论和方法做过一些论述和探讨。1949 年，美国人香农（Claude Shannon）发表的论文《保密系统的通信理论》，为近代密码学建立了理论基础。

20 世纪初，产生了最初的可以实用的机械式和电动式密码机，同时也出现了商业密码机公司和市场。20 世纪 60 年代后期，电子密码机得到较快的发展和广泛的应用，使密码学的发展进入了一个新的阶段。

密码技术在军事领域的应用极为重要。1917 年，英国破译了德国外长齐默尔曼的电报，促成了美国对德国宣战。1942 年，美国从破译的日本海军密报中获悉日军对中途岛地区的作战意图和兵力部署，从而能以劣势兵力击破日本海军的主力，扭转了太平洋地区的战局。在保卫英伦三岛和其他许多著名的历史事件中，成功破译密码起到了极其重要的作用，这些事例说明了密码技术的重要地位和意义。

在 20 世纪早期，包括转轮机在内的一些机械设备被发明出来用于加密，其中最著名的是用于第二次世界大战的德国 Enigma 密码转轮机，堪称机械式古典密码的巅峰之作。这些机器产生的密码相当大地增加了密码分析的难度。比如针对 Enigma 各种各样的攻击，波兰和英国密码学家在付出了相当大的努力后才得以成功，2014 年上映的电影《模仿游戏》将这段历史带入大众视野。

现代密码技术已经发展成为一门跨学科科目，形成了密码学（或称密码技术）。它从很多领域衍生而来，其基础是信息理论，同时使用了大量的数学领域的工具，如数论和有限数学，而计算机技术和计算理论等又支撑和推动了现代密码学的应用与发展。密码学包括了密码编码学和密码分析学，前者研究将信息变换成没有密钥就无法（或很难）读懂信息的方法；而后者研究密码破译技术，以获取秘密信息。两者既是对立的又是统一的，相互促进并共同发展。

现代密码学领域发展的重大里程碑事件

1949 年，香农发表了论文《保密系统的信息理论》，提出了密码机制的两大设计原则：混乱（Confusion）和扩散（Diffusion），为对称密码学建立了理论基础。

1976 年，美国政府宣布，采纳 IBM 公司设计的方案作为非机密数据的正式数据加密标准（DES）。

1976 年，Diffie 和 Hellman 发表的文章《密码学的新动向》引发了密码学上的一场革命。他们首先证明了在发送端和接收端无密钥传输的保密通信是可能的，从而开创了公钥密码学的新纪元，他们也因此获得了 2015 年图灵奖。

1978 年，R.L.Rivest、A.Shamir 和 L.Adleman 实现了 RSA 公钥密码体制。

1969 年，哥伦比亚大学的 Stephen Wiesner 首次提出"共轭编码"（Conjugate coding）的概念。1984 年，H. Bennett 和 G. Brassard 在此思想启发下，提出量子理论 BB84 协议，从此

量子密码理论宣告诞生，其安全性在于：可以发现窃听行为、可以抗击无限能力计算行为。

1985 年，Miller 和 Koblitz 首次将有限域上的椭圆曲线用到了公钥密码系统中，其安全性是基于椭圆曲线上的离散对数问题。

1989 年，R.Mathews、D.Wheeler、L.M.Pecora 和 Carroll 等人首次把混沌理论使用到序列密码及保密通信理论，为序列密码研究开辟了新途径。

2001 年 11 月，NIST 发布高级加密标准 AES，替代 DES 成为商用密码标准。

3.2 数据保密通信模型

 如何在开放网络中保密传输数据？

现代密码技术应用最多的领域是数据保密通信，即在开放的网络环境下安全（保密、完整、可鉴别、抗抵赖）地传输数据，当然也可用于实现本地数据安全存储保护。这里我们使用保密通信系统模型介绍密码学的相关术语和概念，从而帮助读者直观地理解密码算法及技术应用原理和方法。图 3-2 给出了一个典型的保密通信系统模型。

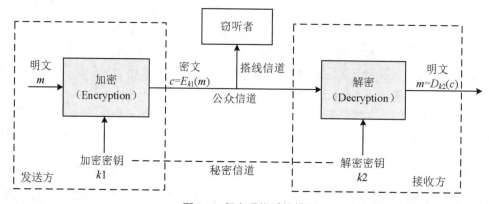

图 3-2 保密通信系统模型

术语解释：

明文（Plain text）：原始数据，需要安全传递，记为 m。所有明文构成明文空间，记为 M。

密文（Cipher text）：原始数据经过加密变换得到的数据，记为 c。所有密文构成密文空间，记为 C。

加密（Encryption）：采用特定加密算法（记为 E），将明文转换成密文的过程。加密过程中混合加密密钥 $k1$，记为 $c=E_{k1}(m)$。

解密（Decryption）：采用与加密算法对应的解密算法（记为 D），将密文转换成明文的过程，记为 $D_{k2}(c)$。

密钥（Key）：用于加密、解密的秘密值，图中加密密钥记为 $k1$，解密密钥记为 $k2$，加密密钥与解密密钥具有一定关系，一般可以从其中的一个推导出另一个（当然有时需要借助特殊的陷门，如后面介绍的公钥密码算法），特殊应用中（很多对称加密算法）两者相同。所有密钥构成密钥空间，记为 K。

公众信道：数据公开传递通道，如互联网。

秘密信道：秘密密钥传递通道，如发送方与接收方当面交换。

密码（Cipher）：一种加密/解密算法（Algorithm）。

在上述模型中，发送方使用加密密钥将明文加密成密文，在开放信道上传输，接收方使用对应的解密密钥解密密文，获得原始明文。密文在传输过程中，有可能被窃听者（攻击者、敌手）截获，密码分析者在没有解密密钥的情况下可能试图从密文中分离出明文，但是很困难。

对于 $m \in M$，$k1, k2 \in K$，有 $D_{k2}(E_{k1}(m)) = m$，五元组（M, C, K, E, D）称为一个密码体制。其中 E 和 D 代表具体的密码算法——具体的变换过程或数学方法。可以看出，加密可以看作将密钥与明文混合变换的过程，而解密是从密文中剥离密钥的过程，因此也称脱密过程。

Kerchhoff 假设：一个密码体制对于所有的密钥，加密和解密算法迅速有效；密码体制的安全性不应该依赖于算法的保密，而是依赖于密钥的保密。

现代密码技术中加密/解密算法是公开的，只有密钥需要保密，这使得密码算法可以获得最广泛（官方和民间、专家和爱好者）和最大限度的分析，从而保证其有效性，即只要尚未发现有效的破解方法，则该密码算法就是安全的。

上述简单的保密通信模型中，只考虑数据传输的保密性，而未考虑主体的认证、数据完整性保护以及行为不可否认性等安全需求。

密码技术、密码体制和密码算法

密码技术就是利用密码体制实现信息安全保护的技术，密码体制是使用特定密码算法实现信息安全保护的具体方法，而密码算法是使用密钥实现数据变换（加密/解密）的数学处理过程。这里所说的信息安全是指我们前面提到的保密性、鉴别性、不可否认性等安全属性，保护对象包括信息本身及使用信息的主体。因此，现代密码技术不仅包括信息隐藏技术（加密/解密），还包括主体标识、认证（或鉴别）、抗抵赖等技术。

加密体制因加密和解密密钥的应用方式不同可分为两类：对称密码体制和公钥密码体制。

在讨论密码变换时，我们通常使用数据、消息（通信中传递的有一定结构的数据）、文档等描述处理对象。

3.3 对称密码体制

 如何使用相同的密钥加密/解密数据？

当加密和解密算法使用的密钥存在确定的简单依存关系时，称为对称密码体制。这种确定关系即已知密钥二者中的一个，就可以很容易导出（计算出）另一个。在实际应用中，很多对称密码体制的加密和解密使用相同的密钥，称为加密方和解密方共享秘密（密钥），因此也称单密钥密码体制。对称密码体制工作过程如图 3-3 所示。

图 3-3 对称密码体制工作过程

典型的对称密码体制如数据加密标准 DES、高级加密标准 AES（Rijndael）、IDEA、Twofish、Serpent、Blowfish、CAST5、RC4、3DES 和 GOST 等。

对称密码体制的优点是加密/解密速度快、效率高，每秒钟加密/解密速度能达到数十兆或更高，而且密码算法简单，易于实现，计算开销小。

对称密码体制的缺点是密钥分发困难，因为通信双方共享的密钥一般需要带外传递（如当面交换），即通信双方最初的共享密钥必须通过安全的方式传递交换。

对称密码体制又分为分组密码和流密码（或称序列密码）两种。分组密码先将明文划分成若干等长的块——分组，如每个分组长为 64 比特（bit）、128 比特，然后再分别对每个分组进行加密，得到等长的密文分组。解密过程与加密过程类似，有些密码算法的解密算法与加密算法完全一样，如 DES。序列密码是把明文以位或字节为单位进行加密，一般是与密钥（如由密钥种子产生的任意长度的字节流）进行混合（如进行最简单的异或运算）获得密文序列。

分组密码在设计中强调两个思想：扩散（Diffusion）和混乱（Confusion）。扩散即将明文及密钥的影响尽可能迅速地散布到较多的输出密文中，典型操作就是"置换"（Permutation）（如重新排列字符）。混乱的目的在于使作用于明文的密钥和密文之间的关系复杂化，使得明文和密文、密文和密钥之间的统计相关特性极小化，以防范统计分析攻击。混乱通常采用"代换"（Substitution）操作，例如采用非线性的变化，即输入字符或若干比特位，通过查表或单向函数代换为特定输出。

很多分组密码体制加密和解密采用相同的算法，这使得加密和解密可以使用一套程序或一套硬件电路，节约了实现成本。实现上述思想的一个著名方法是使用 Feistel 网络结构。Feistel 网络结构如图 3-4 所示。

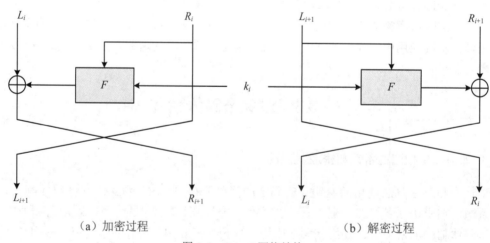

（a）加密过程　　　　　　　　　　　　（b）解密过程

图 3-4　Feistel 网络结构

分组密码一般采用多次相同的迭代操作——轮操作，实现明文与密钥充分地混乱和扩散。许多著名的分组密码体制（如 DES）都采用 Feistel 网络结构。如图 3-4 所示，加密时将明文分组分为长度相同的左、右两部分，右半部分输入直接作为本轮输出的左半部分，同时右半部分输入经过 F 变换后的输出与本轮左半部分输入进行异或运算，运算结果作为本轮输出的右半部分。每一轮都这样操作，即一轮的输入经过上述变换后作为下一轮的输出，如，DES 加密过程经过 16 轮这样的变换。

如图 3-4 所示，L_i 和 R_i 分别代表第 i 轮变换输入分组的左半部分和右半部分，L_{i+1} 和 R_{i+1} 分别代表第 i 轮变换输出的左半部分和右半部分，也是第 $i+1$ 轮变换的输入。

从图 3-4（a）中可以看出，有下列等式成立：

$$L_{i+1} = R_i$$
$$R_{i+1} = L_i \oplus F(R_i, k_i)$$

从图 3-4（b）中可以看出，有下列等式成立：

$$R_i = L_{i+1}$$
$$L_i = R_{i+1} \oplus F(L_{i+1}, k_i) = R_{i+1} \oplus F(R_i, k_i)$$

由上可见，加密和解密过程完全一样且使用了相同的轮密钥。Feistel 结构保证了无论 F 是怎样复杂的变换过程，都不影响加密和解密过程的一致性，因此便实现了加密过程的可逆性——解密。这样，F 可以被设计成具有良好的非线性和混乱性的函数，从而增加密码分析的难度。

当然，分组密码并非一定要使用 Feistel 结构，当未使用此结构时，解密过程的每个环节应该是加密的逆过程。

分组加密通过多轮（一般为十几轮）处理增加混乱效果，每一轮使用不同的轮密钥，轮密钥由初始密钥扩展获得，如 DES 的初始有效密钥长度为 56 比特，由其扩展出 16 个 48 比特长度的轮密钥，用于每一轮混合变换。

序列密码（流密码）将明文流和密钥流混合（一般为简单地按字节或比特位异或）产生密文流。明文流是随机的，长度不确定，故每次使用的密钥流长度也不确定，准备很长的密钥流存储和分发都是困难的。因此，实际应用中，流密码使用一个"种子密钥"产生密钥流（理论上可以是无限长度），通信双方共享这个"种子密钥"，按相同方式产生密钥流即可。因此，流密码的关键是产生密钥流的算法，算法必须是能够产生可变长度、随机的、不可预测的密钥流，当然，实际应用中产生的密钥流是"伪随机数"。图 3-5 为按字节加密的流密码工作原理示意图。其采用简单的异或运算实现明文与密钥的混合与分离。

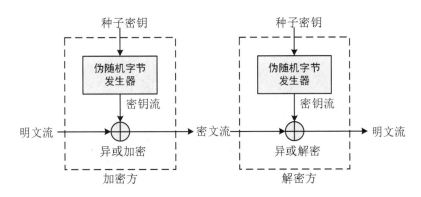

图 3-5　流密码工作原理示意图

流密码工作原理示例：

明文流：11010011010100…
（异或）密钥流：01011001111000…
密文流：10001010101100…

对称密码体制应用中一个突出的问题是密钥的分发与更新，保密通信双方事先必须通过其他安全方式（如面对面）交换初始共享密钥，一旦密钥丢失或泄漏，需要重新交换初始共享密钥。此外，每对通信实体需要共享不同的密钥，即若有 N 个人需要两两之间进行保密通信，每两个人之间需要共享不同的密钥，因此每个人手中有与其他 $(N-1)$ 个人分别共享的 $(N-1)$ 个密钥，整个系统中（所有人）共有 $N(N-1)$ 个密钥。可想而知，这些密钥的产生、分发和更新是一件棘手的事情。

3.4 公钥密码体制

 如何方便地管理和使用密钥？

上面提到，对称密码体制的一个突出问题是密钥的管理与分发，那么是否有方法使得对于一个指定接受者，其他人可以使用相同的加密密钥加密需要发送给他的数据，而且加密密钥无需保密，需要加密传输数据的任何人都可以使用呢？这可以用生活中的一个应用进行描述，一个人制作了很多相同的锁，并把它们分发给需要给他保密邮寄东西的人，甚至放到任何公共场所中，谁需要谁拿，任何其他人需要保密邮寄给制锁人包裹时，则将包裹装到一个箱子中，并用制锁人的锁锁住，只有发放锁的人有开锁的钥匙，因此只有他能够打开这些锁，获得箱子中的东西。

这就是公钥加密的思想，显然，"锁"称为公钥——公开的密钥，用于加密明文；"钥匙"称为私钥——私有的保密密钥（只有制锁人自己有），用于解密密文。公钥加密体制如图 3-6 所示。

图 3-6　公钥加密体制

需要注意的是，由于公钥是公开的，而公钥和私钥是关联的，因此一个重要的思想是，从公钥不能够（或很难）计算出私钥。满足这种需求需要借助一种数学工具——陷门单向函数。

公钥密码就是一种陷门单向函数 f，该函数的定义如下：

（1）对 f 的定义域中的任意 x 都易于计算 $f(x)$，而对 f 的值域中的几乎所有的 y，要得到 $f^{-1}(y)$，在计算上也是不可行的。

（2）当给定某些辅助信息（陷门信息）时则易于计算 $f^{-1}(y)$。

此时称 f 是一个陷门单向函数，辅助信息（陷门信息）作为秘密密钥。这类密码一般要借助特殊的数学问题，如数论中的大数分解、离散对数等数学难解问题，构造单向函数，因此，这类密码的安全强度取决于它所依据的问题的计算复杂度。

目前比较流行的公钥密码体制主要有两类：一类是基于大整数因子分解问题的，最典型的代表是 RSA 体制；另一类是基于离散对数问题的，如 ElGamal 公钥密码体制、椭圆曲线公钥密码体制。

一个公钥密码体制是一个 7 元组（M、C、SK、PK、Gen、Enc、Dec）：

- 明文空间 M（Message 或 Plaintext）：需要加密的消息表示为 m，$m \in M$。
- 密文空间 C（Ciphertext）：明文 m 经过加密转换为密文 c，$c \in C$。
- 私钥空间 SK（Secret Key）：由所有可能的私钥构成。
- 公钥空间 PK（Public Key）：由所有可能的公钥构成。
- 密钥生成算法 Gen（Key Generation Algorithm）：从可能的私钥空间中随机选取一个私钥 k_{pri}（Private Key），$k_{pri} \in SK$，算法 Gen 输出私钥 k_{pri} 和对应的公钥 k_{pub}（Public Key），$k_{pub} \in PK$。
- 加密算法 Enc（Encryption Algorithm）：给定明文 m，$m \in M$，输出密文 c，$c=Enc(m, k_{pub})$，$c \in C$。
- 解密算法 Dec（Decryption Algorithm）：给定密文 c，$c \in C$，输出明文 m，$m=Dec(c, k_{pri})$，$m \in M$。

应该注意，公钥加密算法对于任意公私钥对 (k_{pri}, k_{pub})，应该保证有 $m=Dec(Enc(m, k_{pub}), k_{pri})$，即被加密的消息能够被正确地解密还原。

公钥加密的最大优点就是公钥是公开的，这很好地解决了对称密码中密钥分发与管理问题。密码系统中任何主体只拥有一对密钥——私钥和公钥，公开其公钥，任何其他人在需要的时候使用接收方的公钥加密消息，接收方使用只有自己知道的私钥解密消息。这样，在 N 个人通信系统中，只需要 N 个密钥对即可，每个人一对。

当然，在公钥密码系统应用中，也要解决密钥分发问题：如何有效（正确、方便）地获得其他人的公钥？即你所获得的公钥是正确的（没有被修改或更换）、可信的（有权威机构的证明）。后面介绍的公钥基础设施 PKI 将解决公钥系统中密钥的管理与应用问题。

3.5 数字签名

 如何在电子世界中实现签名?

一个假想的例子：

甲要通过网络传输一份文档给乙，乙接收到这份文档，乙能确认这份文档的真实性吗（确实来自于甲，而不是其他人冒充甲发送的）？乙能确定这份文档的正确性码（在传输过程中没有被篡改）？如果甲否认曾经发送过该文档（实际上确实是甲发送的）怎么办？

在电子世界中，文档具有可复制性，谁都可以生成一份文档而其他人无法确定这份文档是谁生成的。能够确认某一文档出自某人，这种安全属性称为"可鉴别性"；发送者不能抵赖发送过该文档，这种安全属性称为"不可否认性"。在电子世界中使用数字签名技术能够实现上述两种安全属性。

现实生活中，一份签过字的文件代表了签字人已经阅读并认可所签文件，由于手写签字难以模仿，因此签字文件具有不可伪造性，除非签字非常像，而若整篇文件也是签字人手写的，那就很难模仿伪造了。

签名必须使用某些对于签名者来讲是唯一的信息，防止伪造和否认签名。公钥密码的性质正好能支持数字签名的实现，将公钥密码的加密和解密过程反过来应用，由于公钥密码中私钥是私有的、保密的，其他人无法获得，因此将私钥与消息混合（其他人无法实现）产生特殊的数据——"电子签名"。这个电子签名将消息与私钥持有者绑定（因为只有签名者拥有私钥），而任何其他人可以使用公钥验证该签名的有效性，验证通过即表示该消息出自签名者。基于公钥密码的数字签名体制工作原理如图 3-7 所示。

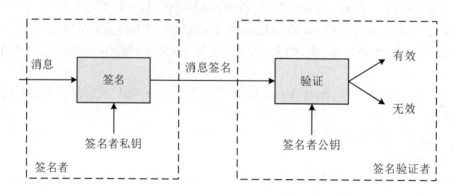

图 3-7　基于公钥密码的数字签名机制工作原理

因此，一个数字签名机制使用一种公钥密码，使得一个消息接收者相信接收的消息来自声称的消息发送者（消息主体的识别与鉴别），并信任该消息（消息被正确地传递，没有被篡改——完整性保护），同时消息签名者不能否认签发了该消息（不可否认性保护）。数字签名较传统手工签名，除了能够确认消息主体，还能够保证消息完整性（由于采用了基于私钥的密码计算，一旦消息改变，签名验证将无法通过）。此外，当签名者与验证者发生纠纷时，可以通过权威第三方进行仲裁，有相关法律法规保护相关过程。

此外，数字签名必须相对容易生成；必须相对容易识别和验证该数字签名；伪造数字签名在计算上是不可行的（计算复杂度极高），即对一个已有的数字签名构造新的消息、对一个给定消息伪造一个数字签名在计算上是困难的；此外，在存储器中保存一个数字签名备份是现实可行的。

一个数字签名体制是一个 7 元组（M、S、SK、PK、Gen、Sig、Ver）。

- 明文空间 M（Message 或 Plaintext）：对应需要签名的消息表示为 m，$m \in M$。
- 签名空间 S（Signature）：明文 m 经过密码转换输出数字签名 s，$s \in S$。
- 私钥空间 SK（Secret Key）：由所有可能的私钥构成。
- 公钥空间 PK（Public Key）：由所有可能的公钥构成。
- 密钥生成算法 Gen（Key Generation Algorithm）：从可能的私钥空间中随机选取一个私钥 k_{pri}（Private Key），$k_{pri} \in SK$，算法 Gen 输出私钥 k_{pri} 和对应的公钥 k_{pub}（Public Key），$k_{pub} \in PK$。
- 签名算法 Sig（Signing Algorithm）：给定明文 m，$m \in M$，输出签名 s，$s = Sig(m, k_{pri})$，$s \in S$。
- 加密算法 Ver（Verifying Algorithm）：给定签名 s，$s \in S$，验证签名 $v = Ver(s, k_{puk})$，输出正确或错误的结果，$v \in \{True, False\}$。

应该注意，公钥加密算法对于任意公私钥对(k_{pri}, k_{pub})，应该保证有 $Ver(Sig(m, k_{pri}), k_{pub}) =True$，即正确的签名可以使用对应的公钥有效验证。

当签名者对一个文档进行签名时，可以使用其私钥直接对整个文档进行密码变换，但在实际应用中不这样做，一是签名算法对于输入也有长度限制，当对一个较大大文档签名时，需要将文档分割成多个部分分别进行密码变换——签名；二是公钥算法本身计算速度慢——相对于对称算法，因此，直接使用私钥对明文进行分块变换的效率很低。

实际应用中是对文档或消息的摘要进行签名，即签名者使用密码学哈希（Hash）函数将任意长度的消息变换为固定长度的输出值——摘要或称散列值，然后对摘要进行签名。如，有一消息 m，使用哈希函数 H，生成消息摘要 $H(m)$，再使用签名算法对摘要进行签名 $Sig(H(m), k_{pri})$。数字签名机制工作原理如图 3-8 所示。

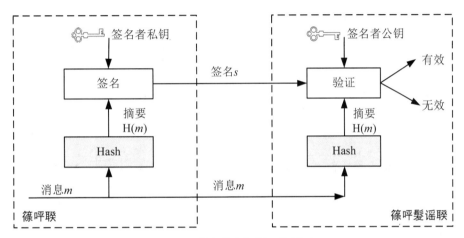

图 3-8　数字签名机制工作原理

如图 3-8 所示，签名者需要将被签名消息 m 和签名 s 一并传递给接收者，接收者在验证签名时，首先也要计算消息 m 的摘要，并使用签名者的公钥脱密签名值 s，计算结果与本地计算的消息摘要比对，相同则说明签名有效，否则签名无效。

密码学哈希函数：

密码学哈希函数将任意长度输入转换为特定长度输出，典型的算法如 MD5、SHA、SHA-256 等。一个密码学哈希函数 H 应具备以下特性。

- 单向性：给定一个输入 m，容易计算哈希值 h=H(m)；但反过来，给定一个哈希值 h，计算原像 m 是困难的（计算上不可行的）。
- 抗碰撞性：已知一个哈希值 h=H(m)，找出另一个 m′，使得 H(m′)等于 h 是困难的；同时任意找到两个值 c1、c2，使得这两个数的哈希值相同，即 H(c1)= H(c2)，是困难的。

从上述可以看出，数字签名机制实现了以下 3 个安全属性。

（1）实体和消息的认证（也称鉴别）。消息发送者通过对消息的签名，使得接收者能够判断消息是否来自于其所期望的主体，因为只有合法的用户拥有对消息签名的私钥；同时，接收者也能够验证消息的真实性，即消息确实来自某主体，而不是其他人伪造的。这反映出两方面的意义：一是实现了对消息发送者的主体认证；二是对消息本身的认证（真实性）。

（2）不可否认性保护。因为只有签名者拥有私钥，对于一个消息或文档，只有签名者能够产生有效的签名，因此签名者不能否认对该消息或文档进行过签名。当发生纠纷时，可以由权威的第三方依据法律采用技术手段进行验证仲裁。

（3）完整性保护。签名算法所使用的公钥密码体制保护了消息或文档的完整性，消息或文档在传输过程中，若消息本身或签名被篡改，签名验证算法使用公钥脱密所得的消息摘要与自己计算的原文摘要将不一致，则无法通过完整性验证。

思考： 签名算法能实现信息保密吗？

图 3-9 所示为一个完整的消息封装传递示意图。

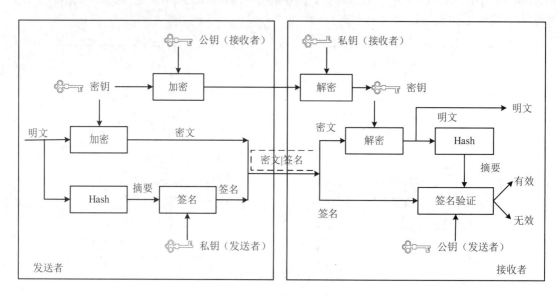

图 3-9　带签名的加密封装

在图 3-9 所示的示例中，发送方使用对称密码机制加密消息，使用公钥密码对消息摘要进行数字签名，并使用接收方的公钥加密所使用的对称密钥。

思考并回答下列问题：为什么使用对称密码加密消息？加密对称加密密钥使用的是谁的公钥？数字签名使用的是谁的私钥？

3.6　消息完整性保护

 如何保护通信数据的完整性？

如果数据在存储和传输过程中发生了改变，我们能否发现呢？数据发生改变有两种情况：一种是偶发性错误，如在数据传输过程中，由于线路通信质量的不稳定，造成数据传输错误；另一种是人为破坏，如攻击者篡改数据。对于第一种偶发性错误可以使用简单的检/纠错码发现或纠正错误，如数据网络通信中经常采用的循环冗余校验码（Cyclic Redundancy Check，CRC）。CRC 属于非密码保护方式，即当人为蓄意篡改通信数据时，可以重新计算 CRC 码并替换原有校验值，接收方无法检验出数据被篡改。因此，在防范主动攻击——对传输数据的增加、删除、修改时，必须使用基于密码的数据完整性保护措施。网络通信中传递的是有结构的数据，通常被称为消息，因此也称消息完整性保护。

上面介绍的数字签名机制就是实现消息完整性保护的一种有效手段，消息发送方计算传输数据的摘要并使用自己的私钥计算出签名，附着在被传递数据的后面，签名随同受保护的数据一起发送给接收方，接收方可以使用发送者的公钥验证签名。由于签名机制所使用的消息摘要算法以及签名算法固有的数学特性，确保了接收的数据一旦被篡改即可被发现，受保护传递的消息即使有一个比特发生改变，都会导致签名无法通过验证。

公钥密码相对于对称密码效率低，因此，在仅需要对数据完整性保护时（不需要消息源认证和不可否认性保护），也可以使用对称密码。典型的技术是采用消息认证码（Message Authentication Code，MAC）——带密码的摘要，保护消息完整性。图 3-10 所示为用户 A 向用户 B 发送带 MAC 的消息。

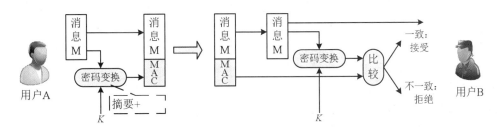

图 3-10　带消息认证码的消息传递

MAC 有很多构造方法，上述基于数字签名的方法就是一个实例。下面介绍一个 IETF 发布的 HAMC 构造标准——基于带密钥的哈希函数。

哈希（Hash）函数可以把任意长度（一般是较长的）的消息变换为固定长度（较短的）的消息摘要。前面已经提到，密码学哈希函数应该具有单向性和良好的抗碰撞性。当 Hash 函数融入密钥时就称为带密钥的 Hash 函数，在很多网络安全协议中，都使用此方法构造消息认证码。如 IETF RFC 2104 中定义的 HMAC:Keyed-Hashing for Message Authentication 就是一种 HMAC 的实现方法，其内容定义如下所述。

H 表示一个密码学 Hash 函数（例如 MD5、SHA1），K 表示一个密钥，B 表示数据块的字节数（如 MD5、SHA1 的分割数据块长度 B=64 字节），L 表示 Hash 函数的输出数据字节数（MD5 中 L=16，SHA-1 中 L=20）。密钥的长度可以小于或等于数据块长度 B，如果大于数据块长度，可以使用 Hash 函数进行压缩，结果就是一个 L 长的 K；如果密钥长度小于 L，则填充若干 0 字节 0x00；一般情况下，推荐的最小密钥长度是 L 个字节。

创建两个长度为 B 的填充字符串 ipad（由字节 0x36 重复构成）和 opad（由字节 0x5C 重复构成），其中字母 i、o 分别标志内部与外部。

计算一个输入字符串 str 的 HMAC 公式如下：

$$HMAC = H((K \text{ XOR } opad) \| H((K \text{ XOR } ipad) \| str))$$

式中，XOR 代表异或操作；||代表链接操作——将两个字符串链接在一起。

该公式的含义为，密钥字符串 K 与 ipad 异或运算并与输入字符串流 str 链接在一起计算 Hash 值，结果链接到密钥字符串与 opad 的异或运算结果后面，再计算 Hash 值，输出最终结果。

下面看一个基于 HMAC 的应用实例，使用 HMAC 完成一个典型的"质询/响应"（Challenge/Response）身份认证过程，认证流程如下所述。

（1）客户端向服务器发出认证请求，如一个登录请求（假设是浏览器的 GET 请求）。

（2）服务器返回一个质询（Challenge），一般为一个随机值，并在会话中记录这个随机值。

（3）客户端将该随机值作为输入字符串，与用户口令一起进行 HMAC 运算，然后提交计算结果给服务器——响应（Response）。

（4）服务器读取用户数据库中的用户口令，并使用步骤（2）中发送的随机值进行与客户端一样的 HMAC 运算，然后与用户返回的响应比较，如果结果一致则验证用户是合法的。

在上述过程中，可能遭到安全威胁的是服务器发送的质询值和用户返回的 HMAC 结果，而对于攻击者截获这两个值是没有意义的，截获质询在没有合法口令的情况下攻击者无法构造合法的 HMAC。同时，由于 H 的单向性，即使截获质询和合法的 HMAC，攻击者也无法获得用户口令，而由于 H 的抗碰撞性，攻击者也无法构造一个与用户口令不同的口令，使得质询与伪造口令的 HMAC 值与合法的响应值一致。

上述实例是一个简单的认证协议，只是一个说明性例子，在实际应用中，协议会更复杂，如需要考虑如何避免消息重放攻击等。

在网络协议中，为了保证协议消息的完整性，可以针对每一条消息计算 MAC，附着在消息后面一起发送，消息接收者验证 MAC，从而确认消息的完整性。

从上述 HMAC 方法中可以看出，通信双方需要事先共享密钥 K（如口令）作为 MAC 计算的秘密值。当然 MAC 的计算也可以直接使用对称密码算法，如 DES、AES 等分组密码，即对于消息 M，计算消息的摘要，并使用密钥 K 加密摘要 E(H(M),K)。但由于带密钥的 HMAC 计算速度快，因此没有特殊要求时可以使用上述标准。MAC 的安全强度取决于所使用的密码体制以及密钥与输出长度。如，HMAC 依赖 Hash 函数的安全性，若使用 DES，则 MAC 依赖 DES 的安全性；使用公钥密码算法如 RSA，则 MAC 依赖 RSA 的安全性。

3.7 认证

 如何验证主体的身份或消息的真实性？

认证（Authentication，也称鉴别）是证明一个对象身份的过程，换句话讲，指验证者（Verifier，一般为接收者）对认证者（Authenticator，也称证明者、示证者，又记 Certifier，一般为发送方）身份的真实性的确认方法和过程。

被认证的主体包括两类：一类是消息的发送实体，人或设备，即回答"是某人吗""是某台设备吗""是某个软件吗"，对实体进行进一步的认证往往是为了决定将什么样的特权（Privilege）授权（Authorizing）给该身份的实体；另一类是对消息自身的认证，即回答"这个消息真实吗""这个消息正确吗"，换句话讲，确认这个消息是合法用户生成的且在传递过程中没有被篡改。

实际上，前面介绍的相关技术已经可以满足认证的技术需求。如数字签名技术就是实现实体认证的一种有效方法——只有合法的（拥有合法的私钥）实体才生成合法有效的证明，证明实体身份，同时也能证明消息的真实性和正确性（出自合法的实体且没有被篡改）。此外，前面介绍的数据完整性保护也是实现消息认证的一种有效方法——消息来自于合法实体（拥有相应的密钥），消息传递过程中没有被篡改。

因此，认证往往表现为对实体或消息的真实性、合法性、有效性和正确性等的判定和确认。认证者必须拥有特定的"参数"——私钥（用于数字签名）、共享密钥（消息认证码），使得验证者能够验证这些基于"参数"计算的证据——签名或 MAC。

可见，认证与数据完整性保护在具体实现上可以共用许多技术，实现的方法一样，只是实现目标不同。此外，对消息认证时，除了消息来源及完整性，还可能需要验证消息的顺序性和时间性，因为网络中数据的传输路径不同、中间环节延迟不同，主动攻击者还有可能人为地截获、重放或重排消息，从而导致消息到达顺序不正确或者缺乏时效性。因此，在实际应用中，可以引入时间戳服务、消息标识等方法认证消息的时效性与顺序性。

在信息及信息系统安全中，不只是密钥可以作为"参数"，在实体认证中，尤其是对人的认证中，还可以使用人的生物特征，如指纹、视网膜或虹膜、人脸、声音等作为认证的依据，而前面用到的密钥属于电子特征。

口令是最简单的电子"参数"，广泛应用于系统登录过程，口令是在用户（认证者）和服务器（验证者）之间共享的秘密。相对于其他密码系统，口令易于记忆和使用，但安全性极低，容易被攻击者"猜出来"。

为了便于使用，电子"参数"可以制作成智能卡、令牌（一种带显示的电子工具）、电子钥匙（e-Key）等形式。

零知识证明——一种有趣的"魔咒"认证方法

洞穴问题：如图 3-11 所示，有一个洞穴，在洞穴深处的 C 点与 D 点间有一道门，设 P 知道打开该门的咒语，其他人不知道咒语无法打开此门，也就等于走到死胡同中。那么现在 P 如何向验证者 V 证明他知道咒语但又不告诉 V 咒语是什么呢？我们看看下面的过程。

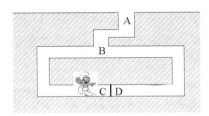

图 3-11　魔咒洞穴图

现在 V 站在 A 点，P 进入洞中到达 C 或 D 任意一点。P 进洞后，V 走到 B 点，并要求 P "从左边出来"或"从右边出来"，P 按照要求出现（若 P 在 V 所要求的相反方向，必须使用咒语打开并通过那扇门）。P 和 V 重复这个游戏 n 次。当 n 较大时，V 就能够确信 P 知道打开门的咒语。

3.8　计算复杂理论

 如何定义一个密码系统是安全的？

1. 安全的定义

首先我们要明确一点，没有绝对的安全，只有相对的安全，安全强度是保护信息付出的代价与信息本身价值的比例，因此，保护信息安全是一个效能的折中。典型地，可以将信息安全性定义为以下 3 种。

（1）理论安全性（也称无条件安全）。如果具有无限计算资源的密码分析者也无法破译一个密码系统（密码体制），则称该密码系统是理论安全的。换句话讲，密码分析者无论获得多少密文、无论采用什么方法以及运用他所需要的任何计算资源进行攻击都不可能破译该密码系统。

（2）可证明安全性。如果从理论上可以证明破译一个密码系统的代价（困难性）不低于求解某个已知的数学难题，则称该密码系统是可证安全的。

（3）计算安全性。如果使用已知的最好的算法和利用现有的（或密码系统生命周期内的）最大的计算资源仍然不可能在合理的时间内破译一个密码系统，则称该密码系统是计算安全的。换句话讲，密码分析者使用可以用的资源进行破译，所需要的时间非常长，或者说破译的时间长到原来的明文已失去保密价值。

一般将可证安全性和计算安全性系统称为实际安全性。实际应用中，一个良好的密码系统必须证明其是可证安全的或计算安全的。

计算复杂性理论是密码系统安全性分析的基础，为分析和证明密码体制（系统、算法）的"复杂性"提供了一种方法。

2. 安全的度量

密码分析所需的计算量是密码体制安全性的衡量指标，如果使用 n 表示问题的大小（或系统输入的长度），则计算复杂性可以使用两个参数表示：运算所需的时间 T 和存储所需的空间 S，它们都是 n 的函数，记为 T(n)和 S(n)，也称为时间复杂度和空间复杂度，通常二者可以相互转化，即可以"空间"换"时间"。

如果 $T(n) = O(n^c)$，其中 c>0，那么称该算法运算的时间是多项式阶的。

如果 $T(n) = O(a^{p(n)})$，其中 p(n)是关于 n 的一个多项式，则称该算法运算时间是指数阶的。

一般认为，如果破译一个密码体制所需的时间是指数阶的，则该密码体制在计算上是安全的，因而也是实际安全的。

3. 计算理论

在理论研究中，一个算法通常被分为确定算法和非确定性算法。确定算法的每一步操作结果都是确定的，计算时间就是完成这些确定步骤所需要的时间。而不确定性算法的某些操作结果是不确定的，在所有使算法成功操作的序列中，运行时间最短的序列所需时间就是该不确定性算法的计算时间。

使用确定算法可以在多项式时间内求解的问题称为 P 问题。在多项式时间内可以用非确定性算法求解的问题称为 NP 问题。

NP 问题包含 P 问题，NP 问题中许多问题可能要比 P 中的问题难得多，但 P 问题中是否包含 NP 问题，目前还没有证实，同时目前也还没有证明 P≠NP，后面将介绍的正整数因数分解问题就是一个 NP 问题。

在实际研究中，如果一个问题 X 可以在多项式时间内用确定性算法转化为问题 Y，而 Y 的解可以在多项式时间内用确定性算法转化为 X 的解，则称问题 X 可以规约为问题 Y。因此，如果某类 NP 问题中任何一个问题可以规约为问题 Y，而且 Y 本身就是 NP 问题，则称 Y 是一个 NP 的完全问题，记为 NPC。

对于一个 NP 问题，不存在任何已知的确定性算法在多项式时间求解该问题，所以如果能够找到一个计算序列作为解密算法，那么密码分析者在不知道计算序列的情况下求解问题（称为客观求解）在计算上是不可行的。由此可见，可以使用 NP 问题构造密码体制。当今，许多密码体制就是基于 NPC 问题构造的。如后面将介绍的 RSA 公钥密码算法就是基于大整数分解难解问题，而 ElGamal 和椭圆曲线公钥密码算法则是基于离散对数难解问题。

3.9　密码分析

 如何攻击密码系统？

一个密码系统是否安全是使用者关注的核心问题。密码设计者力图说明、证明所设计的密码是安全的（密码分析是困难的）；而密码分析者（破译者）试图发现密码设计的缺陷，找到攻击的方法，能够成功破解密码。实际应用中，大家认可安全的是经过一定时间并在较大范围内经过分析的密码体制。

密码分析一般要经过分析、推断、假设、证实等步骤。最简单直接的密码攻击是穷举攻击，如，已知一个密文，穷举所有的明文空间，找到对应明文。可见这种分析方法效率低，对实际安全的密码体制无能为力。因此，一般密码分析从密码体制出发，或分析密码算法本身的缺陷，或分析密码具体实现中存在的弱点（如弱密钥）等。常用的密码分析方法包括以下 5 类。

（1）唯密文攻击（Ciphertext only）。破译者已知的东西只有两样：加密算法、待破译的密文。

（2）已知明文攻击（Known plaintext）。破译者已知的东西包括加密算法和经密钥加密形成的一个或多个明文－密文对，即知道一定数量的密文和对应的明文。

（3）选择明文攻击（Chosen plaintext）。破译者除了知道加密算法外，还可以选定明文消息，并可以知道该明文对应的加密密文。例如，公钥密码体制中，攻击者可以利用公钥加密其任意选定的明文。

（4）选择密文攻击（Chosen ciphertext）。破译者除了知道加密算法外，还包括他自己选定的密文和对应的、已解密的明文，即知道选择的密文和对应的明文。

（5）选择文本攻击（Chosen text）。选择文本攻击是选择明文攻击与选择密文攻击的结合。破译者已知的东西包括加密算法、破译者选择的明文消息和它对应的密文，以及破译者选择的猜测性密文和它对应的解密明文。

很明显，唯密文攻击是最困难的，因为分析者可供利用的信息最少。上述攻击的强度是递增的。一个密码体制是安全的，通常是指在前三种攻击下的安全性，即攻击者一般容易具备进行前三种攻击的条件。当然密码分析者对于不同密码算法的具体实现还有一些针对性强的分析方法，如后面将介绍的对称密码，分析者可以使用差分攻击、线性攻击等方法破译加密。

生日悖论与生日攻击

一个 50 人的班级里有 2 位同学同一天生日（不要求同年）的概率有多大？有人可能马上回答 50/365，约 13.7%，但实际答案是 97%。奇怪吧！换个问题，问平均在多少人中才能找到一对人生日相同，答案是 25 人，实在不可思议。这就是所谓的"生日悖论（Birthday Paradox）"，为什么呢？看下面的计算（不计特殊年月），首先计算班级内所有人的生日不同的概率：

第一个人的生日是 365 选 365，

第二个人的生日是 365 选 364，

第三个人的生日是 365 选 363，

…………

第 n 个人的生日是 365 选 $365-(n-1)$，

因此，所有人生日都不同的概率是 $p = \dfrac{365}{365} \times \dfrac{364}{365} \times \dfrac{363}{365} \times \cdots \times \dfrac{365-(n-1)}{365}$。

那么 n 个人中至少有两个人的生日相同的概率就是 $1-p$。

可以计算，当 $n=23$ 时，$p=0.507$，即概率已经大于 50%；而当 $n=100$ 时，$p=0.9999996$，概率大于 99.99%。

实际上，23 个人可以产生 $23 \times 22/2 = 253$ 种不同的搭配，而这每一种搭配都有相等的成功可能。从这样的角度看，在 253 种搭配中产生一对成功的配对并非那么不可思议。

随着元素的增多，出现重复元素的概率会以惊人的速度增长，而我们低估了它的速度。这一结论应用于对哈希函数的攻击中，称为"生日攻击（Birthday Attack）"。前面提到过哈希函数碰撞问题，利用生日攻击原理，N 位长度的哈希函数可能发生碰撞的测试次数不是 2^N，而是只有 $2^{N/2}$，即对于 64 位哈希函数，在 2^{32} 次测试中发生碰撞的概率大于 50%。从这个例子我们可以看出，对密码体制的分析工作量可能不像想象得那么多。

本章小结

本章介绍了密码技术的基本概念、分类和工作原理。现代密码技术中的加/解密算法是公开的，只要求密钥是保密的。根据密钥使用的特点，密码体制可以分为对称密码和公钥密码。对称密码体制又可以分为分组密码和流密码；公钥密码体制则允许密钥公开，方便了应用，同时公钥密码体制支持了数字签名的实现。使用密码技术可以实现数据的保密性、完整性、认证性和不可否认性保护。密码体制安全性是相对的，可证安全性和计算安全性满足实际安全要求即可。

习题 3

1. 什么是密码技术？密码技术可以用于保护数据的哪些安全属性？
2. 请查阅资料，举例说明古典置换加密法和替换加密法的工作原理。
3. 请描述通信保密模型。
4. Kerchhoff 假设的内容是什么？假设的意义是什么？
5. 请描述对称密码体制的工作原理。

6．请描述公钥密码体制的工作原理。

7．对称密码体制可以分为哪两类？各自特点是什么？

8．分组密码体制中扩散和混乱的作用是什么？如何实现？

9．什么是 Feistel 网络结构？有何作用？

10．简述流密码的工作原理。

11．简述公钥密码体制的特点，如何描述一个公钥密码体制？

12．如何实现数字签名？数字签名具备什么特性？

13．密码学哈希函数应具备什么特点？

14．在图 3-9 所示的封装保密传输中，为什么使用对称密码加密消息？加密对称加密密钥使用的是谁的公钥？数字签名使用谁的私钥？

15．如何保护消息完整性？HMAC 实现过程是什么？

16．什么是认证？如何实现对消息源的认证？

17．什么是理论安全性、可证明安全性和计算安全性？

18．密码分析有哪 5 种方法？

第4章 对称密码技术

本章学习目标

本章以几个典型对称密码算法为例，介绍对称密码算法的实现过程、机理及特点，使读者理解密码算法的应用背景。通过本章的学习，读者应该掌握以下内容：

- 数据加密标准（DES）。
- 高级加密标准（AES）。
- 其他典型分组密码算法。
- 流密码算法。
- 分组密码算法工作模式。

4.1 数据加密标准（DES）

 如何实现加/解密过程相同、密钥相同的对称密码算法？

4.1.1 概述

数据加密标准（Data Encryption Standard，DES）是一个著名的分组加密算法。美国国家标准局在 1973 年 5 月公开征集用于计算机数据在传输和存储期间实现加密保护的密码算法，1975 年美国国家标准局接受了 IBM 公司提交的一种密码算法并向社会公开征求意见，1977 年该算法作为美国数据加密标准正式发布。1980 年 12 月，美国国家标准局正式采用该算法作为美国商用加密算法。该算法广泛应用在 POS、ATM、磁卡及智能卡（IC 卡）、金融等领域。

美国国家标准局征求加密算法的要求如下：

（1）提供高质量的数据保护，防止数据未经授权的泄露和未被察觉的修改。

（2）具有相当高的复杂性，使得破译的开销超过可能获得的利益，同时又便于理解和掌握。

（3）密码体制的安全性应该不依赖于算法的保密，其安全性仅以加密密钥的保密为基础。

（4）实现经济，运行有效，并且适用于多种完全不同的应用。

DES 是一种分组密码算法，加密和解密使用相同的密钥。DES 的分组长度为 64 比特（bit），使用 64 比特密钥（其中包括 8 比特奇偶校验位），密钥通过扩展后，经过 16 轮对明文分组的代换和置换，生成密文。DES 结构简单，运算速度快，很好地满足了上述对加密算法的征求要求。

不过，现如今 DES 已经被认为是不安全的了，主要原因在于 56 位密钥太短。现在 DES 算法正逐渐被 AES 算法取代。但作为学习和理解分组密码算法的工作机理，DES 是非常好的实例。

4.1.2　DES 工作过程

DES 将明文分成 64 比特分组，每次加密一个分组明文，共经过 16 轮变换，产生 64 比特密文。56 比特密钥（64 比特密文去除 8 比特奇偶校验位），通过密钥调度算法每次产生 48 比特子密钥用于一轮加密。DES 工作过程如图 4-1 所示。

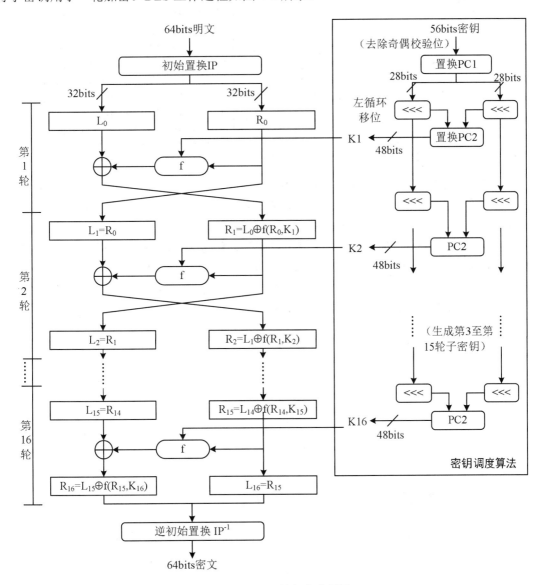

图 4-1　DES 16 轮加密流程图

如图 4-1 所示，DES 共执行了 16 轮相同的变换操作，将 64 比特（bits）分为 2 个 32 比特输入，记为左半部分（L_i）和右半部分（R_i），分别处理，其中 i 表示第几轮。DES 采用了典型的 Feistel 结构，使得解密算法与加密算法完全一样，不同的是子密钥使用顺序是倒过来的。

需要注意的是，最后一轮输出的左半部分和右半部分需要交换位置，然后合并为 64 比特输出，再进行逆初始变化。

1. 初始置换及其逆置换

初始置换 IP（Initial Permutation），将 64 比特明文的每一比特位放置到一个新的位置，如图 4-2 所示（为了查看方便，按行优先将置换排成阵列），即将明文第 58、50、42 比特位分别放置到第 1、2、3 比特位，将明文第 1 比特位放置到第 40 比特位。

58	50	42	34	26	18	10	2
60	52	44	36	28	20	12	4
62	54	46	38	30	22	14	6
64	56	48	40	32	24	16	8
57	49	41	33	25	17	9	1
59	51	43	35	27	19	11	3
61	53	45	37	29	21	13	5
63	55	47	39	31	23	15	7

图 4-2　IP 置换

40	8	48	16	56	24	64	32
39	7	47	15	55	23	63	31
38	6	46	14	54	22	62	30
37	5	45	13	53	21	61	29
36	4	44	12	52	20	60	28
35	3	43	11	51	19	59	27
34	2	42	10	50	18	58	26
33	1	41	9	49	17	57	25

图 4-3　逆 IP 置换

在 16 轮变换之后应用初始置换的逆置换，记为 IP^{-1}，如图 4-3 所示，即针对第 16 轮变换输出进行置换，将第 40、8、48 比特位分别放置在第 1、2、3 比特位位置，将第 1 比特位放置在第 58 比特位位置，置换后的结果为 64 比特密文。

逆 IP 置换确保在解密时使用与加密相同的算法，经过 IP 置换后得到正确的加密，第 16 轮变换的输出作为解密第 1 轮变换的输入。

2. f 函数

f 函数包括 4 部分操作，流程如图 4-4 所示。

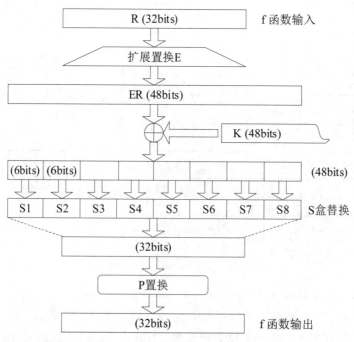

图 4-4　f 函数内部操作

（1）扩展置换。使用扩展置换（记为 E）将 32 比特块（每一轮右半部分输入）扩展成

48 比特，重复输入 16 比特。扩展方法如图 4-5 所示。

32	1	2	3	4	5
4	5	6	7	8	9
8	9	10	11	12	13
12	13	14	15	16	17
16	17	18	19	20	21
20	21	22	23	24	25
24	25	26	27	28	29
28	29	30	31	32	1

图 4-5　f 函数中扩展操作

从图 4-5 中可以看出，扩展操作实际上是原有的 32 比特按 8 行 4 列排列后构成输入矩阵，复制输入矩阵第 1 列并循环上移 1 位，添加到输入矩阵的右侧，复制输入矩阵第 4 列并循环下移 1 位，添加到输入矩阵的左侧，构成 8 行 6 列输出矩阵，共 48 比特。

（2）密钥混合。将扩展操作输出的 48 比特与 48 比特轮密钥进行异或运算，其中的轮密钥是由 56 比特原始密钥经过密钥调度产生的。

（3）替换。将密钥混合后输出的 48 比特分为 8 组，每组 6 比特，经过 8 个独立的 S 盒替换，输出 8 组 4 比特值。每个 S 盒可以看作一个表格，通过查表实现非线性转换。S 盒替换是 DES 算法安全的核心。

每个 S 盒是一个 4 行 16 列的表格。表 4-1 给出了 S1 盒的替换阵列排列，其他 7 个 S 盒（S2～S8）可以查阅标准文档。

表 4-1　S1 盒的替换阵列

行	列															
	0	1	2	3	4	5	6	7	8	9	10	11	12	13	14	15
0	14	4	13	1	2	15	11	8	3	10	6	12	5	9	0	7
1	0	15	7	4	14	2	13	1	10	6	12	11	9	5	3	8
2	4	1	14	8	13	6	2	11	15	12	9	7	3	10	5	0
3	15	12	8	2	4	9	1	7	5	11	3	14	10	0	6	13

查表输入为 6 比特，取最低和最高比特位，十进制值作为行号，中间 4 比特十进制值作为列号，查找对应表格中的数值。如输入为$(110100)_2$，行号取$(10)_2=2$，列号取$(1010)_2=10$，因此查表结果等于 9，输出$(1001)_2$。

（4）置换 P。S 盒替换输出 32 比特，再经过一个固定的 P 盒置换，该置换操作使得本轮每个 S 盒替换输出，在下一轮经过扩展操作后，扩散到 6 个不同的 S 盒中。置换 P 比特位重排如图 4-6 所示，即将输入的第 16、7、20 比特重排到输出的第 1、2、3 比特位置。

16	7	20	21	29	12	28	17	1	15	23	26	5	18	31	10
2	8	24	14	32	27	3	9	19	13	30	6	22	11	4	25

图 4-6　置换 P

f 函数中 S 盒的替换操作实现了所谓的"混乱"（confusion），P 盒置换和 E 扩展操作实现了所谓的"扩散"（diffusion），从而保证了 DES 算法的安全性。

4.1.3 密钥调度

密钥调度流程如图 4-1 的右半部分所示。56 比特密钥作为初始输入（64 比特去除每个字节的最后一位奇偶校验位），经过置换选择操作 PC1（Permuted Choice 1），如图 4-7 所示，输出的 56 比特分为左、右两个部分（各 28 比特），分别进行左循环移位，之后左、右两部分合并再进行置换选择操作 PC2，如图 4-8 所示，产生 48 比特密钥。第 1 轮的左循环移位输出作为第 2 轮密钥产生的输入，再次进行左循环移位，依次类推，直到产生 16 轮的子密钥。

57	49	41	33	25	17	9
1	58	50	42	34	26	18
10	2	59	51	43	35	27
19	11	3	60	52	44	36
63	55	47	39	31	23	15
7	62	54	46	38	30	22
14	6	61	53	45	37	29
21	13	5	28	20	12	4

图 4-7　置换选择 PC1

14	17	11	24	1	5
3	28	15	6	21	10
23	19	12	4	26	8
16	7	27	20	13	2
41	52	31	37	47	55
30	40	51	45	33	48
44	49	39	56	34	53
46	42	50	36	29	32

图 4-8　置换选择 PC2

密钥调度中的左循环移位，每一轮移动的比特位个数不同，从第 1 轮至第 16 轮移动位置数分别为 1、1、2、2、2、2、2、2、1、2、2、2、2、2、2、1，这样每一比特密钥大约在 16 轮中的 14 轮中用到。

解密时密钥调度算法一致，只是按逆序使用，即先使用 K16，最后使用 K1，解密处理程序与加密相同。

4.1.4 DES 安全性分析

DES 在长期的应用实践中，没有发现严重的安全缺陷。尽管许多研究者发布了关于 DES 的密码分析，但绝大多数仍然是强力攻击。虽然一些密码属性分析工具在理论上是可行的，但缺乏实用价值，有的需要大量不切实际的已知明文或选择明文。

S 盒是 DES 的核心，也是 DES 算法最敏感的部分。其设计原理至今讳莫如深，甚显神秘。所有的替换都是固定的，但又没有明显的理由说明为什么这样做，许多密码学家曾担心美国国家安全局（National Security Agency，NSA）设计 S 盒时隐藏了某些陷门，使得只有他们才可以破译算法，但研究中并没有找到弱点。

一个好的密码算法应具有良好的雪崩效应，即明文或密钥的微小改变将对密文产生很大的影响。特别地，明文或密钥的某一位发生变化，会导致密文的很多位发生变化。DES 算法具有很好的雪崩效应。

- 两条仅有一位不同的明文，使用相同的密钥，仅经过 3 轮迭代，所得的两段密文就有 21 位不同。
- 一条明文，使用两个仅有一位不同的密钥加密，经过数轮变换之后，就有半数的位不相同。

研究结果显示，DES 的主要安全弱点是密钥较短。56 位密钥空间约为 7.2×10^{26}。1997 年 6 月，Rocke Verser 等领导的小组通过互联网，利用上万台微机历时 4 个月成功破译 DES。1998 年，一个民间组织电子先驱基金会 EFF（Electronic Frontier Foundation），花费大约 25 万美元订制构造了一个 DES 解密器，该机器包含 1856 个订制芯片，可以在 2 天内强力搜索一个 DES 密钥。该实验向世人展现了 DES 的安全性不仅在理论上是可以打破的，而且在实际中也是可以快速破解的。但这些攻击采用的都是强力攻击。

2006 年，德国 Bochum 和 Kiel 大学花费 1 万美元，构建了一个名为 COPACOBANA 的机器。它包含 120 个低成本 FPGA，平均在 9 天内能够完成一个 DES 密钥穷举。可见，集成电路成本的降低及性能的提升，使得 DES 密钥破解器的制造越来越便宜，并具有实际应用价值。

此外，DES 算法存在弱密钥，有的密钥产生的 16 个子密钥中有重复。DES 算法还具有补码对称性，即 $c = DES(m,k)$，则 $\bar{c} = DES(\bar{m}, \bar{k})$，其中，$\bar{c}$、$\bar{m}$、$\bar{k}$ 是 c、m、k 的反码。

目前已知的 3 种比强力搜索复杂性低的，打破 DES 完全 16 轮的理论分析方法包括：差分分析（Differential Cryptanalysis）、线性分析（Linear Cryptanalysis）和 Davies 攻击分析。但这些理论分析方法往往实际上是不可行的，仅用于密码算法弱点分析。

20 世纪 80 年代末，由 Biham 和 Shamir 公布的差分分析方法，为了打破完全 16 轮，需要 2^{47} 个选择明文，而 DES 设计时考虑了抗差分攻击。1993 年，Matsui 发现的线性分析方法需要 2^{43} 个已知明文。2004 年，Biryukov 等提出的精细化"多重线性分析"（Multiple Linear Cryptanalysis）对已知明文要求下降到 2^{41} 个。Junod 等实施了一系列实验确定实际线性分析的复杂性，报告了比预计的要快，但所需时间等同于 $2^{39} \sim 2^{41}$ 个 DES 计算。差分分析方法和线性分析方法可以用于多种加密机制分析，而 Davies 攻击方法只是针对 DES 的，它需要 2^{50} 个已知明文，具有 2^{50} 计算复杂度，成功率为 51%。可见，上述这些理论分析方法在实际中不具备可操作性。

4.1.5　3DES

3DES（Triple DES）并非独立分组加密算法，而是为了抵抗对 DES 的强力攻击而简单地增加 DES 密钥长度的一种方法，1998 年发布在 ANSI X9.52 标准中，1999 年又发布在 FIPS PUB 46-3 标准中，在电子支付工业标准以及许多商业标准中使用了该算法。3DES 使用 3 个 56 比特密钥 $K1$、$K2$、$K3$（去除奇偶校验位），加密算法可以表示如下：

$$P = E_{K3}(D_{K2}(E_{K1}(M)))$$

即使用 $K1$ 加密明文 M，再使用 $K2$ 解密，接着使用 $K3$ 加密，得到密文 P。标准中定义了 3 种密钥使用方式。

（1）3 个密钥相互独立，互不相同。这种方式提供了最强安全性，相当于提供 $3 \times 56 = 168$ 比特长度密钥。

（2）$K1$ 和 $K2$ 相互独立，互不相同，而 $K3 = K1$。这种方式提供了 $2 \times 56 = 112$ 比特长度密钥，密钥空间为 $2^{112} = 5 \times 10^{33}$。实际应用多采用此方法。

（3）3 个密钥完全相等，即 $K1 = K2 = K3$。这种方式的算法退化为标准 DES，保证向后兼容。

4.2 高级加密标准（AES）

 如何设计数学上可证明安全性的对称密码算法？

随着 DES 算法安全性的降低，1997 年 DES 算法不再受 NIST 支持，NIST 开始了新的分组加密标准的征集工作，并要求算法应该是公开的，密钥长度可变、可以按需增大，并且适合软硬件实现。经过激烈角逐，NIST 最后选定了由比利时的 Vincent Rijmen 和 Joan Daemen 设计的 Rijndael 算法。2001 年 11 月，NIST 发布标准 FIPS PUB 197，该算法称为高级加密标准（Advanced Encryption Standard，AES）。Rijndael 算法被设计为分组和密钥为 128 比特和 256 比特之间任意 32 比特的倍数。目前许多领域的工业标准建议使用 AES 作为对称算法使用，如无线局域网 WLAN 的安全保密标准 IEEE 802.11i 中，建议使用 AES 分组密码。

AES 基于替换置换网设计，没有使用 Feistel 网络结构，软硬件实现都很快。

4.2.1 AES 基本操作流程

AES 也是由多轮操作组成，轮数由分组和密钥长度决定，每轮包括若干内部操作。绝大多数 AES 计算是在一个特殊有限域中进行的。AES 在 $4 \times n$ 字节数组（矩阵）上操作，称为状态（State），其中 n 是密钥字节数除以 4。例如，密钥长度为 128 比特，则 n 等于 4。为了叙述方便，本节后续示例中如未特殊说明，则明文和密钥长度均为 128 比特。首先将明文按字节分隔，并排成字节阵列。AES 状态矩阵构造及变化如图 4-9 所示。

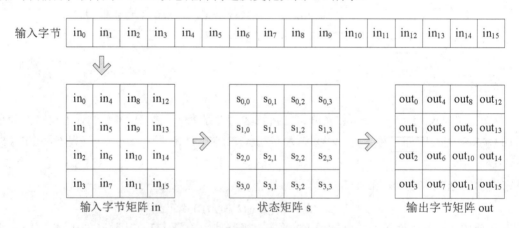

图 4-9　AES 状态矩阵构造及变化

从图 4-9 中可以看出，明文字节按列优先编排 4×4 输入字节矩阵 in，AES 算法操作在字节矩阵进行，中间称为状态矩阵 s，加密结果表示为输出字节矩阵 out，按列优先重新读出字节序列，即为密文。

AES 允许分组和密钥以 128 比特为基础，以 8 字节倍数扩展长度，因此 192 比特、256 比特分组（或密钥）就被组织成 4×6、4×8 矩阵。AES 标准中使用 Nb、Nk 分别表示分组矩阵、密钥矩阵列数。如，当分组为 4×6 矩阵时，$Nb=6$；当密钥为 4×8 矩阵时，则 $Nk=8$。此外，AES 算法流程中轮数依赖于密钥长度，标准中使用 Nr 表示轮数。AES 包括 3 个分组密码套件：AES-128、AES-192、AES-265，对应的 *Nk* 分别为 4、6、8，即密钥长度对应 128 比特、192 比特和 256 比特，对应轮数 *Nr* 等于 10、12、14，分组长度都为 128 比特。

AES 加密、解密基本过程如图 4-10 所示，可见解密是加密的逆过程，密钥由主密钥经过密钥调度算法扩展生成，以轮数 10 为例，迭代产生 10 组 128 比特轮密钥。AES 加密过程如下所述。

首先执行初始密钥混合：明文字节矩阵与初始主密钥矩阵直接相加。

接下来执行轮变换：以分组和密文长度都为 128 比特为例，共执行 10 轮变换，第 1 轮到第 9 轮操作步骤相同，包括以下子步骤。

（1）字节替换：执行一个非线性替换操作，通过查表替换每个字节。

（2）行移位：状态（矩阵）的每一行以字节为单位循环移动若干字节。

（3）列混合：基于状态列的混合操作。

（4）轮密钥叠加：状态的每一个字节混合轮密钥。轮密钥也是由密钥调度算法产生。

需要注意的是，最后一轮（第 10 轮）操作与上述轮操作略有不同，不包括列混合操作，即只包括字节替换、行移位和密钥叠加操作。

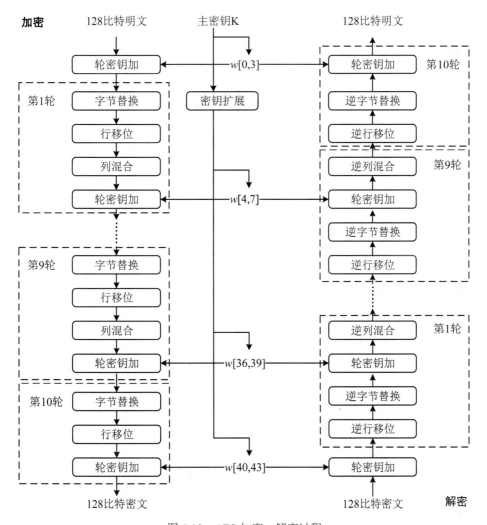

图 4-10　AES 加密、解密过程

AES 加密数学基础

AES 算法中应用到了数论中的有限域运算，这也使得其 S 盒的构造、列混合运算等可以获得数学证明，证明其具有良好的非线性，而非人工任意构造（对比 DES 的 S 盒构造）。其中涉及群、交换群、有限群和域的概念，请查阅相关离散数学或数论知识。特殊地，若有一个任意素数 P 和正整数 $n \in Z^+$，存在 P^n 阶的有限域，这个有限域记为 $GF(P^n)$，当 $n=1$ 时，有限 $GF(P)$ 称为素域。

一个字节在域 $GF(2^8)$ 中元素二进制展开多项式系数为：$b_7 b_6 b_5 b_4 b_3 b_2 b_1 b_0$。例如，域 $GF(2^8)$ 上的十六进制数 $(37)_{16}$ 二进制为 "00110111"，对应多项式为 $x^5 + x^4 + x^2 + x^1 + 1$。一个 4 个字节的字可以看作 $GF(2^8)^4$ 上的多项式，每个字对应一个次数小于 4 的多项式。两个 $GF(2^8)^4$ 域上的元素相加，即这两个元素对应多项式系数比特模 2 加（异或），两个元素相乘则对应多项式相乘并对一个特定不可约多项式取模，使得结构还是一个 4 字节向量。

4.2.2 轮操作

1. 字节替换

状态矩阵中每个字节使用 Rijndael S 盒进行替换，实现了密码算法的非线性运算。字节替换操作如图 4-11 所示，状态矩阵通过查 S 盒完成字节替换，原矩阵 S 中每个字节被替换为新的值，构成状态矩阵 S'。

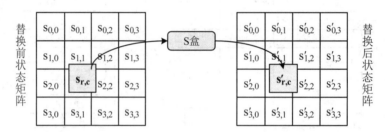

图 4-11　字节替换

AES 的 S 盒内容见表 4-2。查表替换以字节为单位，置换前字节的高 4 比特位作为行号，低 4 比特位作为列号，例如，输入 $(3e)_{16}$，则查表第 3 行 e 列，替换后值为 $(b2)_{16}$。

AES 的 S 盒是通过两个变换构造的，首先是计算字节在有限域 $GF(2^8)$ 上的乘法逆元，具有良好非线性属性；接着是在域 $GF(2)$ 上作一个仿射变换，可以有效避免简单的代数性质攻击。以矩阵形式 S 盒构造，计算公式如下：

$$
\begin{bmatrix} b_0' \\ b_1' \\ b_2' \\ b_3' \\ b_4' \\ b_5' \\ b_6' \\ b_7' \end{bmatrix} = \begin{bmatrix} 1 & 0 & 0 & 0 & 1 & 1 & 1 & 1 \\ 1 & 1 & 0 & 0 & 0 & 1 & 1 & 1 \\ 1 & 1 & 1 & 0 & 0 & 0 & 1 & 1 \\ 1 & 1 & 1 & 1 & 0 & 0 & 0 & 1 \\ 1 & 1 & 1 & 1 & 1 & 0 & 0 & 0 \\ 0 & 1 & 1 & 1 & 1 & 1 & 0 & 0 \\ 0 & 0 & 1 & 1 & 1 & 1 & 1 & 0 \\ 0 & 0 & 0 & 1 & 1 & 1 & 1 & 1 \end{bmatrix} \begin{bmatrix} b_0 \\ b_1 \\ b_2 \\ b_3 \\ b_4 \\ b_5 \\ b_6 \\ b_7 \end{bmatrix} + \begin{bmatrix} 1 \\ 1 \\ 0 \\ 0 \\ 0 \\ 1 \\ 1 \\ 0 \end{bmatrix} 。
$$

S 盒是可逆的，保证了正确解密。

表 4-2　AES 的 S 盒

行	列															
	0	1	2	3	4	5	6	7	8	9	a	b	c	d	e	f
0	63	7c	77	7b	f2	6b	6f	c5	30	01	67	2b	fe	d7	ab	76
1	ca	82	c9	7d	fa	59	47	f0	ad	d4	a2	af	9c	a4	72	c0
2	b7	fd	93	26	36	3f	f7	cc	34	a5	e5	f1	71	d8	31	15
3	04	c7	23	c3	18	96	05	9a	07	12	80	e2	eb	27	b2	75
4	09	83	2c	1a	1b	6e	5a	a0	52	3b	d6	b3	29	e3	2f	84
5	53	d1	00	ed	20	fc	b1	5b	6a	cb	be	39	4a	4c	58	cf
6	d0	ef	aa	fb	43	4d	33	85	45	f9	02	7f	50	3c	9f	a8
7	51	a3	40	8f	92	9d	38	f5	bc	b6	da	21	10	ff	f3	d2
8	cd	0c	13	ec	5f	97	44	17	c4	a7	7e	3d	64	5d	19	73
9	60	81	4f	dc	22	2a	90	88	46	ee	b8	14	de	5e	0b	db
a	e0	32	3a	0a	49	06	24	5c	c2	d3	ac	62	91	95	e4	79
b	e7	c8	37	6d	8d	d5	4e	a9	6c	56	f4	ea	65	7a	ae	08
c	ba	78	25	2e	1c	a6	b4	c6	e8	dd	74	1f	4b	bd	8b	8a
d	70	3e	b5	66	48	03	f6	0e	61	35	57	b9	86	c1	1d	9e
e	e1	f8	98	11	69	d9	8e	94	9b	1e	87	e9	ce	55	28	df
f	8c	a1	89	0d	bf	e6	42	68	41	99	2d	0f	b0	54	bb	16

2. 行移位

从第 1 行到第 3 行，以字节为单位，按 1、2、3 个字节不同偏移量进行左循环移位，状态矩阵变换如图 4-12 所示。

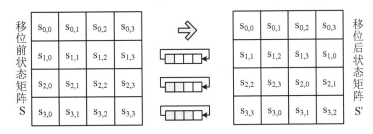

图 4-12　行移位变换

注：若状态矩阵不是 4×4 矩阵，循环偏移量有所不同，如 192 比特和 256 比特消息长度构成的 4×6 和 4×8 状态矩阵，移位偏移量分别为(1,2,3)和(1,3,4)。

3. 列混合

列混合变换，顾名思义，以状态矩阵列为单位（4 个字节）变换，把列看成 GF(2^8)上的多项式与一个固定多项式 $a(x)$ 模 x^4+1 相乘，$a(x)$ 形式如下：

$$a(x) = (03)x^3 + (01)x^2 + (01)x + (02)$$

其中，括号内数字为十六进制表示。上述模乘可以看成如下形式矩阵相乘：

$$\begin{bmatrix} s'_{0,c} \\ s'_{1,c} \\ s'_{2,c} \\ s'_{3,c} \end{bmatrix} = \begin{bmatrix} 02 & 03 & 01 & 01 \\ 01 & 02 & 03 & 01 \\ 01 & 01 & 02 & 03 \\ 03 & 01 & 01 & 02 \end{bmatrix} \begin{bmatrix} s_{0,c} \\ s_{1,c} \\ s_{2,c} \\ s_{3,c} \end{bmatrix} \quad (0 \leqslant c < Nb)。$$

矩阵元素运算使用域上对应的加法和乘法运算，例如：

$$s'_{1,c} = s_{0,c} \oplus ((02) \cdot s_{1,c}) \oplus ((03) \cdot s_{2,c}) \oplus s_{3,c}$$

4. 轮密钥加

以状态矩阵列为单位与轮密钥做模 2 加（异或），可以表示为如下形式：

$$[s'_{0,c} \quad s'_{1,c} \quad s'_{2,c} \quad s'_{3,c}] = [s_{0,c} \quad s_{1,c} \quad s_{2,c} \quad s_{3,c}] \oplus [w_{round \times Nb + c}] \quad (0 \leqslant c < Nb),$$

其中，round 表示轮数，w 是 4 字节轮密钥，由密钥扩展算法产生。

4.2.3 密钥扩展

AES 密钥调度使用密钥扩展算法产生轮密钥。以 128 比特密钥为例，首先按列优先构造密钥矩阵（排列顺序构造阵列），构成 4×4 初始密钥矩阵，如图 4-13 所示。密钥以列为单位进行扩展和应用，习惯上表示为 4 列矩阵，每列记为 1 个字（word，32 比特），共产生 44 个密钥字（含初始密钥）。其中，每一轮第一个密钥字（第一列）计算方法与其他 3 个密钥字计算方法不同，第一个密钥字等于其前一个密钥字（第一轮为原始密钥）先后完成循环移位、字节替换、与常量字 Rcon[j]异或操作，并与上一轮第一个密钥字异或；而其他 3 个密钥字等于其前一个密钥字异或下标减 4 的密钥字，如图 4-13 所示。第 j 个下标常量字 Rcon[j]等于 $((02)^{j-1},(00),(00),(00))_{16}$，其中第一个字节为在有限域 $GF(2^8)$ 上的幂运算。例如，计算第 1 轮密钥首密钥字 K_4 时，Rcon[1]=$(01000000)_{16}$；计算第 2 轮密钥首密钥字 K_8 时，Rcon[2]=$(02000000)_{16}$，依次类推，计算第 8 轮密钥首密钥字 K_{32} 时，Rcon[8]=$(20000000)_{16}$。

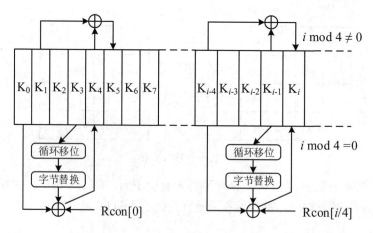

图 4-13　密钥扩展

当使用 Nb 表示明文矩阵列数时，每一轮变换需要 Nb 个密钥字，密钥扩展算法一共产生 $Nb \times (Nr+1)$ 个字，记为线性矩阵 $[w_i]$，其中 $0 \leqslant i \leqslant Nb(Nr+1)$。AES 密钥扩展算法描述如图 4-14 所示。

```
KeyExpansion(byte key[4*Nk], word w[Nb*(Nr+1)], Nk)
begin
    word temp
    i = 0
    while (i < Nk)
        w[i] = word(key[4*i], key[4*i+1], key[4*i+2], key[4*i+3])
        i = i+1
    end while
    i = Nk
    while (i < Nb * (Nr+1)]
        temp = w[i-1]
        if (i mod Nk = 0)
            temp = SubWord(RotWord(temp)) xor Rcon[i/Nk]
        else if (Nk > 6 and i mod Nk = 4)
            temp = SubWord(temp)
        end if
        w[i] = w[i-Nk] xor temp
        i = i + 1
    end while
end
```

图 4-14　AES 密钥扩展算法

如算法中描述，当密钥矩阵不是 4 列时，以密钥矩阵列数为周期，每个周期内第一个密钥字与其他（*Nk*–1）个密钥字的产生算法不同，当 *Nk*>6 时，每 4 个密钥字要进行一次字节替换。

4.2.4　解密操作

AES 解密是加密的逆过程，根据图 4-10 所示可以对照看出，在解密过程中，逆行移位与加密行移位操作相反，以字节为单位在矩阵行上进行右循环移位，偏移量等于加密过程中行移位的各行左循环移位的偏移量。逆字节替换查"翻转 S 盒"，如加密中通过查表，字节(3e)$_{16}$被替换成(b2)$_{16}$，解密操作中查"翻转 S 盒"，第 b 行 2 列值为(3e)$_{16}$，即被替换回原来值。解密过程中轮密钥加运算与加密过程相同，只涉及异或计算。

解密操作中逆列混合，状态矩阵的列被看作 GF(2^8)上多项式，模(x^4+1)乘多项式 $a^{-1}(x)$：

$$a^{-1}(x) = (0b)x^3 + (0d)x^2 + (09)x + (0e)$$

此外，为了便于实现，如考虑软件实现时加/解密共用一套代码，而硬件实现时尽量使用少的电路，可以注意到，算法中字节替换和行移位操作次序是可以互换的，同理，逆字节替换和逆行移位操作次序也是可以互换的。此外，列混合和逆列混合对于列输入是线性的，这使得对状态矩阵与轮密钥加结果做逆列混合操作，等价于分别对状态矩阵和轮密钥做逆列混合操作，之后再做异或操作。这些属性可以提高算法实现的紧凑性。

4.3　其他分组密码算法介绍

 对称密码中混乱与替换的不同实现方法。

前面介绍的两个著名分组密码算法中，DES 是第一个成为标准的并得到广泛长期商业应用的算法；AES 是继 DES 之后，经过广泛征集和论证，目前已成为国际标准并正在被广泛应用的算法。AES 被证明具有良好的非线性，且易于理解和实现。当然，世界各地密码专家通过不懈努力，设计了各种各样的加密算法，例如 Serpent、Towfish、RC6、MARS、IDEA、Blowfish、RC5、SAFER、3-Way、CAST、FEAL、SC2000、TEA、XTEA 等，许多算法得到公众认可并得到实际应用（这里只列出了一部分），其中前 4 个算法是除 Rijndael 算法之外，入选 AES 标准选拔竞赛最后一轮的 4 个算法。本节将介绍其他一些典型分组密码算法及其发展，使读者能更多地对比和分析分组密码算法的设计机理。

4.3.1　IDEA 算法

国际数据加密算法 IDEA（International Data Encryption Algorithm）是 1991 年由 James Massey 和我国学者来学嘉共同设计的，最初的设计目的是替换 DES 算法。IDEA 在许多国家申请了专利，并在保密鉴别协议 PGP（Pretty Good Privacy）中得到广泛应用。

IDEA 算法采用 64 比特分组和 128 比特密钥，包括相同的 8 轮转换和一个输出转换（半轮），加/解密算法相似。IDEA 通过交叉使用不同群-模加和乘运算，以及比特位异或，实现其安全性。在某种意义上，这些运算在代数上是"不协调的"。IDEA 算法轮变换如图 4-15 所示。

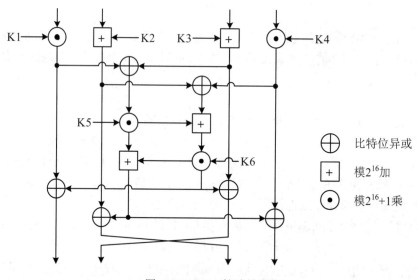

图 4-15　IDEA 算法轮变换

如图 4-15 所示，轮变换输入将 64 比特分为 4 个 16 比特子分组，经过变换，输出 4 个 16 比特子分组作为下一轮输入。轮变换中使用了 3 种运算。

在 IDEA 算法的每轮变换中，在模乘或模加运算中混合 6 个 16 比特密钥，最后一轮是一个不完整轮，只包括正常轮变换最上面的 4 个运算，即混合 K1 到 K4 密钥后，4 个 16 比特输出合并后作为 IDEA 算法产生的 64 比特密文。

IDEA 算法每轮需要 6 个 16 比特子密钥，另外还需要 4 个额外子密钥输出变换，因此 8 轮一共需要 52 个 16 比特子密钥。前 8 个子密钥直接来自于 128 比特初始密钥，之后每 8 个一组扩展密钥，每一组密钥在上一组密钥基础上左循环移位 25 比特。密钥从低字节向高字节截取使用。

从轮变换中可以直观看出，轮输入的 4 个 16 比特分块，每一块输入均影响每一块输出，IDEA 算法设计者分析出算法具有强抗差分攻击能力，也未见该算法存在线性或代数弱点的报道。截至 2007 年，最好的 IDEA 攻击报道是对 6 轮的加密，需要 2^{64} 个已知明文和 $2^{126.8}$ 步操作，可见攻击缺乏实际应用意义。Bruce Schneier 在 1996 年评价 IDEA 算法是当时已知最好和最安全的公开的分组算法。

IDEA 算法由于其密钥调度算法导致其存在弱密钥，一些包含大量 0 的密钥产生弱加密，之后研究发现了更多的弱密钥类型。

4.3.2　Blowfish 算法

1993 年，Bruce Schneier 提出了 Blowfish 算法，旨在替代 DES 算法并能够被自由使用，该算法的软件实现具有很好的运行速度，且尚未发现有效的密钥分析方法。与 DES 算法相似，Blowfish 算法使用 64 比特分组，16 轮 Feistel 结构。该算法采用 32 比特到 448 比特可变长度密钥，通过复杂的密钥调度策略生成依赖密钥的 S 盒。

Blowfish 加密将 64 比特输入分成两个 32 比特部分，经过 16 轮变换，产生密文，基本流程如图 4-16 所示。加密过程中每轮的 F 函数如图 4-17 所示。

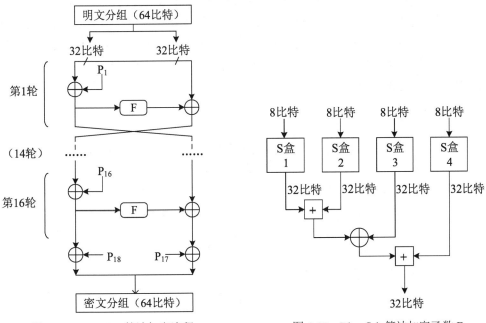

图 4-16　Blowfish 算法加密流程　　　　图 4-17　Blowfish 算法加密函数 F

Blowfish 算法使用复杂的密钥调度算法生成两个子密钥阵列：18 行 P 阵列（$P_1 \sim P_{18}$）和 4 个 256 行 S 盒，每行为 32 比特。每一轮使用 P 阵列中的一行与该轮的左半部分的 32 比特输入进行异或运算，P 阵列最后两行与第 16 轮输出的左、右两部分分别进行异或运算，最后得到 64 比特密文分组。S 盒输入 8 比特输出 32 比特（输入值作为行号，对应行的 32 比特为该 S 盒的输出），每个 S 盒输出在经过模 2^{32} 加运算和异或运算后产生 32 比特输出。由于使用了 Feistel 结构，解密与加密过程完全一样，只是 P_1、P_2、...、P_{18} 按逆序使用。

Blowfish 算法的密钥调度算法：首先使用从 π 的十六进制导出的值初始化 P 阵列和 S 盒

（没有明显的模式）；接着用密钥（循环使用）与 P 的行顺序异或；然后，加密全 0 分组，加密输出替换 P_1 和 P_2；接着再加密刚产生的密文，输出结果再替换 P_3 和 P_4；依次类推，直到替换整个 P 阵列和 S 盒的行。至此，加密算法运行 521 次产生所有子密钥，处理大约 4KB 数据。

可以看出，Blowfish 算法与 DES 算法轮结构极其相似，但前者 S 盒是密钥依赖的，即根据密钥计算出 S 盒，而后者 S 盒设计是固定的。此外，二者在轮密钥使用上略有不同，读者可进行比较分析。

目前没有针对 Blowfish 算法有效的密码分析，其加密速度非常快。当然，密钥阵列和 S 盒需要事先计算，每次更换密钥，需要重新执行密钥调度算法。对于不经常更换加密密钥的应用，Blowfish 算法具有优势。

在当今密码库应用中，特别是 OpenSSL 算法和 AES-128 算法，它们在绝大多数硬件上的运行比 Blowfish 算法要快（<50%），这可能源于 CPU 结构。但也有例外，有报告称在 Intel 的 Atom CPU 上，Blowfish 的运行速度是 AES 算法的两倍。在嵌入式开发中，如使用 Atom 或 ARM 嵌入式 CPU，普遍认为 Blowfish 算法最快。

1999 年，Bruce Schneier 等又公布了 Towfish 算法。Towfish 算法也是入选 AES 竞赛的 5 个算法之一。Towfish 算法采用 128 比特分组和最大 256 比特密钥。Towfish 算法的特色是使用了预计算密钥依赖 S 盒，以及相对复杂的密钥调度。n 比特长度密钥，一半用于实际加密密钥，另一半用于修改加密算法——构造密钥依赖 S 盒。Towfish 算法使用与 DES 算法相同的 Feistel 结构，并借用了 SAFER 密码家族的 PHT 变换（Pseudo-Hadamard Transform）。当然，在绝大多数软件平台上，使用 128 比特密钥 Twofish 算法略慢于 Rijndael（称为 AES 标准）算法，而使用 256 比特密钥时前者快于后者。

4.3.3 RC5/RC6 算法

Ronald Rivest 于 1994 年设计的 RC5 具有显著的简单性。RC 可以理解是 Rivest Cipher 或 Ron's Code 的缩写。AES 候选算法 RC6 就是基于 RC5 改进的。

RC5 具有可变分组长度（32 比特、64 比特或 128 比特）、密钥长度（0～2040 比特）以及轮数（0～255），原始建议选择参数 64 比特分组、128 比特密钥和 12 轮。

RC5 的一个关键特征是数据依赖的循环移位。RC5 被提出的一个目的是用于研究和评估作为密码原语相关操作。RC5 包括一系列模加和异或运算，采用类 Feistel 网络结构。其密钥调度相对复杂，使用本质上单向函数扩展密钥。

RC5 轮变换结构如图 4-18 所示，每一轮变换由两个完全相同的半轮构成，算法的软硬件实现更为简洁。

RC5 加密算法过程如下所述。首先对明文分组进行初始操作，分为左（L_0）、右（R_0）两部分，并分别与子密钥 K_0 和 K_1 进行模加运算，分别作为第 1 轮的左、右半部分输入，记为 L_1 和 R_1。如图 4-18 所示。第 i 轮输入记为 L_i 和 R_i（$i=1,...,n$，迭代 n 轮），在第 i 轮，首先对左半部分输入 L_i 进行处理，L_i 与 R_i 异或运算，运算结果左循环移位 R_i 位，移位输出与本轮第一个子密钥 K_{2i} 进行模加运算，得到左半部分输出，也是作为下一轮的左半部分输入，记为 L_{i+1}。同时，L_{i+1} 还要参与本轮后半轮的计算，即对本轮右半部分输入 R_i 的处理，处理运算与前半轮完全一样。可见，每一轮加密中使用两个子密钥，我们记为 K_{2i} 和 K_{2i+1}（轮数 $i=1,...,n$）。关于子密钥的生成与调度读者可查阅相关资料。

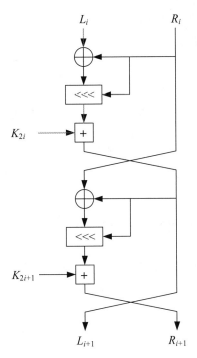

图 4-18　RC5 轮变换结构

4.4　流密码算法 RC4

 如何实现"无限"长度密钥的对称密码算法?

　　RC4 是 Ronald Rivest 于 1987 年设计的,是得到广泛使用的流密码算法之一,如在 SSL 和无线局域网安全标准 IEEE 802.1 定义的 WEP 等协议中均有应用。RC4 以简单和软件执行速度快著称,当然在一些应用中也存在安全缺陷,如,使用非随机密钥或使用相关密钥,以及密钥重复使用等都会给该算法带来安全隐患。研究发现,在 WEP 应用中,RC4 成为导致 WEP 不安全的因素。

　　RC4 算法由主密钥(通信双方共享的一定长度的密钥)按一定密钥调度算法产生任意长度的伪随机密钥字节流(以字节为单位),与明文流按字节异或生成密文流,解密时密文流与相同的密钥流按字节异或恢复明文字节流。

　　RC4 算法首先使用 1~256 字节(8~2048 比特)的可变长度密钥初始化一个 256 个字节的状态矢量,记为 S,S 的元素记为 S[0],S[1],S[2],…,S[255],类似于数组表示。自始至终 S 向量始终包含 0~255(十进制)的 8 比特数。加密和解密过程中,密钥流每个字节由 S 中的 256 个元素按一定方式依次选出一个元素生成,每生成一个密钥字节,S 中的元素就被重新置换一次。

　　S 最初被初始化时,字节从低到高放置 0~255(256 个数)。同时设置一个临时向量 T,将密钥 K 按字节赋值给 T(密钥长度记为 keylen,若长度小于 256,重复使用密钥填满 T),也称使用密钥调度算法 KSA(Key-Scheduling Algorithm),算法操作如下:

```
for i = 0 to 255 do
    S[i] = i ;
    T[i] = K[i mod keylen] ;
endfor
```

接下来，使用 T 产生 S 的初始置换。下标 i 为 0～255，依次根据当前 T[i] 和 S[i] 的值，确定将 S[i] 中的元素与 S 中的另一个元素交换，整个过程类似洗扑克牌，算法如下：

```
j = 0 ;
for i = 0 to 255 do
    j = (j+S[i]+T[i]) mod 256 ;
    swap(S[i] , S[j]) ;
endfor
```

通过初始置换，原先顺序排列数值 0～255 的 S 向量根据 T（主密钥）被重新乱序，不同的主密钥，乱序结果不同。

接下来就是生成密钥流。一旦完成矢量 S 的初始化，就不再需要主密钥了。以初始化后的矢量 S 为基础，依次产生密钥流的每一个字节，每选择一个密钥字节，再完成一次置换。密钥字节产生算法（也称伪随机发生算法 PRGA）如图 4-19 所示，其中使用 2 个 8 比特指针，表示为 i 和 j，算法如下：

```
i = 0 ;
j = 0 ;
while ( true ) do
    i = (i + 1) mod 256 ;
    j = (j + S[i]) mod 256 ;
    swap(&S[i],&S[j]) ;
    t = (S[i] + S[j]) mod 256 ;
    k = S[t] ;    // k 表示密钥字节
endwhile
```

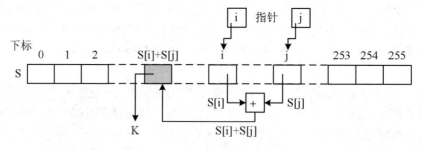

图 4-19 PRGA 算法图形化表示

RC4 算法涉及的运算少、对内存要求低，适合软件实现。

但从上面可以看出，通信双方使用相同的主密钥产生加/解密密钥流，每次是一样的，这样，当密钥用于加密不同的明文流时，密文流不同，攻击者一旦获得一对明密文对，就可以计算出密钥流。除非通信双方不断扩展密钥流，但存在同步问题，一旦一次密文流传输失败，双方就无法同步。解决每次产生不同密钥流的方法是每次使用不同的随机数（Nonce）混合产生密钥流，保证每次使用 Nonce 和主密钥生成一个"新鲜"的 RC4 密钥。

4.5 分组密码工作模式

 如何应用有限密钥长度分组密码安全加密长消息？

分组密码使用固定长度分组，如 64 比特、128 比特等，然而加密的明文可以是任意长度的，因此一般被分作若干分组独立加密。当然，这期间相同明文分组加密后的密文分组是相同的。在一次明文消息加密过程中，使相同内容分组加密为不同密文，从而更好地隐藏明文内容及结构信息，这就是分组密码的工作模式。

早期基本分组密码工作模式（如 ECB、CBC、OFB、CFB）仅解决消息保密性或者完整性保护，未考虑同步。之后设计的一些工作模式可以同时实现消息的保密性和完整性保护，如 IAPM、CCM、EAX、GCM、OCB 等。还有一些针对磁盘分区等特殊需要的加密模式，如 LRW、CMC、EME 等。

4.5.1 电子密码本模式

最简单的加密模式是电子密码本（Electronic Codebook，ECB）模式，明文消息按分组长度分组后独立加密。ECB 模式的最大优点是加密、解密可以并行处理，当然，相同内容的消息分组加密结果相同。因此，这种简单模式不能隐藏明文结构，在一些敏感应用中，这种模式甚至不能提供严格的消息保密，所以在实际密码协议中根本不建议使用此模式。

在 ECB 模式中，若明文表示为 $P=(P_0,P_1,...,P_{n-1})$，密文表示 $C=(C_0,C_1,...,C_{n-1})$，则 $C_i=E_K(P_i)$，其中 $i=0,1,...,n-1$，K 为密钥，如图 4-20 所示。

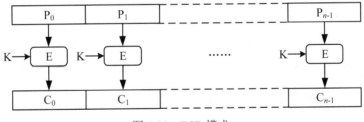

图 4-20 ECB 模式

ECB 模式在没有其他消息完整性保护下，攻击者可以很容易地对其消息内容进行重排、删除、插入分组。

4.5.2 密文分组链接模式

密文分组链接（Cipher-Block Chaining，CBC）模式是 1976 年由 IBM 公司发明的。CBC 模式中，每个明文分组异或前一个密文分组，再进行加密。因此，每一个密文分组均依赖前面所有处理过的明文分组。CBC 使用一个初始向量 IV 用于第一个分组加密，确保不同消息具有相同的第一个分组内容，每次加密密文不同。CBC 模式的加密过程如图 4-21 所示，CBC 模式的解密与加密过程互逆，如图 4-22 所示。

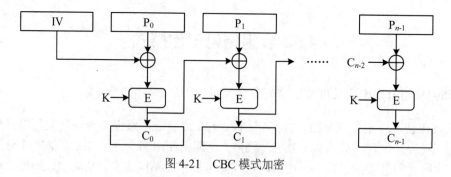

图 4-21 CBC 模式加密

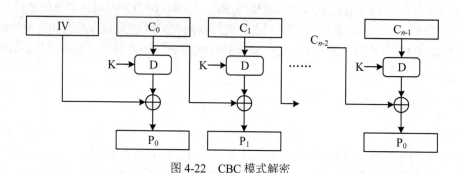

图 4-22 CBC 模式解密

CBC 模式的加密操作可以表示为如下公式：

$$C_i=E_K(P_i \oplus C_{i-1}),\quad C_0=IV$$

CBC 模式的解密操作可以表示为如下公式：

$$P_i = D_K(C_i) \oplus C_{i-1},\quad C_0=IV$$

从上面两个图中可以看出，CBC 模式的加密操作分组是顺序处理的，不能并行处理，但解密操作可以实现并行操作。当然，明文中一个比特位变化将影响后续所有密文分组。每个明文分组从两个临近的密文分组恢复出来。密文中一个比特位改变将影响两个明文分组恢复，将翻转对应明文分组的比特位。

减少错误比特位的影响，CBC 模式的一个变形模式是传播密文分组链接 PCBC（Propagating Cipher-Block Chaining），PCBC 模式的加密过程如图 4-23 所示，对应的解密过程如图 4-24 所示。

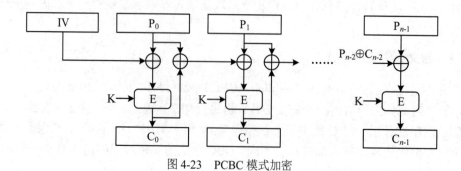

图 4-23 PCBC 模式加密

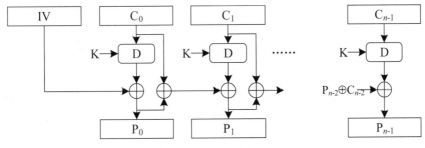

图 4-24　PCBC 模式解密

PCBC 模式的加密和解密算法可以分别表示为如下公式：

$$C_i = E_K(P_i \oplus P_{i-1} \oplus C_{i-1}), \quad P_0 \oplus C_0 = IV$$

$$P_i = D_K(C_i) \oplus P_{i-1} \oplus C_{i-1}, \quad P_0 \oplus C_0 = IV$$

与 CBC 模式不同，PCBC 模式的解密操作不能并行处理。PCBC 模式曾被用于 Kerberos v4 和 WASTE 等协议中。但研究发现，PCBC 模式的解密过程中，交换相邻的两个密文分组不影响后续分组解密，因此，Kerberos v5 中没有再使用该模式。

说明：这里需要理解两个概念（在后面的内容中也将涉及）。

（1）初始化向量 IV：也称为虚分组。引入 IV 是为了使用一致的方法处理第一个分组，同时提供随机化。IV 不需要保密，但对于相同密钥，应选择不同 IV。一些模式（如 OFB 和 CTR）中，重用 IV 将使密码算法彻底失去安全性。有些模式（如 CBC）需要在加密时临时产生 IV，否则攻击者事先获得 IV 后就可能根据已获得的明文、密文信息进行猜测。

（2）填充（padding）：因为分组密码是基于固定大小分组的，但加密消息长度是不确定的，所以一些模式（尤其是 CBC）需要填充最后一个分组，以保证具有完整的分组。最简单的填充方法是追加空字节，使得消息长度是分组的整数倍，但必须注意能够恢复原明文。例如，在原始 DES 中，末尾追加一个 1 比特再加若干 0 比特；如果本身明文即为分组的整数倍，则添加一个完整填充分组。后面将介绍的 CFB、OFB 和 CTR 模式无需填充，因为最后部分明文片段与密钥异或，根据明文片段的长度会产生对应长度的密文。

4.5.3　密文反馈模式

密文反馈（Cipher Feedback，CFB）模式，将分组密码变成一个自同步流密码。CFB 模式的解密几乎与 CBC 模式加密的翻转形式一样。CFB 模式的加密如图 4-25 所示，CFB 模式的解密如图 4-26 所示。

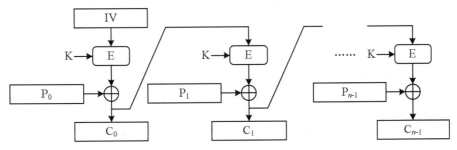

图 4-25　CFB 模式加密

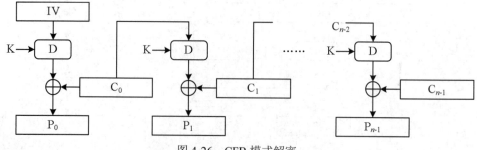

图 4-26　CFB 模式解密

CFB 模式的加密、解密算法可以分别表示为如下公式：

$$C_i = E_K(C_{i-1}) \oplus P_i, \quad P_i = E_K(C_{i-1}) \oplus C_i, \quad C_0 = IV$$

可见，CFB 模式下分组只能顺序加密，而解密分组可以并行处理。

上面给出的是最简单的 CFB 工作模式，但实际上它并非真正意义上的自同步。与 CBC 模式一样，若一个密文分组丢失，CFB 模式仍能够同步，但若丢失单个字节或一个比特位，则无法解密（消息已经不是分组的整数倍了）。为了保证在丢失一个字节或一个比特位的情况下仍能够同步，单个字节或比特位必须独立加密。加入一个移位寄存器后，CFB 模式可以实现上述工作模式。

为了使 CFB 模式成为一个真正的自同步流密码，对于任意 x 比特整数倍的丢失仍能同步，初始化一个与分组相同长度的移位寄存器，初始内容为 IV。加密分组时，加密输出的高 x 比特位与明文的 x 比特位进行异或产生 x 比特位密文。同时，这些 x 比特位输出移进移位寄存器，之后再处理下一组 x 比特明文，重复上述过程，直到加密完所有明文。解密相似，初始化 IV，加密 IV，高 x 比特异或密文 x 比特，产生 x 比特明文，寄存器移位，重复上述操作。

形式化描述上述操作，可以写成以下公式：

$$C_i = \text{head}(E_K(R_{i-1}), s) \oplus P_i, \quad P_i = \text{head}(E_K(R_{i-1}), s) \oplus C_i,$$
$$R_i = (R_{i-1} << s) + C_i, \quad C_0 = IV$$

其中，R_i 表示第 i 次移位寄存器状态；$R << s$ 表示寄存器左移位 s 比特；$\text{head}(a, x)$ 表示取 a 的高 x 比特位。从公式可以看出，改进的 CFB 模式加密、解密流程与基本 CFB 模式一样，只是每次混合的密钥流（是 x 比特而不是整个密文分组）不同。带移位寄存器的 CFB 模式单步加密、解密过程如图 4-27 所示。

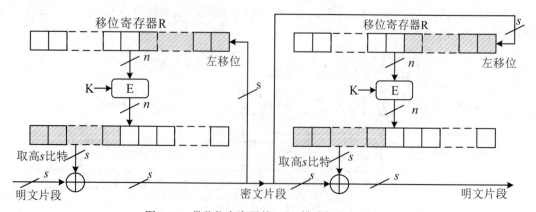

图 4-27　带移位寄存器的 CFB 模式加密与解密

改进 CFB 模式中，每次对移位寄存器加密，输入输出均为分组密码算法分组长度 n，而每次取 s 比特长度（为了区分分组，称为片段）明文与 s 比特密钥流异或，产生 s 比特密文片段。可以看出，如果密文丢失 x 比特，解密将输出不正确的明文直到移位寄存器重新等于某个加密状态，在这一点上，密码重新同步，其结果是最多一个输出片段不正确。

与 CBC 模式一样，明文错误将在后续加密的密文中传播，加密不能并行处理，但解密可以并行处理。解密时，密文中一个比特位改变影响两个明文片段：一个是该比特对应的明文片段；另一个是紧跟着的明文片段。而后面的明文片段将正常解密。

4.5.4 输出反馈模式

输出反馈（Output Feedback，OFB）模式也是将分组密码变成流密码形式。OFB 模式产生密钥流分组，并与明文分组异或产生密文。同其他流密码一样，密文中一个错误只影响明文中相同位置比特，这样可以避免错误的传播，这一属性允许在明文后添加纠错码，使得明文在加密前或加密后出现部分比特出错的情况下，能够正确恢复明文。OFB 模式加密如图 4-28 所示，从图中可以看出，OFB 模式与 CFB 模式加密基本一样，不同的密钥流产生与明文无关，只是迭代加密 IV。

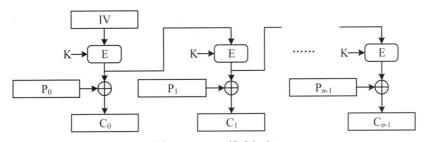

图 4-28 OFB 模式加密

因为 OFB 模式加密只是明文分组与密钥流分组异或，因此解密操作与加密操作完全相同。OFB 模式解密如图 4-29 所示。

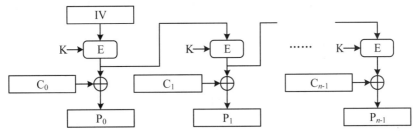

图 4-29 OFB 模式解密

OFB 模式的加密和解密可以分别表示为如下公式：

$$O_i = E_K(O_{i-1}), \quad O_0 = IV$$
$$C_i = P_i \oplus O_i, \quad P_i = C_i \oplus O_i$$

从上述公式可以看出，OFB 模式的加/解密均依赖前面密钥分组的产生，因此不能并行处理。因为 OFB 模式产生的密钥仅依赖 IV，与明文、密文均无关，因此，每次消息加密应选择不同的 IV，否则是不安全的。

4.5.5 计数模式

计数（Counter，CTR）模式有时也称整数计数（Integer Counter Mode，ICM）模式或段整数计数（Segmented Integer Counter，SIC）模式。CTR 模式的加密如图 4-30 所示。

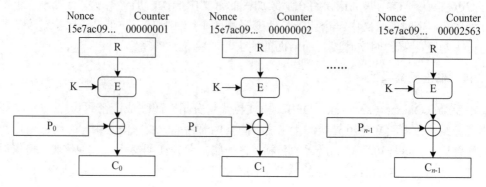

图 4-30　CTR 模式加密

从图 4-30 中可以看出，CTR 模式与 OFB 模式过程基本一样，也是将分组密码变换成流密码，不同点在于，流密钥分组独立产生，由初始随机数 Nonce（与上述模式中的 IV 意义相同）和计数器运算（可以是加法、异或等）后作为输入，加密得到密钥分组。这种模式非常适合在多处理器或多核环境下并行进行处理。由于计数器可以是任意函数，只要产生长期不重复的顺序码即可。当然，每个密钥分组计算是有微小输入差别产生的，是否存在安全弱点有所争议，但大家更认同这种安全弱点源于分组加密算法，而非 CTR 模式的方式。CTR 模式的解密与加密处理过程几乎完全一样，这里不再赘述。

本章小结

本章介绍了典型分组密钥算法，重点介绍了 DES 和 AES 的实现过程和工作原理，简单介绍了 IDEA、Blowfish 和 RC5/RC6 等密码算法的核心实现机理，同时介绍了典型流密码算法 RC4 的加密过程及实现机理，最后介绍了分组密码的工作模式。

习题 4

1．什么是 Feistel 网络结构？有何特点？
2．DES 算法中 S 盒共有几个？S 盒的作用是什么？
3．编写 DES 的实现程序，是否能够对任意长度的字符串或文件进行加密和对应的解密？
4．AES 的 S 盒是如何产生的？为什么说 AES 的 S 盒是可证明安全的？
5．请说明分组密码算法和流密码算法的区别。
6．分组密码的工作模式有哪几种？各自特点是什么？
7．请分析 Blowfish 算法的解密过程。

8．请分析 RC4 算法是如何产生伪随机序列的。

9．什么是强力攻击？其特点是什么？

10．简述 3DES 的工作流程，为什么说 3DES 算法比传统的 DES 算法安全？

11．如何将传统分组密码转变为流密码？

12．对比分析 CFB 模式和 OFB 模式的特性，你认为哪个工作模式更好？

13．DES 算法的逆初始置换的作用是什么？

14．AES 算法的密钥扩展算法是什么？为什么需要密钥调度？

15．常见的分组密码算法工作模式有哪几种？

第5章　公钥密码技术

本章学习目标

公钥密码体制加密密钥的公开，解决了密钥管理与分发的问题。那么如何实现公钥密码呢？本章介绍几个典型的公钥密钥算法，包括基于大数分解难题的 RSA 算法，基于有限域上求解离散对数难解问题的 ElGamal 算法，以及基于椭圆曲线上求解离散对数难解问题的 ECC 算法。通过本章的学习，读者应该掌握以下内容：

- RSA 公钥密码算法及其用于加密和签名的实现。
- ElGamal 公钥密码算法及其用于加密和签名的实现。
- ECC 公钥密码算法及其用于加密和签名的实现。
- 公钥密码算法设计的基本方法和安全性原理。

5.1　RSA 公钥密码算法

 如何实现加密密钥公开的加密算法？

RSA 是一个典型公钥密码（Public-key Cryptography），以当时在 MIT（麻省理工学院）工作的提出者 Rivest、Shamir 和 Adleman 三个人的名字命名，于 1978 年被公开描述。RSA 既可以用于加密也可以用于签名，被广泛用于电子商务安全系统中。当给定足够长度的密钥时，RSA 被认为是安全的。

5.1.1　RSA 基本算法

RSA 包括公钥和私钥两个密钥，公钥可以让任何人知道并用于加密消息，使用公钥加密的消息只能使用对应的私钥解密。使用 RSA 加密算法实现的完整公钥加密系统包括密钥产生、加密和解密 3 个步骤，以用户 A 与 B 两个参与者为例，RSA 加密系统说明见表 5-1。

表 5-1　RSA 加密系统

RSA 加密系统一般描述	RSA 加密示例
密钥生成 用户 A 做如下工作：	**密钥生成**
- 选择两个素数 p 和 q。为了安全考虑，p 和 q 应该一致地随机选择，并具有相似的比特长度。	$p=61$，$q=53$。
- 计算 $n=pq$。n 用于公钥和私钥的模运算。	$n=p\times q$，$n=61\times 53=3233$。
- 计算欧拉函数 $\varphi(n)=(p-1)(q-1)$。	$\varphi(n)=(61-1)\times(53-1)=3120$。
- 选择一个整数 e，满足 $1<e<\varphi(n)$，且 e 与 $\varphi(n)$ 互素，即 e 与 $\varphi(n)$ 除了 1 没有其他公因子。e 作为公钥指数发布。	选择 $\varphi(n)$ 互素 e，可以选择一个素数，如 $e=17$，并判断是否整除 3120。

RSA 加密系统一般描述	RSA 加密示例
● 计算 d，满足全等关系 $ed \equiv 1 \bmod \varphi(n)$，换句话讲，$ed-1$ 只能被 $\varphi(n)$ 整除。通常使用扩展欧几里得算法，可以快速计算 d。d 作为私钥指数保密。通常公钥记为(n,e)，私钥记为(n,d)。 ● A 发布公钥(n,e)。	计算 d，实际上是计算模 $\varphi(n)$ 的 e 的乘法逆元，因为 $17\times2753=46801$，$46801\%3120=1$，即 46801 除 3120 余 1。$d=2753$，即公钥为$(n=3233,e=17)$，私钥为$(n=3233,d=2753)$。
加密 用户 B 加密消息 M 并发送给用户 A，做如下工作： ● 将消息 M 转换为一个整数 m（$0<m<n$）。 ● 计算 $c \equiv m^e \pmod{n}$。	**加密** $m=123$。 $c=123^{17} \bmod 3233 = 855$。
解密 用户 A 收到消息 c，做如下工作： 计算 $m \equiv c^d \pmod{n}$，给定 m，A 能够恢复原来格式明文 M	**解密** $m = 855^{2753} \bmod 3233 = 123$

从下列关系可以看出上述过程并可以正确解密密文：

$$c^d \equiv (m^e)^d \equiv m^{ed} \pmod{n}$$

又因为 $ed = 1 + k\varphi(n)$，当 m 与 n 互素时，直接使用欧拉定理，有

$$m^{ed} \equiv m^{1+k\varphi(n)} \equiv m(m^{\varphi(n)})^k \equiv m \pmod{n}$$

因此可以正确解密密文。

5.1.2　RSA 加密算法的数论基础

这里我们需要弄清两个问题：第一个问题是 RSA 算法看似非常简单，它为什么能正确加/解密？第二个问题是为什么 RSA 是安全的？即没有私钥，解密消息是困难的吗？

为了解答第一个问题，首先了解 RSA 用到的数论中的一些知识。

定义 1（同余）：设 a、b、m 是正整数，如果 $m|(a-b)$，即 m 整除$(a-b)$，则称 a 和 b 模 m 同余，记为 $a \equiv b(\bmod\ m)$。

定理 1（素数分解定理）：对任意正整数 n，存在唯一的正素数序列 $p_1 < p_2 < ... < p_m$，以及正整数 $\alpha_1,\alpha_2,...,\alpha_m$，使得 $n = p_1^{\alpha_1} p_2^{\alpha_2}...p_m^{\alpha_m}$。

定义 2（欧拉数）：设 n 是一个正整数，$\varphi(n) = |\{x\ |\ 1 \leqslant x \leqslant n-1, \gcd(x,n)=1\}|$，即小于 n 的与 n 互素的正整数称为欧拉数。

特别地，当 p 是一个素数时，则 $\varphi(p) = p-1$。

定理 2：如果 n_1 和 n_2 互素，则 $\varphi(n_1 \times n_2) = \varphi(n_1)\varphi(n_2)$。

定理 3：如果一个正整数 n 按上述定理 1 分解并表示为 $n = p_1^{\alpha_1} p_2^{\alpha_2}...p_m^{\alpha_m}$，则 $\varphi(n) = n(1-1/p_1)(1-1/p_2)...(1-1/p_m)$。

例 1　求 $\varphi(30)$。

解：$30=2\times3\times5$。

方法 1：因为 2、3、5 互素，所以

$$\varphi(30) = \varphi(2)\varphi(3)\varphi(5) = (2-1)(3-1)(5-1) = 8。$$

方法 2：$\varphi(30) = 30(1-1/2)(1-1/3)(1-1/5) = 8$。

与 30 互素的数构成一个模 30 乘法群 $Z_{30}^* = \{1,7,11,13,17,19,23,29\}$，即 $|Z_{30}^*| = \varphi(30) = 8$。

定理 4（Euler 定理，欧拉定理）：设 x 和 n 都是正整数，如果 $\gcd(x,n)=1$，则 $x^{\varphi(n)} \equiv 1(\bmod\, n)$。（证明略）。

例 2 使用 Z_{30}^* 验证欧拉定理。

解：$Z_{30}^* = \{1,7,11,13,17,19,23,29\}$，$|Z_{30}^*| = \varphi(30) = 8$，有

$$7^8 \bmod 30 = 5764801 \bmod 30 = 1。$$

实际上利用模运算的性质，有

$$7^8 \bmod 30 = (7^4)^2 \bmod 30 = (2401)^2 \bmod 30 = 1，$$

$$11^8 \bmod 30 = (11^2)^4 \bmod 30 = (121)^4 \bmod 30 = 1，$$

$$23^8 \bmod 30 = (23^2)^4 \bmod 30 = (529)^4 \bmod 30 = 1。$$

Z_{30}^* 中的其他元素读者可自行计算验证。

利用 Euler 定理可以计算乘法群中元素的逆元，如求 x 的逆。因为 $x^{\varphi(n)} \equiv 1(\bmod\, n)$，所以 $x \times x^{\varphi(n)-1} \equiv 1(\bmod\, n)$，因此有 $x^{-1} \equiv x^{\varphi(n)-1}(\bmod\, n)$。

例 3 求 Z_{30}^* 中元素的逆。

解：$Z_{30}^* = \{1,7,11,13,17,19,23,29\}$，我们以 7、13 和 19 为例计算它们的逆。

$$7^{-1} \equiv 7^{\varphi(30)-1} \bmod 30 = 7^7 \bmod 30 = 13，$$

$$13^{-1} \equiv 13^{\varphi(30)-1} \bmod 30 = 13^7 \bmod 30 = 7，$$

$$19^{-1} \equiv 19^{\varphi(30)-1} \bmod 30 = 19^7 \bmod 30 = 19。$$

可见 7 与 13 是互为逆，而 19 的逆是它自身。其他元素的逆读者可自行计算。

推论 1（Fermat 定理，费马定理，Euler 定理推论）：设 x 和 p 都是正整数，如果 p 是素数，且 $\gcd(x,p)=1$，则 $x^{p-1} \equiv 1(\bmod\, p)$。

定理 5（Fermat 小定理）：设 x 和 p 都是正整数，如果 p 是素数，则 $x^p \equiv x(\bmod\, p)$。

易得，如果 p 是素数，则 $x^{-1} \bmod p \equiv x^{p-2}(\bmod\, p)$。

上述欧拉定理及费马定理是 RSA 加密体制的数学依据。下面看 RSA 的正确性证明。

RSA 解密过程正确性证明如下所述。

证明：解密过程是加密过程的逆变换，即 $(m^e)^d = m(\bmod\, n)$。

因为 $de \equiv 1(\bmod\, \varphi(n))$，故存在整数 $t \geq 1$，使得 $de = t \times \varphi(n)+1$。那么，对于任意明文 m，$n > m \geq 1$，有：

（1）当 $\gcd(m,n)=1$ 时，直接根据 Euler 定理，有

$$(m^e)^d \equiv m^{t\varphi(n)+1}(\bmod\, n) \equiv (m^{t\varphi(n)}m)(\bmod\, n) \equiv 1^t m(\bmod\, n) \equiv m(\bmod\, n)。$$

（2）当 $\gcd(m,n) \neq 1$ 时，因为 $n = pq$，且 p 和 q 都是素数，所以 $\gcd(m,n)$ 一定为 p 或 q。

不妨设 $\gcd(m,n) = p$，即 m 是 p 的倍数，设 $m = cp$，$1 \leq c \leq q$。根据 Fermat 定理，$m^{q-1} \equiv 1(\bmod\, q)$，所以有 $(m^{q-1})^{t(p-1)} \equiv 1(\bmod\, q)$，即 $m^{t\varphi(n)} \equiv 1(\bmod\, q)$。

于是存在一个整数 s，使得 $m^{t\varphi(n)} = sq+1$，此式两端同时乘以 $m=cp$，有

$$m^{t\varphi(n)+1} = msq + m = cpsq + m = csn + m，$$

因此，$(m^e)^d \equiv m(\bmod\, n)$。

综上所述，对于任意 $m \in Z_n$，都有 $(m^e)^d \equiv m(\bmod n)$。

因此，RSA 算法能够正确解密加密的明文。

对于前面提到的第二个问题，即找出 RSA 对应的数学难解问题。RSA 密码系统的安全性依赖两个数学问题：大数分解问题和 RSA 问题。由于目前尚无有效的算法解决这两个问题的假设，已知公钥解密 RSA 密文是不容易的。

RSA 问题定义为：给定一个模 n 运算下某个根的 e 次方，计算一个值 m，使得 $c=m^e \bmod n$，其中 (n,e) 是 RSA 公钥，c 是 RSA 密文。当前认为可以解决 RSA 问题的方法是分解 n 的因子，若可以分解出素因子 p 和 q，则攻击者可以计算 $\varphi(n)$，进而从公钥 (n,e) 计算秘密的指数 d。目前尚未发现在传统计算机上可以在多项式时间内分解大整数的有效方法。目前普遍认为 RSA 算法的 n 长度至少取 1024 比特，建议取 2048 比特，业界认为当 n 足够大时 RSA 算法是安全的。

5.1.3　RSA 算法实现中的计算问题

1. 素数产生

RSA 算法实现过程中需要随机选取 2 个大素数，一般随机选择 2 个数再判断它们是否为素数。最基本的方法是给定一个数 n，判断是否存在 2～(n-1)（实际上测试到 $\sqrt{n}$ 即可）之间的数能够整除 n，若存在，则 n 不是素数，否则 n 是素数。显然这种素性判断效率低下。

实际中采用概率测试方法，选取特定比特长度的随机数，通过多次迭代进行概率素性测试。最简单的方法如 Fermat 素性测试。其过程如下所述。

给定整数 n，选择与 n 互素的整数 a，计算 $a^{n-1} \bmod n$，如果结果不是 1，则 n 是合数；若结果是 1，n 可能是素数，也可能不是素数（回顾 Fermat 定理）。Fermat 素数测试是一种启发式测试，无论如何选取证据，总有一些合数（也称 Carmichael 数，如 561、1105、1729 等）将被作为"概率素数"。不过，该算法在 RSA 密钥生成阶段有时仍作为快速产生素数的方法使用。

更复杂的还有 Miller-Rabin 素性测试和 Solovay-Stassen 素性测试算法，对于任意合数 n，至少 3/4（Miller-Rabin）、1/2（Solovay-Stassen）的 a 可以作为 n 是合数的证据。因此，也称这些算法为合数测试。

Miller-Rabin 素性测试算法基本方法：给定整数 n，选择整数 $a<n$，令 $2^s d = n-1$，d 为奇数。对于所有的 $0 \leqslant r \leqslant s-1$，如果 $a^d \not\equiv 1 \pmod{n}$，而且 $a^{2^r d} \not\equiv -1 \pmod{n}$，则 n 是合数；否则 n 可能是素数，也可能不是素数。通过多次迭代，提高判定 n 是素数的概率。

注：上述算法用到二次探测定理，如果 p 是一个素数，$0<x<p$，则方程 $x^2 \equiv 1 (\bmod p)$ 的解为 $x=1$ 和 $p-1$。

Solovay-Stassen 素性测试算法：给定一个奇数 n，选择整数 $a<n$，如果 $a^{(n-1)/2} \not\equiv \left(\dfrac{a}{n}\right) (\bmod n)$，其中 $\left(\dfrac{a}{n}\right)$ 是亚克比符号（Jacobi symbol），则 n 是合数，而 a 是证据；否则 n 可能是素数，也可能不是素数。

此外，还有一些已经证明了的确定素性测试方法，但一般计算量较大。实际应用中，可以先采用概率素数测试算法去除合数，再通过确定素性测试方法进一步证明所选整数是素数。当然，通过若干次迭代概率素性测试方法，可以使通过测试的整数是合数的概率降到很小（可忽略概率），从而实现快速选择素数的目的。

选择 p 和 q 应该尽量接近，防止 Fermat 因数分解算法成功分解 n。进一步地，若 p-1 和 q-1 仅有小素因子，通过 Pollard 算法也可以快速分解 n，因此选取素数时应测试这一属性，丢弃满足这一条件的素数。

此外，私钥 d 应该足够大，Michael 等指出，若 p 在 q 和 $2q$ 之间，且 $d<n^{1/4}/3$，则从 n 和 e 可以有效计算 d。当使用适当的填充机制（参见 5.1.5 小节）时，即使选择小公钥指数，如 e=3，也没有对 RSA 算法的有效攻击；但不采用填充机制或填充不当，会导致遭受较大攻击风险。通常 e 会选取 65537，这一数值被认为是避免小指数攻击和实现高效加密（即高效签名验证）的合理折中。NIST 在 2007 年发布的《计算机安全专刊 SP 800-78 Rev 1》中要求 e 的选择要大于 65537。

此外，考虑解密效率，RSA 密钥对产生后，通常可以作为私钥的一部分保存下列内容：p 和 q、$d \bmod (p-1)$ 和 $d \bmod (q-1)$，以及 $q^{-1} \bmod (p)$。

2. 模指数运算

RSA 的加密算法和解密算法均是在模 n 下进行指数运算，以下性质可以提高算法实现的效率。

（1）模幂运算满足分配律。

$$[(a \bmod n) \times (b \bmod n)] \bmod n = (a \times b) \bmod n$$

利用中间结果对 n 取模，既降低了存储要求，又可实现高效算法。

（2）递进式指数计算。

例如，计算 $a^d (\bmod n)$，为了便于计算机实现，其中指数 d 可以表示为 k 比特二进制 $(b_{k-1}b_{k-2}...b_1b_0)_2$，因此，$d$ 可以记为

$$d = \sum_{b_i \neq 0} 2^i$$

因此，有

$$a^d \bmod n = [\prod_{b_i \neq 0} a^{(2^i)}] \bmod n = [\prod_{b_i \neq 0} a^{(2^i)} \bmod n]$$

例如，计算 13^{19}，可以表示为 $13^{19}=13^{16} \times 13^2 \times 13=((((13)^2)^2)^2)^2 \times 13^2 \times 13$。

而 19 的二进制表示为 $(10011)_2$，从指数 19 的二进制低比特位到高比特位扫描，累乘对应比特位为 1 的指数值，可以快速完成指数计算。根据这一性质，可以采用迭代或递归算法实现快速指数计算。迭代指数计算算法描述如下：

```
int exp( int a, int d, int p )
{  /*计算 a ^ d mod p  */
   int s=1;
   while ( d ) {
     if ( d % 2 ) {
       s = (s * a) mod p ;
     }
   d = d / 2 ;
     a = a*a mod p ;
   }
   return ( s ) ;
}
```

3. 私钥求解

在 RSA 算法中选择一个公钥指数 e，然后需要计算私钥指数 d，使得 $ed \equiv 1 \bmod \varphi(n)$，即找到一个最小整数 d，使得 ed 除以 $\varphi(n)$ 余数等于 1，或者表示为 $ed=1+k\varphi(n)$。通常采用扩展欧几里得算法快速计算 d。扩展欧几里得算法可以表示为 $ax+by = \gcd(a,b)$，其中 $\gcd(a,b)$ 表示 a 和 b 的最大公约数。即求解 x 和 y，使得上面等式成立。对应地，求解式子 $ed+(-k)\varphi(n) =1$ 中的 d 和 $-k$。

扩展欧几里得算法的递归形式如下（假定 a>b）：

```
int ExGCD(int a,int b,int &x,int &y)
{
    if (b==0) {
        x=1;
        y=0;
        return a;
    }
    int r=ExGCD(b,a%b,x,y)
    int temp=x;
    x=y;
    y=temp-(a/b)*y;
    return r;
}
//用扩展欧几里得算法解线性方程 ax+by=c
bool linearEquation(int a,int b,int c,int &x,int &y)
{
    int d=Extended_Euclid(a,b,x,y);
    if(c%d) return false;
    int k=c/d;
    x*=k;   y*=k;      //求的只是其中一个解
    return true;
}
```

5.1.4　RSA 算法体制安全性分析

对 RSA 算法体制的一些典型攻击方法如下所述。

（1）穷举攻击。即列出所有可能的私钥，显然这是缺乏效率和困难的。

（2）因数分解攻击。给定某个整数 $c \equiv m^e \pmod n$，求 c 的模 n 的 e 次方根 $m \equiv c^{1/e} \pmod n$ 是一个困难问题，但如果已知整数 n 的素数分解，则上述问题易解。因此，因数分解攻击 RSA 算法的途径包括：

● 分解 n 为 p 和 q。
● 直接确定 $\varphi(n)$ 而不确定 p 和 q。
● 直接确定 d 而不确定 $\varphi(n)$。

可以证明，从 e 和 n 确定 $\varphi(n)$ 或者 d 的算法至少和因数分解一样费时。因此，目前将因数分解作为评价 RSA 算法安全性的基础。

（3）参数选取不当造成的攻击。选取 p 和 q 时应该是随机的且两者不应太接近。因为，

$n = pq = (p+q)^2/4 - (p-q)^2/4$，当 $(p-q)/2$ 很小时，那么 $(p+q)/2$ 只比 $\sqrt{n}$ 大一点，因此逐个检查大于 $\sqrt{n}$ 的整数 x，使得 $x^2 - n$ 是一个完全平方数，记为 y^2，那么就有 $p = x+y$ 和 $q = x-y$。

（4）选择密文攻击。攻击者得到两个明密文对 (m_0, c_0)、(m_1, c_1)，则可以获得 $m_0 \times m_1$ 的密文结果，因为 $m_0^e m_1^e \equiv (m_0 m_1)^e \pmod{n} \equiv c_0 c_1 \pmod{n}$。

由明密文对 (m_0, c_0) 可以获得对 m_0^r 的加密结果，因为 $(m_0^r)^e \equiv c_0^r \pmod{n}$。

此外，能够获得 $(c \times 2^e) \pmod{n}$ 的解密结果，就可以恢复出 c 对应的明文。

（5）共模攻击。通信系统中使用相同的 n，且存在两个用户的公钥 e_1 和 e_2 互素，则可以由两个用户对同一个明文的不同加密结果恢复出原始明文。

设 $c_1 \equiv m^{e_1} \pmod{n}$、$c_2 \equiv m^{e_2} \pmod{n}$，若攻击者获得这两个密文，根据中国剩余定理推论：存在 s、t，使得 $t \times e_1 + s \times e_2 = 1$，使得 $c_1^t \times c_2^s = m \pmod{n}$，从而恢复出明文。

（6）小 e 攻击（小指数攻击）。采用很小的加密指数，如 $e=3$，加密值很小的消息 m，如 $m < n^{1/e}$，即 m^e 远小于模数 n，这种情况下，直接计算 e 的指数，密文很容易被破解。

此外，若多个人使用相同的 $e=3$，但彼此 n 不同，设有 3 个人分别使用 n_1、n_2、n_3，若他们加密相同消息 m，即有：

$$c_1 \equiv m^3 \pmod{n_1}，\quad c_2 \equiv m^3 \pmod{n_2}，\quad c_3 \equiv m^3 \pmod{n_3}，$$

因为一般情况下 n_1、n_2、n_3 是互素的，使用中国剩余定理可得：

$$c \equiv m^3 \pmod{n_1 \times n_2 \times n_3}，$$

又因为 $m < n_1, n_2, n_3$，所以 $m^3 < n_1 \times n_2 \times n_3$，则 $m = \sqrt[3]{c}$。

此外还有计时攻击，即利用指数中某一比特位为 1 或 0 时，硬件加密速度不同反映出来的差异进行分析。

5.1.5　RSA 填充加密机制

分析上面列举的一些 RSA 算法攻击方法可见，在有些情况下，基本的 RSA 算法加密是不安全的。这些攻击方法使用已知明/密文解密其他未知的但相关联的密文（选择密文攻击），或者利用对相关明文加密的密文分析明文（如小指数攻击、共模攻击）。

分析基本 RSA 算法，相同明文使用相同密钥加密，得到相同密文，相同明文使用不同密钥加密，保持了模乘的一些性质。这就是所谓的"确定加密算法"，加密过程中没有随机成分，相同的明文加密后得到相同的密文，这样通过尝试加密某些明文，测试是否与特定密文一致，攻击者可以成功实施选择明文攻击。

那么是否能够实现即使使用同一个密钥，相同明文在不同时候加密得到不同密文？即能否对明文混入随机性。这就是密码学中给出的强安全定义——语义安全（Semantically Secure），即使知道明文，攻击者仍无法区分出对应的密文。基本的 RSA 算法不是语义安全的。

为了避免上述攻击的发生，RSA 才采用随机填充机制加密消息，避免消息 m 落入不安全明文区域，并且给定一个 m，不同的随机填充产生不同的输出。

RSA 实施标准如 PKCS#1 精心设计了安全填充，由于填充需要额外加入信息，要求填充前消息 M 要小一些（保证填充后的 $m < n$）。PKCS#1v1.5 定义了优化非对称加密填充（Optimal Asymmetric Encryption Padding，OAEP）机制，该机制由 Bellare 和 Rogaway 提出。OAEP 算

法也采用 Feistel 网络结构形式，使用一对随机数 G 和 H，结合单向陷门函数 f。该处理模式被证明在随机预示模型下是选择明文攻击语义安全的 IND-CPA（Indistinguishable Under Chosen Plaintext Attack），选择特定陷门函数 f，如 RSA、OAEP 被证明是抗选择密文攻击的。OAEP 机制满足以下目标。

（1）添加随机元素将确定密码机制（如基本 RSA）转换为一个概率机制。

（2）部分密文解密（或其他信息泄露），只要不能翻转单向陷门函数，攻击者仍不能解密任何密文部分。

OAEP 机制的工作过程如图 5-1 所示。其中，n 是 RSA 的模数；k_0 和 k_1 是两个填充比特的长度；m 表示明文消息，长度为 $(n-k_0-k_1)$ 比特；G 和 H 为 OAEP 机制定义的两个密码学哈希函数。

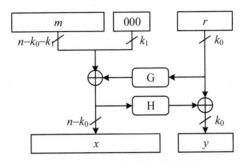

图 5-1　OAEP 机制工作流程

加密过程如下所述。

（1）明文 m 后面填充 k_1 个 0。

（2）产生 k_0 比特随机数 r。

（3）使用 G 将 k_0 比特随机数 r 扩展为 $(n-k_0)$ 长度比特串。

（4）计算 $x=m00\ldots0\oplus G(r)$。

（5）使用 H 将 $(n-k_0)$ 长度 x 压缩为长度 k_0 比特串。

（6）计算 $y=r\oplus H(x)$。

（7）最后输出 $x\|y$。

实际上从 RSA 算法加密的明文块，即 $(x\|y)$，可以看出，由于填充时使用了随机数 r，因此，即使两次加密相同 m，选择不同 r，填充后得到不同比特串 $(x\|y)$，加密后密文也不同。

从图 5-1 中可以看出，变换结构是可逆的。解密操作如下所述。

（1）恢复随机串 $r=y\oplus H(x)$。

（2）恢复消息 $m00\ldots0=x\oplus G(r)$。

5.1.6　RSA 签名算法

RSA 算法可以直接用于数字签名，密钥对持有者使用自己的私钥对消息摘要进行签名，验证者使用签名者的公钥进行验证，签名者密钥参数包括 e、d、n，进行以下操作。

（1）对于待签名消息 m，使用 Hash 函数 h 生成消息摘要，即 $h(m)$。

（2）使用私钥对消息摘要进行签名，得到 $s\equiv(h(m))^d(\bmod n)$。

（3）验证方接收到消息 m 和签名 s，计算消息摘要 $h(m)$，并使用签名者公钥恢复 $v \equiv s^e(\bmod n)$，比较 v 与 $h(m)$，若二者相等，签名验证通过；不相等，则签名验证不通过。

5.2 Diffie–Hellman 密钥协商机制

能否在不安全的通信信道上传输一些公开信息，最终使得双方获得秘密信息？实际中存在这样的例子，两个好朋友通过网络可以聊一些公开的话题，但其中隐含着只有他们两个人知道的信息，如两个人上一周共同逛商场买的一件衣服，两个人共同使用一位好朋友的姓名（他们使用外号称呼），这样的秘密信息可以作为两个人共享的秘密加密其他消息。

Whitfield Diffie 和 Martin Hellman 于 1976 年提出了一种密钥协商机制（也称 D-H 协议），可以实现在不安全信道中为两个实体建立一个共享秘密，协商的秘密可以作为后续对称密码体制的密钥使用。D-H 协议描述如图 5-2 所示。

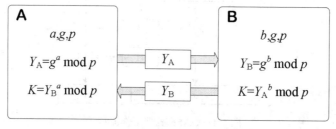

图 5-2 D-H 协议描述

如图 5-2 所示，用户 A 与 B 通过公开信道协商一个秘密密钥 K，协议的一般描述及实例见表 5-2。

表 5-2 D-H 协议描述及实例

D-H 协议一般描述	D-H 协议实例
● A 与 B 同意一个有限循环群 G 及一个生成元 g，群的阶为素数 p。	模素数 p=23，原根 g=5。
● A 选择一个随机自然数 a，计算($Y_A = g^a \bmod p$) 并发送给 B。	a=6，$Y_A = g^a \bmod p = 5^6 \bmod 23 = 8$。
● B 选择一个随机自然数 b，计算($Y_B = g^b \bmod p$) 并发送给 A。	b=15，$Y_B = g^b \bmod p = 5^{15} \bmod 23 = 19$。
● A 计算会话密钥 $K = Y_B^a \bmod p$。	$K = Y_B^a \bmod p = 19^6 \bmod 23 = 2$。
● B 计算会话密钥 $K = Y_A^b \bmod p$	$K = Y_A^b \bmod p = 8^{15} \bmod 23 = 2$

A 与 B 能够计算一个共享秘密值 K，基本原理如下式所示：

$$K = Y_A^b \bmod p = (g^a \bmod p)^b \bmod p = g^{ab} \bmod p = (g^b \bmod p)^a \bmod p = Y_B^a \bmod p$$

协议中使用了模 p 的整数乘法群，其中 p 是素数，g 是模 p 的一个原根。p 和 g 可以事先在用户 A 和 B 间协商共享或由一方产生告知另一方。

从协议中可以看出，攻击者为了计算秘密值 K，必须知道 a 或 b（有时也称为 A 和 B 的私钥），从公开传递的值 Y_A 和 Y_B 求解 a 和 b 是困难的，即求解离散对数问题目前仍然是数学难解问题。因此，当 G 和 g 选取适当时，D-H 协议被认为是安全的。攻击者只有解决"D-H 问题"才能获得秘密值 g^{ab}，目前认为这是困难的。必须存在有效的求解离散对数算法，才能够容易求解 a 和 b，从而求解 D-H 问题，但目前没有有效方法。从安全角度考虑，G 的阶 p 应该选取 $p-1$ 具有大素因子的素数。

当然，基本的 D-H 协议存在典型的中间人攻击，攻击实例如表 5-3 所列，其中 E 代表攻击者。

表 5-3　D-H 协议中间人攻击

序号	攻击实例
1	A 选取随机数 a，计算 Y_A 并发送给 B
2	E 截获 Y_A，选取整数 e，计算 $Y_E=g^e \bmod p$，冒充 A 将 Y_E 发送给 B
3	B 选取随机数 b，计算 Y_B 并发送给 A
4	E 截获 Y_B，冒充 B 将 Y_E 发送给 A
5	A 计算：$K1=(Y_E)^a \bmod p=g^{ae} \bmod p$
6	B 计算：$K2=(Y_E)^b \bmod p=g^{be} \bmod p$
7	E 计算：$K1=(Y_A)^e \bmod p=g^{ae} \bmod p$，$K2=(Y_B)^e \bmod p=g^{be} \bmod p$

至此，E 获得与 A 共享的密钥 $K1$，以及与 B 共享的密钥 $K2$。A 则认为与 B 共享了秘密密钥 $K1$，而 B 认为与 A 共享了秘密密钥 $K2$。之后 E 在 A 与 B 之间截获他们互发的消息，解密并转发，从而获得 A 与 B 之间的保密通信的消息。

需要注意的是，攻击者 E 并不能计算 $g^{ab} \bmod p$，E 只是分别与 A、B 共享了不同密钥。当然，实际应用中，E 必须能够插入到 A 与 B 之间，并阻止 A 与 B 发送的消息直接到达对方，这在实现上是需要一定条件的。如果 E 能够控制 A 与 B 之间通信的一台路由器，能够实时监控、分析并转发流量，则可适时地实现中间人攻击。

之所以 D-H 协议存在典型的中间人攻击，是因为基本的 D-H 协议缺乏实体认证（或称鉴别），因此，实际应用 D-H 协议时，一般混合鉴别机制。

5.3　ElGamal 公钥密码体制

 基于离散对数难解问题设计的公钥密码算法。

5.3.1　ElGamal 公钥加密算法

ElGamal 公钥加密算法是类似于 D-H 密钥协商机制的一种公钥密码，是 1985 年由 Taher Elgamal 提出的，在 PGP 等密码系统得到实际应用，后来也有许多变形算法，统称 ElGamal 公钥加密体制。

ElGamal 公钥加密算法定义在任意循环群 G 上，其安全性依赖 G 上特定问题相关的计算离散对数问题。ElGamal 公钥加密系统包括密钥产生、加密和解密 3 个算法。以用户 A 与 B 两个参与者为例，ElGamal 公钥密码体制见表 5-4。

表 5-4　ElGamal 公钥密码体制

ElGamal 密码体制一般描述	实例
密钥生成 用户 A 做如下工作： ● 产生一个阶为 p、生成元为 g 的循环群 G，p 和 g 可以在一组用户中共享。 ● 从集合 $\{1,2,\dots,p-2\}$ 中选择一个随机数 x。 ● 计算 $y=g^x \pmod p$。 ● 公布公钥 (p,g,y)，对应私钥为 x。	**密钥生成** p=2357, g=2。 x=1751（私钥）。 $y=2^{1751} \bmod 2357=1185$。 公钥 $(p=2357, g=2, y=1185)$。
加密 用户 B 加密消息 M 发送给用户 A，做如下工作： ● 将 M 表示为 $\{0,1,\dots,p-1\}$ 中的一个整数 m。 ● 从集合 $\{1,2,\dots,p-2\}$ 中选择一个随机数 k。 ● 计算 $a=g^k \pmod p$。 ● 计算 $b=m \cdot y^k \pmod p$。 ● 发送密文 (a,b) 给用户 A。	**加密** m=2035。 k=1520。 $a=2^{1520} \bmod 2357=1430$。 $b=2035 \times 1430^{1520} \bmod 2357=697$。 密文 $(a=1430, b=697)$。
解密 用户 A 收到消息 (a,b)，做如下工作： ● 计算 $m=b/a^x \pmod p$。 ● 恢复明文 M	**解密** $1430^{2357-1-1751} \bmod 2357=872$。 $872 \times 697 \bmod 2357=2035$

从下列关系可以看出如何正确解密密文：

$$b/a^x \equiv b \cdot a^{-x} \equiv m \cdot g^{kx} \cdot g^{-kx} \equiv m \bmod p$$

5.3.2　ElGamal 公钥密码体制的安全性

ElGamal 公钥加密算法的安全性基于离散对数难解问题，即给定 g^a，求解 a 是困难的。首先了解相关概念。

定义 1：一个群 G，如果存在一个元素 $\alpha \in G$，使得任意 $b \in G$，存在整数 i，满足 $b = \alpha^i$，则 G 是循环群，其中 α 称为 G 的生成元（本原元）。

定义 2：设 G 是一个阶为 n 的循环群，α 是 G 的生成元，$\beta \in G$，β 相对于基数 α 的离散对数是满足 $\beta = \alpha^x \pmod n$ 的唯一整数 x，$0 \leqslant x \leqslant n-1$，常将 x 记为 $\log_\alpha \beta$。

例：p=97，Z_{97}^* 是阶为 n=96 的循环群，$\alpha = 5$ 为 Z_{97}^* 的一个生成元。

因为 $5^{32} \equiv 35 \pmod{97}$，所以 $\log_5 35 = 32$。

定义 3：设 p 是一个素数，$\alpha \in Z_p^*$，α 是一个生成元，$\beta \in Z_p^*$。已知 α 和 β，求满足 $\beta = \alpha^x \pmod p$ 的唯一整数 x，$0 \leqslant x \leqslant p-2$，称为有限域上的离散对数问题（DLP）。

关于有限域上的离散对数问题，目前还没有找到一个非常有效的多项式时间算法计算有限域上的离散对数。

一般而言，只要素数 p 选择适当，有限域 Z_p 上的离散对数问题是难解的。ElGamal 公钥密码体制的安全性依赖于求解有限域上的离散对数问题的困难。

5.3.3　ElGamal 签名算法

同样，ElGamal 密码体制也可以用于数字签名。经典 ElGamal 签名算法如下所述。

（1）密钥产生。选择一个素数 p，两个小于 p 的随机数 g 和 x，计算 $y = g^x (\mathrm{mod}\, p)$，则其公钥为 (y,g,p)，私钥为 x，g 和 p 可以由一组用户共享。

（2）签名生成。设被签名消息为 m（可以是原始消息摘要，并表示为小于 p 的数值），首先选择一个随机数 k，k 与 $p-1$ 互质，计算：

$$a = g^k (\mathrm{mod}\, p)$$

再利用扩展 Euclidean 算法求解下列方程中的 b：

$$m = ax + kb (\mathrm{mod}\, p-1)$$

签名就是 (a,b)。

（3）签名验证。验证者计算 $y^a a^b (\mathrm{mod}\, p)$ 和 $g^m (\mathrm{mod}\, p)$，若二者相等，签名验证通过，否则签名无效。当然也要验证 $1 \leqslant a < p$。

容易看出在正确签名和传递下，上述两个式子应该是相等的：

$$y^a a^b \equiv g^{xa} g^{kb} \equiv g^{ax+kb(\mathrm{mod}\, p-1)} \equiv g^m (\mathrm{mod}\, p)$$

ElGamal 签名算法的安全性主要依赖于 p 和 g，若选取不当则签名容易伪造，应保证 g 对于 $p-1$ 的大素数因子不可约。ElGamal 签名算法的一个不足之处是它的密文成倍扩张。

美国政府的数字签名标准 DSS（Digital Signature Standard）采用的数字签名算法 DSA（Digital Signature Algorithm）是 ElGamal 算法的演变。DSA 算法的主要过程如下：

（1）密钥产生。选取一个素数 q，选取一个素数模 p，使得 $p-1$ 是 q 的倍数（标准中对 p、q 长度有要求）。选取一个模 p 阶为 q 的生成元 g，一般采用下列方法构造：任意选取 h ($1 < h < p-1$)，计算 $g = h^{(p-1)/q} (\mathrm{mod}\, p)$，若 g 等于 1，重新选取 h，直到 g 不等于 1。参数 (p,q,g) 可以在系统中被多用户共享。

接下来计算公私钥，随机选取 x，$0 < x < q$，计算 $y = g^x (\mathrm{mod}\, p)$，则私钥为 x，而公钥为 (p,q,g,y)。

（2）签名生成。令 H 是哈希函数，对消息 m 签名：产生一个消息的随机数 k，$0 < k < q$，计算 $r = (g^k \bmod p) \bmod q$，及 $s = (k^{-1}(H(m)+xr)) \bmod q$（若 r 或 s 为 0 重新计算签名），则消息签名为 (r,s)。

（3）签名验证。若不满足 $0 < r < q$ 或 $0 < s < q$，则拒绝签名；否则计算 $w = (s)^{-1} \bmod q$、$u1 = (H(m)w) \bmod q$、$u2 = (rw) \bmod q$，以及 $v = ((g^{u1} y^{u2}) \bmod p) \bmod q$，如果 $v=r$ 则签名有效。

5.4　椭圆曲线密码体制

 如何发现可用于公钥密码体制的代数系统？

椭圆曲线密码（Elliptic Curve Cryptography，ECC）体制是一种基于有限域上的椭圆曲线代数结构的公钥密码方法。1985 年，Neal Koblitz 和 Victor Miller 分别独立提出椭圆曲线可以作为公钥密码体制的基础，其依据就是定义在椭圆曲线上的点构成的 Abel 加法群构造的离散对数计算困难性。美国国家安全局已将 ECC 技术包含在推荐密码算法套件中，允许使用 384 比特密钥，保护分类为最高机密级信息。

如前所述，公钥密码算法都是基于特定数学问题的难解性。由于椭圆曲线上的离散对数问题更加困难，在其密码系统中允许使用较小的密钥，如相对应 RSA 算法就可以得到同样强度的安全性。使用较小的密钥意味着加密或解密速度更快，同时也节省了带宽，并且在某些情况下对内存的需求也更低。

5.4.1 椭圆曲线基本概念

椭圆曲线是如下韦尔斯特拉斯（Weierstrass）方程所确定的一个平面曲线：

$$y^2 + a_1xy + a_3y = x^3 + a_2x^2 + a_4x + b$$

其中，系数 a_i（i=1,2,…,4）定义在某个域上，可以是有理数域、实数域、复数域，还可以是有限域。当系数 a_i 取不同有理数时，椭圆曲线对应的几何图形也不同，如图 5-3 所示。

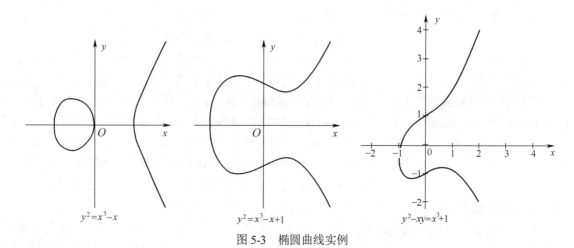

图 5-3 椭圆曲线实例

椭圆曲线可以定义在任意的有限域上，但用于公钥密码的椭圆曲线方案主要是基于 Z_p 和特征为 2 的有限域 F_{2^m}（其中 $m \geq 1$）。

1. 域 Z_p 上的椭圆曲线

Z_p 表示 p 个元素有限域，元素为 $0 \sim (p-1)$ 个有理数。使用一组参数确定域 Z_p 上的椭圆曲线，这也是将椭圆曲线用于密码体制所必要的。现在选择一个素域 Z_p，p 为素数（$p>3$），椭圆曲线参数表示为一个 6 元组 T：

$$T = (p, a, b, Q, n, h)$$

其中，$a, b \in Z_p$，并且满足 $4a^3 + 27b^2 \neq 0(\text{mod } p)$，由参数 a 和 b 定义的域 Z_p 上的一个椭圆曲线方程为：

$$y^2 \equiv x^3 + ax + b(\text{mod } p)$$

该方程所有的解（或称曲线上的点）$P = (x, y)$（$x, y \in Z_p$）再加上一个无穷远点（记为 O）所构成的集合，记为 $E(Z_p)$，也可记为 $E_p(a,b)$。参数 T 确定了椭圆曲线 $E(Z_p)$ 及其上的基点。

上面定义的椭圆曲线要求是非退化的，从几何意义上讲曲线不存在尖端（奇异点）或自交叉点。

注：并不是所有的椭圆曲线都适合加密。$y^2 = x^3 + ax + b$ 是一类有限域 Z_p 上可以用来加密的椭圆曲线，也是最为简单的一类。

椭圆曲线 $E(Z_p)$ 上所有点的个数记为 $\# E(Z_p)$，根据 Hasse 定理有：

$$p + 1 - 2\sqrt{p} \leqslant \# E(Z_p) \leqslant p + 1 + 2\sqrt{p}$$

素数 n 是基点 Q 的阶，整数 h 是余因子，$h = \# E(Z_p)/n$。

集合 $E(Z_p)$ 定义如下的加法规则，构成一个 Abel 群，无穷远点 O 为单位元。

（1）$O + O = O$。

（2）对于所有点 $P \in E(Z_p)$，有 $P + O = O + P = P$。

（3）对于所有点 $P \in E(Z_p)$，$P = (x, y)$ 的加法逆元为 $-P = (x, -y)$，即

$$P + (-P) = (x, y) + (x, -y) = O。$$

（4）椭圆曲线 $E(Z_p)$ 上的两个非互为加法逆元的点 $P = (x_1, y_1)$ 和 $Q = (x_2, y_2)$，有 $P + Q = R = (x_3, y_3)$，其中，

$$x_3 \equiv \lambda^2 - x_1 - x_2 \pmod p$$
$$y_3 \equiv \lambda(x_1 - x_3) - y_1 \pmod p$$

并且有：

1）如果 $P \neq Q$，$\lambda = \dfrac{y_2 - y_1}{x_2 - x_1}$；

2）如果 $P = Q$，$\lambda = \dfrac{3x_1^2 + a}{2y_1}$（倍点运算法则，即 $2P = P + P = R$）。

注：若 $\# E(Z_p) = p + 1$，曲线 $E(Z_p)$ 称为超奇异的，否则称为非超奇异的。

当上述椭圆曲线 $E(Z_p)$ 用于密码体制时，为了避免一些已知攻击，选取的 p 不应该等于椭圆曲线上所有点的个数，即 $p \neq \# E(Z_p)$；并且对于任意的 $1 \leqslant m \leqslant 20$，$p^m \neq 1 \pmod p$。类似地，基点 $Q = (x_q, y_q)$ 的选取应使其阶数 n 满足其余因子 $h \leqslant 4$。

例 1　在素域 Z_5 上，由方程 $y^2 = x^3 + x + 1$ 确定的椭圆曲线为 $E(Z_5)$，求曲线上的点。

解：共有 9 个点：分别是方程的解(0,1)、(0,4)、(2,1)、(2,4)、(3,1)、(3,4)、(4,3)、(4,2)，以及一个无穷远点。

例 2　在素域 Z_{23} 上，方程 $y^2 = x^3 + x + 1$ 确定的椭圆曲线 $E_{23}(1,1)$ 上的两个点为 P=(3,10)，Q=(9,7)，计算（-P）、P+Q、2P。

解：

（1）-P=(3,-10)。

（2）计算 P+Q，因为是两个不同的点，有：

斜率 $\lambda = (y_P - y_Q)/(x_P - x_Q) = (7-10)/(9-3) = -1/2$。

因为 2×12≡1 (mod 23)，即 2 的乘法逆元为 12。

$\lambda \equiv -1 \times 12 \ (\text{mod } 23)$，即 $\lambda = 11$，

$x = 11^2 - 3 - 9 = 109 \equiv 17 \ (\text{mod } 23)$，

$y = 11 \times (3-17) - 10 \equiv 11 \times [3-(-6)] - 10 \ (\text{mod } 23) \equiv 20 \ (\text{mod } 23)$，

故 P+Q 点的坐标为(17,20)。

（3）计算 2P，即 P+P，有：

$\lambda = [3 \times (3^2) + 1] / (2 \times 10) \ (\text{mod } 23) \equiv 1/4 \ (\text{mod } 23) \equiv 6 \ (\text{mod } 23)$，

$x = 6^2 - 3 - 3 = 30 \equiv 7 \ (\text{mod } 23)$，

$y = 6 \times (3-7) - 10 = -34 \equiv 12 \ (\text{mod } 23)$。

故 2P 点的坐标为(7,12)。

给定有限域及椭圆曲线方程，确定了一个曲线，若给出点坐标 x，可以计算有效 y 值，从而获得曲线上的点。如上面例子中的 $E(Z_{23})$ 点集合为{(0,1),(0,22),(1,7),(1,16),(3,10),(3,13),(4,0),(5,4),(5,19),(6,4),(6,19),(7,11),(7,12),(9,7),(9,16),(11,3),(11,20),(12,4),(12,19),(13,7),(13,16),(17,3),(17,20),(18,3),(18,20),(19,5),(19,18)}。有兴趣的读者可以在平面坐标系中画出这些点，看看是什么样子。此时会发现，离散的点与前面的曲线样子截然不同，即椭圆曲线在不同的数域中会呈现出不同的表现形式。

2. 域 F_{2^m} 上的椭圆曲线

首先定义有限域 F_{2^m}，特征为 2 的有限域 F_{2^m} 包含有 2^m 个元素（$m \geqslant 1$），它们可以表示为：

$$a_{m-1}x^{m-1} + a_{m-2}x^{m-2} + ... + a_1 x + a_0$$

其中，系数 $a_i \in \{0,1\}$，即或者为 0，或者为 1。

域 F_{2^m} 上的加法按如下方法定义。

设 $a,b \in F_{2^m}$，其中 a 和 b 表示为：

$$a = a_{m-1}x^{m-1} + a_{m-2}x^{m-2} + ... + a_1 x + a_0$$
$$b = b_{m-1}x^{m-1} + b_{m-2}x^{m-2} + ... + b_1 x + b_0$$

则有，$a+b=c$，其中 $c \in F_{2^m}$，c 表示为：

$$c = c_{m-1}x^{m-1} + c_{m-2}x^{m-2} + ... + c_1 x + c_0$$

满足 $c_i \equiv a_i + b_i (\text{mod } 2)$。

域 F_{2^m} 上的乘法是按一个 m 次的不可约多项式 $f(x)$ 的形式定义的。如上述点 a 和 b，$a \cdot b = c$，则其中 c 是多项式 $a \cdot b$ 除以不可约多项式 $f(x)$ 的余项，所有的系数做模 2 运算。

元素 $a \in F_{2^m}$ 的加法逆元记为 $-a$，它是方程 $a + x = 0$ 在 F_{2^m} 中的唯一解。

元素 $a \in F_{2^m}$ 的乘法逆元记为 a^{-1}，它是方程 $a \cdot x = 1$ 在 F_{2^m} 中的唯一解。

下面看定义在有限域 F_{2^m} 上的曲线。域 F_{2^m} 上的椭圆曲线域参数定义为一个 7 元组 $T = (m, f(x), a, b, Q, n, h)$，具体说明了椭圆曲线及其上的基点 $Q = (x_q, y_q)$。其中，m 是定义域 F_{2^m} 的整数，$f(x) \in F_{2^m}$ 是一个 m 次的不可约多项式，它决定了 F_{2^m} 的表示；$a,b \in F_{2^m}, b \neq 0$ 决定了由下面的方程定义的椭圆曲线 $E(F_{2^m})$：

$$y^2 + xy = x^3 + ax^2 + b$$

且 $b \neq 0$，素数 n 是基点 Q 的阶，整数 h 是余因子 $h = \#E(F_{2^m})/n$。

上面选取的方程是域 F_{2^m} 上的非超奇异（超奇异椭圆容易受到某些攻击）椭圆曲线，是由上述方程的解（即点）$P = (x, y)$（$x, y \in F_{2^m}$）连同一个无穷远点 O 所构成的集合，记为 $E(F_{2^m})$。

　　$E(F_{2^m})$ 上加法运算定义如下：

　　（1）$O + O = O$。

　　（2）对于所有点 $P \in E(F_{2^m})$，有 $P + O = O + P = P$。

　　（3）对于所有点 $P \in E(F_{2^m})$，$P = (x, y)$ 的加法逆元为 $-P = (x, x + y)$，即

$$P + (-P) = (x, y) + (x, x + y) = O。$$

　　（4）对于 P，$Q \in E(F_{2^m})$ 两个相异且互不为加法逆元的点，$P = (x_1, y_1)$，$Q = (x_2, y_2)$，且有 $x_1 \neq x_2$，则 $P + Q = (x_3, y_3)$，其中：

$$x_3 = \lambda^2 + \lambda + x_1 + x_2 + a$$
$$y_3 = \lambda(x_1 + x_2) + x_3 + y_1$$

如果 $x_1 \neq x_2$，$\lambda = \dfrac{y_1 + y_2}{x_1 + x_2}$；

如果 $x_1 = x_2$，$\lambda = \dfrac{x_1^2 + y_1}{x_1}$；

$x_3, y_3, \lambda \in F_{2^m}$。

　　（5）（倍点运算法则）对任意满足 $x \neq 0$ 的点 $P = (x, y) \in F_{2^m}$，有 $2P = P + P = (x_3, y_3)$，其中

$$x_3 = \lambda^2 + \lambda + a$$
$$y_3 = x^2 + (\lambda + 1)x_3$$
$$\lambda = x_1 + \frac{y_1}{x_1}$$
$$x_3, y_3, \lambda \in F_{2^m}$$

　　数 n 与椭圆曲线上的点 P 的乘法运算就是把点 P 和它自身相加 n 次，与前面介绍的 Z_p 上的椭圆曲线的情形一样。

　　椭圆曲线 $E(F_{2^m})$ 上的所有点的个数记为 $\#E(F_{2^m})$，Hasse 定理表明其满足不等式：

$$2^m + 1 - 2\sqrt{2^m} \leqslant \#E(F_{2^m}) \leqslant 2^m + 1 + 2\sqrt{2^m}$$

　　为了避免对 ECC 的一些已知攻击，选取的 2^m 不应该等于椭圆曲线上的所有点的个数，即 $2^m \neq E(Z_p)$；并且对于任意的 $1 \leqslant B \leqslant 20$，$2^{mB} \neq 1 \pmod{n}$。类似地，基点的选取应使其阶数 n 满足 $h \leqslant 4$。

　　3. 椭圆曲线上加法运算的几何含义

　　上面定义了在有限域 Z_p 和 F_{2^m} 上的椭圆曲线，以及基于曲线构造 Abel（阿贝尔）群，椭圆曲线密码体制是基于群上加法实现的。下面讲述椭圆曲线上加法运算的几何含义。

　　椭圆曲线上点群法则规定如下：设 P、Q 是 E 上的两个点，连接两个点得到一条直线，如果直线与曲线交叉，则得到第 3 个点 [如图 5-4（a）所示得到点 R]；如果该直线在其中一个点与曲线相切，则该点计两次；如果直线与 y 轴平行，则定义第 3 个点为无穷远点。曲线上任何一对点都属于上述情况中的一种，如图 5-4 所示。

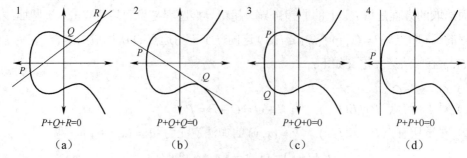

$$P+Q+R=0 \qquad P+Q+Q=0 \qquad P+Q+0=0 \qquad P+P+0=0$$

(a)   (b)   (c)   (d)

图 5-4 　椭圆曲线上群法则

曲线群上加法运算法则定义如下：如果直线与曲线交于 P、Q、R 3 个点，则要求在群中有 $P+Q+R=O$，并有 $O=-O$，$P+O=P$，这时曲线转换为一个阿贝尔群，所有有理数点（包括无穷远点，数量记为 K）构成了上述群的一个子群；如果曲线记为 E，则子群常被记为 $E(K)$。

上述群既可以描述为代数形式，也可以描述为几何形式。从上述定义可以得出以下性质。

（1）曲线上 3 个点在一条直线上，则它们的和等于 O（无穷远点）。

（2）若曲线上有点 P，则存在一个负点，记为 $-P$，$P+(-P)=O$。

（3）若一条垂直 x 轴的竖线交于曲线上两点 P、Q，则 $P+Q+O=O$，于是有 $P=-Q$。

（4）如果曲线上两个点 P 和 Q 的 x 坐标不同，连接 P 和 Q 得到一条直线与曲线交于 R' 点，则 $P+Q+R'=O$，若 R 是 R' 的负点，则 $P+Q=-R'=R$，如图 5-5（a）所示。

（5）倍数运算，定义一个点 P 的两倍是它的切线与曲线的另一个交点 R'，则 $P+P=2P=-R'=R$，如图 5-5（b）所示。

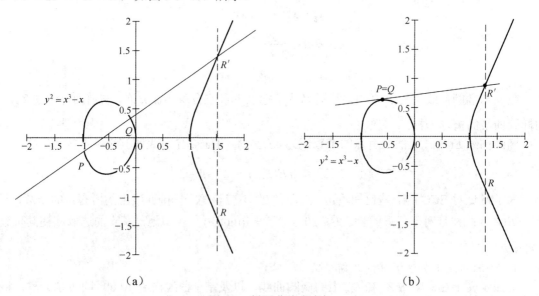

(a)   (b)

图 5-5 　椭圆曲线上点加

从几何含义上可以看出，曲线上加法计算，即给定一个域上曲线，以及曲线上两个点 P、Q，连接 P 和 Q 得到一条直线，与曲线交于点 R'，该点相对于 x 轴的对称点，即其加法逆元 R 即为 $P+Q$ 的和值。上面在有限域 Z_p 和 F_{2^m} 上定义特定的椭圆曲线都给出了计算法则。

5.4.2 基于椭圆曲线的加密体制

椭圆曲线密码体制 ECC 的依据就是定义在椭圆曲线点群上的离散对数问题的难解性。ECC 点加法等同于离散对数中的模乘，因此存在下列难解数学问题：若 P 是曲线 $E_p(a,b)$ 上的点，$Q=kP$ 也是曲线上的点（$k < P$），给定 k 和 P，容易计算出 Q，但给出 Q 和 P，计算 k 是困难的，这个问题称为椭圆曲线上点群的离散对数问题。

因此，椭圆曲线密码体制的实现依赖于椭圆曲线点的数乘。数 n 与椭圆曲线点 P 的乘法就是把点 P 与它自身叠加 n 次，$mP = P + P + \cdots + P = Q$。例如 $3P = P + P + P$，即利用椭圆曲线上点加法规则实现数乘运算。

建立椭圆曲线密码体制，给定某些椭圆曲线域参数：
$$T = (p,a,b,G.n,h) \text{ 或 } T = (m,f(x),a,b,G,n,h)$$
关于 T 椭圆曲线密钥对 (k,Q)，其中私钥为 k（k 是满足 $1 \leqslant k \leqslant n-1$ 的整数），公钥 $Q = (x_Q,y_Q)$（即点 $Q = kG$）。

下面以基域 Z_p 为例，椭圆曲线方程选择为 $y^2 \equiv x^3 + ax + b(\bmod p)$，基于椭圆曲线 $E_p(a,b)$ 构造公钥密码体制。设用户 A 产生密钥对，用户 B 发送消息给 A，以下为基于椭圆曲线的加密体制的一个实例过程。

密钥生成

用户 A 做如下工作：

- 选择 $E_p(a,b)$ 的元素 G，使得 G 的阶 n 是一个大素数，即满足 $nG=O$ 的最小 n 值。
- 选择整数 r，计算 $P=rG$。
- 公布公钥 (p,a,b,G,P)，对应私钥为 r。

加密

用户 B 将加密消息 M 发送给用户 A，做如下工作：

- 将要传递的消息 M 变换为 $E_p(a,b)$ 上的一个点 P_m。
- 选择一个随机数 k，$kG \neq O$ 且 $kP \neq O$，k 可以看作一个临时密钥。
- 计算 $Q=kG$，$R=P_m+kP$。
- 发送密文 $\{Q,R\}$ 给用户 A。

解密

用户 A 收到消息 $\{Q,R\}$，做如下工作：

- 计算 $R-rQ$，恢复明文 P_m。

从下列关系可以看出如何正确解密密文：
$$R - rQ = (P_m + kP) - r(kG) = (P_m + krG) - r(kG) = P_m$$

上述加密机制信息有扩张，即明文表示为一个点，而密文由两个点表示。

当然，具体加密、解密的实现方式不一定与上述完全一样，只要能够完成隐藏临时密钥即可。如加密过程中，将消息 M 表示为 Z_p 域上一个元素 m，而不是曲线上一个点；这时，对计算公式 $R = kP = (x_2,y_2)$，如果 $x_2 \neq 0$，计算 $c = m \cdot x_2$，这时密文为 (Q,c)。A 接收到密文，首先计算出 $R = rQ = (x_2,y_2)$，再计算 x_2 的逆元 x_2^{-1}，最后恢复明文 $m = c \cdot x_2^{-1}$。这时密文长度为一个点加一个域上元素的长度。

在密码学应用中，构造一条有限域 Z_p 上的椭圆曲线 $E_p(a,b)$，参数取值直接影响加密的安全性，一般要求参数满足以下几个条件。

（1）p 应该足够大，当然越大越安全，但越大计算速度会越慢，200 位左右可以满足一般安全要求。

（2）$p \neq n \times h$。

（3）$p^t \neq 1 \pmod n$，$1 \leq t < 20$。

（4）$4a^3 + 27b^2 \neq 0 \pmod p$。

（5）n 为素数。

（6）$h \leq 4$。

5.4.3 椭圆曲线 D-H 密钥协商协议

椭圆曲线 D-H（Elliptic Curve Diffie-Hellman，ECDH）密钥协商协议，采用 D-H 基本方法，在两个实体间秘密协商一个会话密钥，两个实体各自拥有一个椭圆曲线公私钥对，具体过程如下所述。

设有两个通信实体 A 和 B，双方拥有公共参数 (p,a,b,G,n,h)。

A 的密钥对为 (d_A, Q_A)，B 的密钥对 (d_B, Q_B)，其中 $Q_A = d_A G$，$Q_B = d_B G$，双方交换各自的公钥 Q。之后，A 计算 $d_A Q_B = (x,y)$，B 计算 $d_B Q_A$，则 A 和 B 获得相同值，因为

$$d_A Q_B = d_A d_B G = d_B d_A G = d_B Q_A。$$

5.4.4 基于椭圆曲线的数字签名算法

假设两个用户 A 和 B，用户 A 签名一个消息发送给 B。首先假设双方已协商同意公共的参数 (p,a,b,G,n,h)，A 有私钥 d_A（在 $[1,n-1]$ 之间随机选取）以及相应的公钥 Q_A（$Q_A = d_A G$）。令 L_n 为群阶 n 的比特长度。用户 A 的签名消息为 m，签名算法如下所述。

（1）计算消息散列 $e = \text{HASH}(m)$，令 z 是 e 的最左边 L_n 位。

（2）在 $[1,n-1]$ 之间选择一个随机整数 k，计算 $(x,y) = kG$。

（3）计算 $r = x \pmod n$，检验，如果 $r=0$，则返回执行步骤（2）。

（4）计算 $s = k^{-1}(z + r d_A) \pmod n$，如果 $s=0$，返回执行步骤（2）。

（5）签名为 (r,s)。

其中，z 是消息散列的一部分，计算过程中需要转换为整数。需要注意的是，z 可以比 n 大，但不能比 n 长。

用户 B 收到签名，签名验证算法如下（设 B 已经拥有 A 的公钥 Q_A）所述。

（1）检测 A 公钥有效性：Q_A 不等于 O，相关参数有效；Q_A 取决于曲线 $Q_A n = O$。

（2）验证 r 和 s 是 $[1,n-1]$ 之间的整数，否则签名无效。

（3）计算 $w = s^{-1} \pmod n$。

（4）计算 $u = zw \pmod n$，$v = rw \pmod n$。

（5）计算 $(x,y) = uG + vQ_A$。

（6）如果 $r = x \pmod n$，则签名有效，否则无效。

5.4.5　ECC 算法安全强度分析

一般认为，ECDSA 算法的公钥长度应该是同样安全级别比特长度的两倍。例如，安全强度为 80 比特，意味着攻击者需要 2^{80} 个签名生成发现私钥，因此 ECDSA 公钥长度应为 160 比特，而达到此安全级别，DSA 算法公钥长度至少需要 1024 比特。

RSA 算法的特点之一是数学原理简单、在工程应用中比较易于实现，但它的单位安全强度相对较低。目前用国际上公认的对于 RSA 算法最有效的攻击方法——一般数域筛（NFS）方法去破译和攻击 RSA 算法，它的破译或求解难度是亚指数级的。而现有研究结果认为，ECC 的破译或求解难度是指数级的。RSA 算法和 ECC 算法安全模长比较见表 5-5。

表 5-5　RSA 算法和 ECC 算法安全模长比较

攻破时间/MIPS 年	RSA/DSA 密钥长度/比特	ECC 密钥长度/比特	RSA/ECC 密钥长度比
10^4	512	106	5:1
10^8	768	132	6:1
10^{11}	1024	160	7:1
10^{20}	2048	210	10:1
10^{78}	21000	600	35:1

本章小结

本章介绍了公钥密码体制的工作原理和具体实现方法，如 RSA、ElGamal，以及强度更高的椭圆曲线密码体制，描述了相关公钥密码算法的实现机理和对应密码体制的工作过程，讨论了 RSA 算法具体实现过程中素数产生、模数运算等实际问题，最后对各种公钥密码体制的安全性进行了分析。

习题 5

1. 使用 RSA 算法加密消息，设选取的两个素数为 71 和 83，加密明文消息 1234，请选择密钥并计算密文，验证是否能正确解密。

2. 解释说明 RSA 加密算法为什么能够正确解密。

3. 编写一个 RSA 加密算法实现程序。

4. 编写一个基于 Miller-Rabin 算法的素数产生程序。

5. 在 RSA 算法中加密需要进行模指数运算，如形式 $c = m^e \pmod{n}$，密码分析者获得 c 后，为什么不能尝试求出 e，即不断模乘 m？

6. 编写一个程序，给定一个公钥选择 e，求私钥 d。

7. 什么是 RSA 算法的共模攻击？如何避免这种攻击？

8．简述 RSA 签名算法的工作过程。

9．简述 Diffie-Hellman 密钥协商机制过程，设 p=37，请选择一个原根，并给出描述 D-H 密钥协商机制的实现实例。

10．什么是 D-H 密钥协商机制的中间人攻击？如何避免中间人攻击？

11．使用 ElGamal 加密体制，设选择 p=371，g=2，私钥 x=36，现在加密消息 m=81，试给出加密和解密过程的实例运算及过程。

12．采用 11 题的参数，现使用基本的 ElGamal 签名体制，对消息 m=81 签名，试给出签名和签名验证过程的实例运算及过程。

13．请验证 DSA 算法的正确性，即对于合法签名，签名验证算法能够验证签名的有效性。

14．在素域 Z_{23} 上由方程 $y^2 = x^3 + x + 1$ 确定的椭圆曲线为 $E(Z_{23})$，求出 $E(Z_{23})$ 上所有的点。

15．已知在素域 z_{11} 由方程 $y^2 = x^3 + x + 6$ 确定的椭圆曲线上的一点 G(2,7)，求 2G 到 13G 所有的值。

16．描述椭圆曲线密码体制是如何实现加密和解密的。

第6章 密钥管理

本章学习目标

密钥管理是密码技术应用的核心，本章将讲解对称密钥和公钥密码应用中的密钥管理和应用技术。通过本章的学习，读者应该掌握以下内容：

- 对称密码中密钥的管理与分发。
- 公钥密码中密钥的管理与应用——公钥基础设施（PKI）。
- 公钥基础设施中的公钥载体——数字证书。

6.1 密钥管理概述

 密钥的安全性问题至关重要。

现代密码技术的一个特点是密码算法公开，所以在密码系统中密钥才是系统真正的秘密。密钥的安全管理是密码系统的关键，也是密码应用领域中最困难的部分。

前面已经介绍了密码技术主要分为对称密码体制和公钥密码体制，二者密钥的使用方式不同，对密钥的管理也不同。对称密码要求秘密通信双方或多方共享密钥，密钥高度保密，密钥管理需要考虑密钥在哪里产生？如何分发？为了保证密钥的安全使用，如何定期更新？若密钥泄露了，如何更新密钥？而公钥密码中实体的公钥是公开的，任何人都可以使用，这时密钥管理需要考虑以下问题：密钥对如何产生？谁来产生？私钥要求绝对地保密，如何存储？你所使用的公钥是有效并正确的吗（认证）？私钥泄露或丢失，如何更新密钥对？上述密钥的管理包括密钥产生、分发、存储、使用、更新、撤销等其生命周期的各个环节。

在一个密码应用系统中，密钥可以由实体自行管理，即密钥的产生、分发等工作由密码系统中的主体根据需要自主完成，这在少数人参与的系统中是可行并简便的，如两个人之间保密通信。但当系统规模比较大时，应该具有统一、标准的密码管理体制（机制）和实现手段。通常的做法是引入可信的第三方（Trusted Third Party，TTP）作为密钥分发中心（Key Distribution Centre，KDC）和密钥管理中心，在公钥基础设施管理体系中，这一密钥分发中心被称为授权中心（Certification Authority，CA）。

密钥产生是密码系统的第一环节，密钥产生的算法及实现是保证密钥质量的根本。密钥产生应具有较好的随机性，避免密码分析者直接从密钥的产生环节分析出密钥，减少不同系统和同一系统不同时期密钥之间的关联性。此外，密钥长度决定了密钥的空间大小，也决定了密码强度。密钥越长，密码分析者基于穷举方法强力攻击密码系统的可能性就越小。当然密钥生成算法不同，密钥空间可能是线性的或是非线性的，也就决定了密钥空间不一定与密钥长度完全成正比。

密钥的存储不同于一般的数据存储，需要保密存储。保密存储有两种方法：一种方法是基于密钥的软保护，如使用口令或另一个密钥加密密钥形成加密文件，存储在本地计算机硬盘上；另一种方法是基于硬件的物理保护，即将密钥存储于与计算机相分离的某种物理设备中，如智能卡、USB Key 等存储设备，这些存储硬件中的密钥文件存储区域是外部不可读的，以此实现密钥的物理隔离保护。对分离物理设备的访问同样需要口令等另一个秘密作为入口秘密。

为了防止长期使用一个密钥导致密码分析者分析出密钥，密钥一般是有一定寿命的——有效期。当密钥有效期到期时，需要产生一个新的密钥，即密钥更新。密钥更新需要解决好原有密文的解密、还原历史验证等问题，即更新对原有加密明文的加密，或保留原始密钥用于解密原有密文和验证之用。

对于密钥丢失或遭受攻击的情况，应该撤销原有密钥，所有使用该密钥的记录和加密的内容都应该重新处理或销毁，使其无法恢复，或者即使恢复也没有什么可利用的价值。

临时通信（每一次通信）使用临时密钥，也称会话密钥（Session Key），一般一个密码系统在会话开始前基于已有密钥协商产生临时会话密钥，在会话结束时，立即删除会话密钥。

综上所述，密钥管理是贯穿密钥生命周期的一个过程，需要机制、人员、技术、法律等各方面的保障。

6.2 对称密钥管理

6.2.1 对称密钥的管理与分发

 如何产生和分发对称密钥？

对称密钥分发是对称密码系统应用中需要解决的关键问题。最简单地，在一个共享密钥密码系统中，由一个参与主体产生密钥，并通过安全方式分发给其他参与实体（如大家聚到一起复制带走，自行安装到本地系统中）。当然，这种情况下密钥更新困难，无论何种原因，更换密钥都需要重复上述过程。

前面已经提到，N 个实体的共享密钥安全系统中，为了实现两两实体安全保密通信，需要两两实体共享密钥，整个系统共有$(N-1)$对不同的密钥，每个实体保存$(N-1)$个不同的密钥。很显然，在这样的系统中，产生、分发和进行本地管理密钥是件头痛的事情。

在混合使用对称密码和公钥密码的应用系统中，可以借助公钥密码实现对称加密密钥的动态协商和更新，如前面章节提到的使用 D-H 密钥交换协议协商产生共享密钥，或者一方（假设两方保密通信）随机产生会话密钥，直接使用对方公钥加密安全地传递给对方，如果需要认证，发送方可以使用自己的私钥对密钥传递消息签名。图 6-1 给出了一个基于公钥加密传递共享密钥的例子。当然，这一切首先要解决公钥分发和管理问题（见下一节）。

在单纯使用对称密码系统中，为了缓解对称密码系统中密钥的管理问题，可以引入密钥管理中心实现密钥的集中式管理。下面看一个典型的 NS（Needham Schroeder）对称密钥分发协议，协议说明见表 6-1。

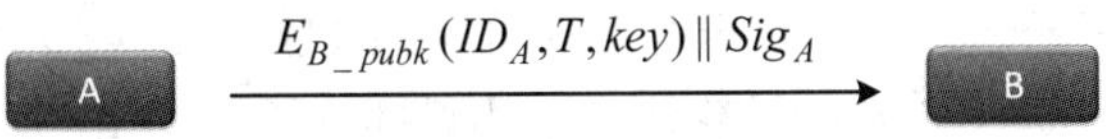

$$E_{B\_pubk}(ID_A, T, key) \| Sig_A$$

A ——→ B

B_pubk：B 的公钥；ID_A：A 的标识；T：时间戳；

key：交换的临时会话密钥；Sig_A：A 对消息的签名

图 6-1　基于公钥加密传递共享密钥

表 6-1　NS 对称密钥分发协议

序号	协议消息	说明
①	A → T：A, B, Na	主体 A 向 T 发送消息，告知 T 希望与 B 通信
②	T → A：E_{Kat}(Na, B, Kab, E_{Kbt}(Kab, A))	T 为 A 和 B 产生临时会话密钥 Kab，加密传递给 A
③	A → B：E_{Kbt}(Kab, A)	T 安全加密的 Kab 通过 A 传递给 B
④	B → A：E_{Kab}(Nb)	B 使用获得的 Kab 加密随机数 Nb，发送给 A
⑤	A → B：E_{Kab}(dec(Nb))	A 返回(Nb-1)的加密消息

其中：

A、B、T：通信主体，T 是密钥分发中心 KDC，可信第三方。

Na、Nb：随机数（Nonce），Na 为主体 A 产生的随机数，Nb 为主体 B 产生的随机数。

Kat、Kbt、Kab：主体间的共享密钥，如 Kat 表示 A 与 T 的共享密钥。

dec：减 1 操作。

图 6-2 描述了 NS 协议消息流的顺序及流向。从协议的执行过程可以看出，在这样一个安全应用系统中，实体 A 与 B 通过第三方 T 获得临时的会话密钥 Kab，即 A 与 B 需要安全通信时，由 T 为其二者产生并分发会话密钥，T 是整个安全应用系统中的密钥管理中心。

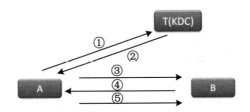

图 6-2　NS 协议消息流

可以看出，这样的安全系统要求系统中每一个像 A、B 这样的主体需要事先与 T 分别共享密钥，因此，在有 N 个主体（包括 T）的系统中有(N-1)个互不相同的共享密钥，除 T 之外每个主体只保存一个与 T 共享的密钥。当然，T 是整个密码应用系统的核心，它一旦失效，密钥管理就失效了，其他主体就无法实现安全保密通信了。

思考问题：

（1）请分析上述这个协议的正确性，即正确并完整地执行该协议后，A 和 B 能否共享一个会话密钥。

（2）为什么 T 不分别使用与 A 和 B 共享的密钥加密 Kab 直接传递给 A 和 B？

（3）协议消息⑤有何作用？

（4）协议消息①没有任何保护，是否对协议自身的安全性造成影响？

（5）协议执行完成，A 和 B 都能够确认对方已经拥有正确的 Kab 了吗？

回答上述问题，实际上就是对 NS 协议的安全性的分析。安全协议（使用密码技术实现安全目标的协议，也称密码协议）分析已经成为信息安全领域一个独立的研究方向，即如何采用形式化的方法证明安全协议的安全属性和功能属性——正确并安全地实现设计目标。

6.2.2 密钥层次化使用

 如何使用共享密钥？

在对称密码系统中，为了避免长期使用一个共享密钥而降低密钥安全性，一般采用层次化和分类的使用方法，即同一系统中使用不同的密钥用于加密会话消息、加密密钥（加密传递其他密钥）、生成消息完整性认证码。采用层次化密钥的应用体系，即密码系统中主体间首先共享主密钥，基于主密钥使用特定算法（如伪随机算法）扩展生成多个子密钥，如图 6-3 所示，如，可以使用 128 比特的 MK 扩展产生 128 比特的 KCK、KEK 和 TK。

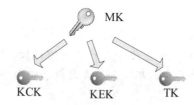

图 6-3　层次化密钥应用体系

主密钥 MK（Master Key）。主密钥处于密钥层次结构的最高层，主密钥一般使用人工方式建立，或借助密钥协商机制（如 D-H 密钥协商协议）或公钥密码体制完成主密钥协商或传递。

密钥确认密钥 KCK（Key Confirmation Key）。KCK 用于在通信会话中产生消息认证码，认证消息或对已产生密钥进行确认（如回答"已经正确产生了主密钥"）。

密钥加密密钥 KEK（Key-Encrypting Key）。在密钥传输协议中 KEK 用于加密其他密钥，如加密传输临时密钥、加密传输组密钥，这种密钥可以保护其他密钥能够安全地传输。

临时密钥 TK（Temporal Key），也称会话密钥（Session Key）。TK 用于加密用户的通信数据。为了保证密钥的安全使用，临时密钥应该定期更新，更新时其可以由密码系统中某一主体产生，使用 KEK 密钥加密新密钥进行分发。

6.3　公钥基础设施（PKI）

 如何构建方便易用、安全可靠的公钥密码应用体系？

6.3.1 公钥基础设施（PKI）概述

公钥密码技术很好地解决了对称密码技术中共享密钥的分发管理问题，而且在具有加密数据功能的同时还具有数字签名功能，已经被广泛应用到电子商务、电子政务等领域，用于实现网络通信数据的保密性、完整性、可认证性和不可否认性等安全属性。当然，公钥密码技术应用同样需要解决密钥管理与使用问题，即如何在不可信的环境中分发公钥、方便使用密钥。

公钥密码体制中公钥是可以公开的，但公钥的使用者（使用接收者公钥加密消息并传递给接收者）如何能够方便地获得所需的有效的、正确的公钥，即建立易用的公钥密码应用系统，这并非一件易事。

目前有效解决这一问题的方法是建立公钥基础设施（Public Key Infrastructure，PKI）。首先理解 Infrastructure——公共基础设施这一概念。公共基础设施是指为社会生产和居民生活提供公共服务的物质工程设施，是用于保证国家或地区社会经济活动正常进行的公共服务系统。基础设施不仅包括公路、铁路、机场、通信、水电煤气等公共设施，即俗称的基础建设设施，而且包括教育、科技、医疗卫生、体育、文化等社会事业，即"社会性基础设施"。

PKI 是指使用公钥密码技术实施和提供安全服务的具有普适性的安全基础设施，是信息安全技术领域中的核心技术之一，是电子商务、电子政务的关键和基础技术。PKI 通过权威第三方机构——授权中心 CA（Certification Authority）以签发数字证书的形式发布有效实体的公钥。数字证书（Certificate，简称"证书"）是一种特殊的电子文档（也称"电子凭证"），包括公钥持有者（称为"主题"）的信息（名称、地址）及其公钥。此外，数字证书还包括有效期、使用方法等信息。数字证书将证书持有者的身份及其公钥绑定在一起。

电子文档在计算机和网络中可以方便地存储、复制和传递，但同时电子文档也容易被修改，如何保证一个数字证书的文档不能够被随意篡改呢？这就要用到我们前面介绍的完整性保护方法，实际应用中数字证书需要权威机构的数字签名，确保公钥持有者身份和公钥绑定的有效性。因此，数字证书解决了实体公钥的发布问题，即从一个数字证书可以看出它属于哪个实体（人、设备或软件等）、该实体的基本信息（公司名称、地点等）、该实体的公钥及寿命（有效期）等。

PKI 具有可信任的认证机构（授权中心），在公钥密码技术的基础上实现证书的产生、管理、存档、发放、撤销等功能，并包括实现这些功能的硬件、软件、人力资源、相关政策和操作规范，以及为 PKI 体系中的各成员提供全部的安全服务。简单地说，PKI 是通过权威机构签发数字证书、管理数字证书，通信实体使用数字证书的方法、过程和系统。

将 PKI 在网络信息空间的地位与电力基础设施在工业生活中的地位进行类比，可以更好地理解 PKI。电力基础设施，通过延伸到用户的标准插座为用户提供能源；而 PKI 通过延伸到用户本地的接口，为各种应用提供安全的服务。有了 PKI，安全应用程序的开发者可以不用关心那些复杂的数学运算和模型，而直接按照标准使用一种插座（接口）。正如电冰箱的开发者不用关心发电机的原理和构造一样，只要开发出符合电力基础设施接口标准的应用设备，就可以使其使用基础设施提供的能源。

PKI 基础服务实现与应用的分离也是 PKI 作为基础设施的重要标志。正如电力基础设施与电器的分离一样，安全应用与安全基础实现了分离，这种分离使 PKI 从千差万别的安全应用中独立出来。

目前，PKI 技术已经形成许多成熟的标准，包括 ITU-T X.509（CCITT X.509）、ISO/IEC ITU 9594-8 [X.509]、RSA PKCS（Public Key Cryptography Standards）系列文档、IETF PKIX rfc 系列参考文档（如 3280、4210、4211 等）。

X.509 是国际电信联盟 ITU 设计的 PKI 标准，是为了解决 X.500 目录中的身份鉴别和访问控制问题而设计的，标准中定义了公钥证书、撤销列表、属性证书等标准格式，给出了验证路径有效性算法，以及认证中心 CA 组件等。

PKCS 是由美国 RSA 数据安全公司及其合作伙伴制定的一组公钥密码应用标准，其中包括 RSA 公钥算法使用（PKCS#1）、D-H 密钥交换协议（PKCS#3）、证书标准语法（PKCS#6）、个人信息交换语法标准（PKCS#12）、伪随机数生成标准（PKCS#14）等。

IETF 标准化组织的 PKIX 工作组颁布了关于公钥基础设施 X.509（Public-Key Infrastructure X.509——PKIX）系列参考文档，如文档 3280 定义了 X.509 公钥基础设施证书和证书撤销列表描述；文档 4210 定义了 X.509 证书管理协议；文档 4211 定义了 X.509 证书请求消息格式；文档 2560 定义了在线证书状态协议 OCSP 等。

上述这些标准成为建设 PKI 及应用系统的依据，例如建设授权中心 CA，实现证书申请、颁发、撤销等服务，标准都给出了策略、机制和具体方法。

发达国家电子商务发展起步早，以 CA 建设为核心的 PKI 的建立和应用也早，并逐渐成熟。美国为推进 PKI 在联邦政府范围内的应用，在 1996 年就成立了联邦 PKI 指导委员会，1999 年又成立了 PKI 论坛。加拿大在 1993 就开始政府 PKI 体系研究工作，2000 年建成的政府 PKI 体系为联邦政府、公众机构、商业机构等进行电子数据交换时提供信息安全的保障，推动了政府内部管理电子化的进程。欧洲在 PKI 基础建设方面，为了解决各国 PKI 之间的协同工作问题，颁布了 93/1999EC 规定，并建立 CA 网络及其顶级 CA，并于 2000 年 10 月成立了欧洲桥 CA 指导委员会，2001 年 3 月成立了欧洲桥 CA。在亚洲，韩国是最早开发 PKI 体系的国家。日本的 PKI 应用体系按公众和私人两大类领域来划分，日本的 PKI 支撑电子商务应用取得了非常大的成功。

我国在 1998 年由中国电信成立了第一家 CA 认证中心（CTCA），之后在技术和应用上得到了长足发展，目前的 CA 可以分为以下几类：①大行业或政府部门建立的 CA，如 CTCA，又如中国金融认证中心（China Finance Certification Authority，CFCA）是由中国人民银行牵头，联合中国工商银行、中国银行、中国农业银行等十二家商业银行参加建设，由银行卡信息交换总中心承建的金融 CA 中心；②地方政府与公司共建的 CA，如上海市数字证书认证中心、北京市数字证书认证中心，以及各个省各自建立的认证中心；③商业性 CA，如天威诚信公司的 CA。此外还有一些系统、部门或企业院校等建立了自己内部的 CA，用于内部安全系统应用。我国于 2004 年颁布了《电子签名法》，从法律上保障了 PKI 的应用，之后 PKI 进入了快速发展阶段。一个现象可以说明这一点，各大银行普遍实现了基于电子钥匙（存储私钥）网上银行应用，而且，很多政府部门或垂直管理系统也都开展了基于数字证书的安全应用。

6.3.2 PKI 功能

PKI 是一个系统，包括技术、软硬件、人员、政策法律、服务的逻辑组件。从实现和应用上看，PKI 是支持基于数字证书应用的各个子系统的集合。

PKIX 中定义的 PKI 各实体的关系与操作功能如图 6-4 所示。

- 端实体：包括 PKI 证书用户（使用者）、证书持有者。
- CA（Certification Authority）：认证中心或称授权中心。
- RA（Registration Authority）：注册中心，是一个可选系统，代理 CA 特定管理功能。

- CRL 发布者：生成并签发证书撤销列表 CRL（Certificate Revocation List）—— 一个存储被撤销的证书列表的文件。
- 证书/撤销列表存储发布系统：以数据库、目录服务等技术实现存储、分发证书和 CRL 的系统。

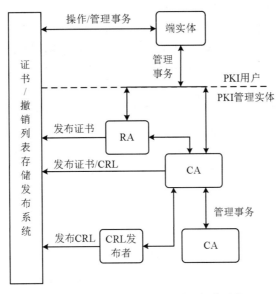

图 6-4　PKI 各实体的关系及操作功能

一个完整的 PKI 系统功能包括实现数字证书管理和基于数字证书的应用（服务）。

（1）证书管理。数字证书是 PKI 应用的核心。它是公钥载体，是主题身份和公钥绑定的凭证。因此，证书管理是 PKI 的核心工作，即 CA 负责完成证书的产生、发布、撤销、更新以及密钥管理工作，包括完成这些任务的策略、方法、手段、技术和过程。CA 的工作贯穿于证书和密钥的整个生命周期，如图 6-5 所示。

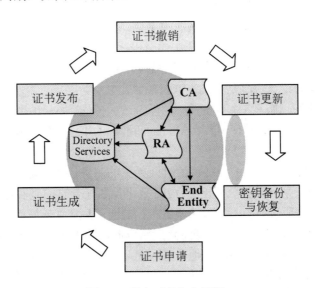

图 6-5　数字证书生命周期

- 证书申请：用户向 CA（或 RA）提交证书申请相关信息，如证书主体的名称、地址、所属组织，以及主体的公钥、申请者相关信息（如联系方式等），由 CA 或 RA 审核确认这些信息。
- 证书生成：CA 审核申请，为符合策略要求的实体生成证书。
- 证书发布：通过适当的途径将证书发布出去，方便证书用户使用证书。
- 证书撤销：证书在使用过程中出现私钥丢失或泄漏、证书持有人所属关系变更（如从单位调走）等情况，CA 需要撤销对应的证书，并能够通过适当方式告知证书用户对应证书已失效。典型的证书撤销机制是发布证书撤销列表 CRL 文件——保存被撤销证书标识列表的电子文档，该文档由 CA 签名，保证其完整性和有效性。另一种方式是在线服务模式，如使用在线证书状态协议（Online Certificate Status Protocol, OCSP），为证书用户提供实时的在线查询证书状态服务。
- 证书更新：证书是有有效期的，当一个已颁发的证书即将过期，需要进行"密钥更新或证书更新"，CA 根据策略生成一个新证书来代替旧证书，新证书的公钥由用户产生并通过安全方式提交给 CA。
- 密钥备份与恢复：CA 对所颁发的所有证书（对应的公钥）归档保存。无论用户证书及对应的公钥是否在有效期内，CA 都应备份颁发过的证书，若发生证书持有者证书或公钥丢失，则从 CA 处可以恢复对应证书或公钥。

（2）PKI 服务。PKI 的主要任务是确立证书持有者可信赖的数字身份，通过将这些身份与密码机制相结合，提供认证、授权或数字签名等服务。当完善实施后，能够为敏感通信和交易提供一套信息安全保障，包括保密性、完整性、认证性、不可否认性和时间戳等基本安全服务。

- 保密服务：通信信息只能被合法的授权用户接收并识别，并能够有效隐藏信息通信模式。加密是实现数据保密通信的基本技术，基于效率考虑通常采用对称密码技术或混合加密（封装数字信封），这就需要使用公钥密码技术用于协商/交换/封装/更新对称加密密钥。
- 完整服务：确保通信数据没有被有意或无意地修改。PKI 提供了基于数字签名、或者消息认证码 MAC 实现完整性保护的支持。
- 认证服务：一个实体确认另一个实体身份。典型的认证服务通过数字签名技术实现，某个实体使用自己的私钥签名验证消息,验证者使用签名者的公钥验证消息签名是否有效，从而验证该消息是否确实来自于某个实体。
- 不可否认服务：确保实体不能否认已经做过的操作，如保证消息发送方不能否认自己发送消息的行为。通常使用数字签名认证消息的来源，同时确保发送方不能否认构造了该消息。
- 时间戳：由第三方提供的一种可信时间标记的服务，通过该服务获得的时间戳数据可以用来证明在某一时刻数据已经存在。数字签名配合时间戳服务能更好地支持不可否认服务。在实现认证和不可否认服务中，判断消息的"新鲜"性的一个重要手段就是"安全时间戳"，用户参照"时间戳"完成 PKI 事务处理。时间戳服务的时间源必须是可信的，时间值必须被安全地传送。因此，PKI 中往往设定用户可信任的权威时间源。事实上，权威时间源提供的时间并不要求一定精准，仅仅是为用户提供一个时间轴上的"参照"。

上述信息安全保障中的基本安全服务，以及 PKI 扩展安全服务（如时间戳），这些都离不开密码技术支撑。而 PKI 提供了公钥密钥技术的易用环境，PKI 的价值在于使用户能够方便地使用加密、数字签名等安全服务，正是由于有了 PKI，公钥密码的应用才具有了普适性和易用性。

PKI 以提供安全服务为目标，应用的主体当然是终端客户。一个完整的 PKI 体系必须提供良好的应用接口（API）系统，使得各种各样的应用能够以安全、一致、可信的方式与 PKI 交互。通过各类 API，客户端应用系统能够与提供 PKI 服务的服务器等资源链接，实现证书应用和各类安全服务。

（3）交叉认证。在不同应用领域、不同行业，PKI 系统往往是独立建设的。随着应用的深入和扩展，如业务整合、安全应用互联互通，不可避免地需要实现分立的 PKI 系统能够互连。为了在 PKI 之间建立信任关系，引入了"交叉认证"的概念，实现一个 PKI 域内用户可以验证另一个 PKI 域内的用户证书。一种方法是通过不同信任域的 CA 之间相互签发交叉认证证书——一种特殊的证书，证书的签发者是一个 CA，而证书的主题是另一个 CA，从而在不同安全应用域间建立信任关系。

6.3.3　PKI 体系结构

为了实现上述 PKI 功能，一个完整的 PKI 系统是由认证中心（CA）、密钥管理中心（KMC）、注册机构（RA）、目录服务、证书应用服务以及安全认证应用软件等部分组成的。典型的 PKI 部署与应用系统结构如图 6-6 所示。

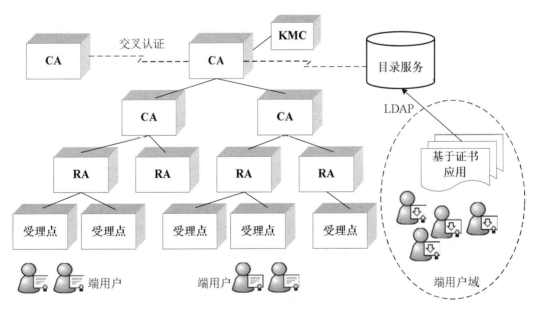

图 6-6　PKI 系统结构图

如图 6-6 所示，权威机构 CA 采用严格层次结构，可以将其描绘为一棵倒置的树，树根在顶上，树枝向下伸展，末端是树叶。在这棵倒置的树上，根代表一个对整个 PKI 域内的所有实体都具有特别意义的 CA，称为根 CA。它是信任的始点，因此把它作为信任的根或称"信任锚"。在根 CA 的下面是零层或多层的中间 CA，因为是属于根的，也称作子 CA。子 CA 可作为中间节点，再伸出分支。最后是树的叶子，被称作终端实体或终端用户。

延伸的最后一层的 CA 又可以授权若干注册机构 RA 提供证书申请受理及审核，当然 RA 也可以在授权受理点直接与端用户交互，即接收端用户证书申请、信息输入、初步审核，并在 CA 颁发证书后下发给端用户。

PKI 用户证书可能由不同的 CA 颁发，一个根 CA 管辖的信任范围称为一个 PKI 域，不同国家、不同省份、不同部门、不同企业通过建立各自的 CA 建立了不同的 PKI 域，这些 PKI 域相互独立，域间实体（证书用户）没有信任关系。这样会带来问题，如在复杂的电子商务应用中，商家、银行、客户可能来自不同的 PKI 域，它们之间需要建立相互信任关系才能实现安全的电子商务，避免纠纷。又如，一个人在 Internet 上可能应用不同的安全系统，若每个安全系统均需要证书应用，用户就需要多个证书（就像我们口袋中的钥匙越来越多），很明显这给证书用户带来极大的不便。

因此，建立 PKI 域之间的互联互通，实现不同 PKI 域之间 CA 相互信任非常重要，即确保一个 CA 所签发的身份证明能够被另一个 CA 的依赖方所信任。所谓信任模型就是提供一个建立和管理信任关系的框架，信任模型有很多结构，如层次信任模型、网状信任模型、信任列表、桥接模型（即混合模型）等。如为了建立不同的 PKI 域信任关系，许多国家由政府建立最高级别的 CA（顶级 CA），为各个商业或政务 PKI 应用系统的 CA 授权，不同 PKI 域通过顶级 CA 建立相互信任关系。如美国联邦 PKI 体系结构由联邦的桥认证中心（Federal Bridge CA，FBCA）、首级认证中心（Principal CA，PCA）、次级认证中心（Subordinate CA，SCA）等组成，如图 6-7 所示。

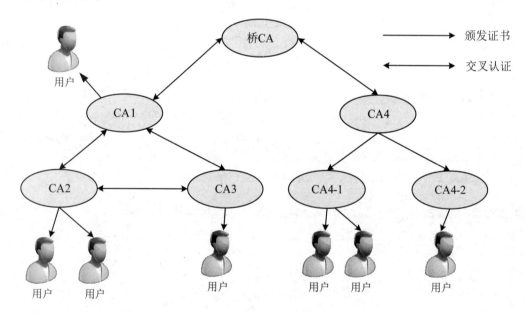

图 6-7　美国联邦桥接模式 CA 互联

从图 6-7 中可以看出，不同 CA（如 CA1 与 CA4）通过桥 CA 实现互相认证，而有些 CA（如 CA1、CA2 和 CA3）互相交叉认证，从而实现不同安全域的互联互通。

加拿大完全由政府主导建立了层次化 PKI 体系，如图 6-8 所示。

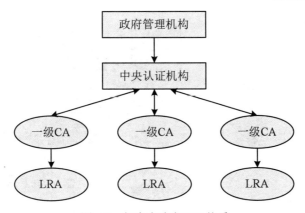

图 6-8　加拿大政府 PKI 体系

加拿大政府 PKI 体系结构是由政府管理机构（PMA）、中央认证机构（CCF）、一级 CA 和当地注册机构（LRA）组成。其中，PMA 是一个若干部门共同组建的机构，由加拿大政府财政部秘书处领导，为政府 PKI 体系提供全面的政策指导，负责监督和管理加拿大政府 PKI 体系的政策实施情况；CCF 是中央认证机构，它实施政府 PKI 体系中的所有策略，签署和管理与一级 CA 交叉认证的证书；一级 CA 由政府运营，制定一个或多个证书担保的等级，分发和管理数字证书，定期颁布证书撤销黑名单；LRA 是一级 CA 设置的登记机构，其职责是认证和鉴别申请者的身份，对密钥恢复或证书恢复请求进行审批，接受并审批证书的撤销请求。

6.3.4　认证机构（CA）部署

认证中心（CA）是 PKI 中负责创建和证明实体身份的可信赖的权威机构。CA 实现了对申请注册证书的申请者的身份的验证以及颁发可用于该身份的数字证书的过程。从上面的 PKI 证书管理需求和 PKI 体系结构可以看出，一个完整的 CA 系统一般包括以下功能。

- 发布本地 CA 策略。
- 对下级机构进行认证和鉴别，构建层次化 CA 体系。
- 产生和管理下属机构的证书。
- 接收和认证 RA 证书请求、证书更新请求、证书撤销请求。
- 签发和管理证书、证书撤销列表 CRL（Certificate Revocation List）。
- 发布证书和 CRL，并提供证书和证书状态的查询。
- 密钥安全生成、归档、更新及管理。
- 证书归档。
- 历史数据归档。
- 交叉认证。

一个政府部门或企业部署 CA 系统，要实现证书的签发、管理与应用，需要架构证书签发服务器、RA 注册服务器、LDAP 服务器等环境，以及各种管理终端，如图 6-9 所示。如前所述，若 CA 用户量大或用户分布广泛，可以构建分级系统，即根 CA 负责管理二级 CA，甚至可以构建更多级 CA，底级 CA 管理若干 RA。

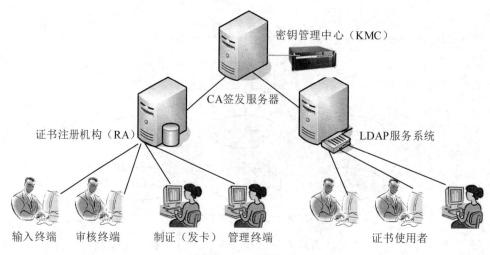

图 6-9　CA 系统部署

- CA 签发服务器：签发服务器是 CA 的核心，是数字证书生成、发放的运行实体，同时提供证书撤销列表的生成和处理等服务。
- 密钥管理中心（KMC）：CA 自己拥有一对密钥——根密钥，必须确保根密钥具备高度的保密性。在实际应用中，根密钥一般被存放在安全的屏蔽机房，其访问受到严格的管理。CA 的密钥由高安全的硬件加密机或专门的密钥管理中心（KMC）产生，私钥一经产生将不能通过明文方式离开 KMC。
- 证书注册机构（RA）：RA 是 CA 的证书发放、管理的延伸，负责受理证书的申请和审核。RA 负责证书申请者的信息输入、审核以及证书发放等工作；同时，对发放的证书具有相应的管理功能。例如 RA 需要审核用户身份信息的真实性，管理和维护本区域用户的身份信息，证书的下载、发放和管理，登记黑名单，等等。用户申请信息通过 RA 的采集和审核，并提交给 CA 签发系统，根据 CA 部署策略，用户申请信息可能在 CA 签发系统中进行进一步审核后生成用户的证书，由 RA 将证书发放到用户手中。
- LDAP 服务系统：通常 CA 提供目录服务供证书及证书撤销列表等检索下载。目录服务一般遵循轻量级目录访问协议 LDAP 技术存储用户证书 CRL，并提供证书和 CRL 的检索查询和下载等服务；或者，提供证书有效性在线查询服务，如提供支持在线证书状态查询协议 OCSP 的证书有效性查询，返回证书状态结果。

由于 CA 是 PKI 系统的核心，所以对 CA 的运作要求是很高的。如果 CA 出现故障停止对外服务，整个 PKI 系统就会瘫痪。因此，CA 自身的安全性尤为重要，必须实施物理安全、系统安全等全面保障，例如 CA 机房建筑必须防火、防水、防震、防电磁辐射、防物理破坏和防外人侵入。由于 CA 要与互联网相连，所以 CA 在网络安全防护上也要采取严密的措施以防止病毒、非授权访问和恶意攻击。此外，CA 在人事管理上也是很严格的，在 CA 工作的员工必须安全可靠，要签署保密协议。

按照我国信息产业部《电子认证服务管理办法》的规定，CA 的密码方案必须经过国家密码管理局的审批认证，CA 信息系统必须通过国家信息安全产品的评测认证，取得国家认可的资质，才能投入运营，CA 的运作必须符合《认证运作规范（Certification Practice Statement，CPS）》。CPS 是关于认证机构在全部数字证书服务生命周期中的业务实践（如签发、撤销、更新）所遵循的规范的详细描述和声明。在 CPS 中，提供了相关业务、法律和技术方面的细节。它涉及 CA 的运营范围和遵循标准、证书生命周期管理、CA 的运作管理和安全管理、CRL 管理等全部范围。IETF rfc 3647 定义了"公钥基础设施证书策略和证书运行框架"，我国信息产业部颁布了《电子认证服务管理办法》《电子认证业务规则规范》等规定，为企业 CPS 提供标准和依据。

6.4　数字证书

 如何构造实体身份与公钥的有效绑定？

数字证书（以下简称"证书"）是 PKI 应用的核心，是实体公钥的载体，以及公钥和身份的绑定。数字证书首次在 1988 年颁布的 ITU-T X.509 （前身为 CCITT X.509）中定义，之后该标准成为国际标准 ISO/IEC 9594-8，作为 X.500 目录建议的一部分，其中定义了证书的格式。1993 年修正 X.500，证书定义添加了两个字段，称为版本 2。为了迎合 1993 年颁布的保密增强邮件（Internet Privacy Enhanced Mail，PEM）的应用需求，ISO/IEC、ITU-T 和 ANSI X9 发展了 X.509 证书，1996 年发布了版本 3。此外，Internet 工程工作小组（Internet Engineering Task Force，IETF）发布的 PKIX（Public Key Infrastructure (X.509)）中也完整地定义了 X.509 数字证书以及撤销列表结构。

6.4.1　数字证书结构

数字证书包括 3 大部分内容，ASN.1（Abstract Syntax Nation One，独立于机器的描述语言，用于描述在网络上传递的消息）文法描述如下：

```
Certificate ::= SEQUENCE   {
    tbsCertificate          TBSCertificate,          // 证书主体数据
    signatureAlgorithm      AlgorithmIdentifier,     // 签名算法标识
    signatureValue          BIT STRING  }            // CA 签名（颁发者签名）
```

其中证书主体数据义包括版本号、序列号等内容，不同版本包括的数据项不同。数字证书结构如图 6-10 所示。

证书内容各字段含义如下所述。

（1）证书主体数据。证书主体数据部分可以看作一个结构体，包括以下部分：

- 版本号：指明证书编码的版本，如版本 1（值为 0）、版本 3（值为 2）。应用系统应该能够接受所有版本应用，目前至少应该识别版本 3。
- 序列号：由 CA 编排的一个正整数，每个证书应该拥有唯一的序列号，一般为不超过 20 字节。
- 签名算法标识：CA 用于签名证书的算法标识，以及可选的算法对应参数。
- 颁发者名称：标识证书颁发者实体，是颁发者实体的属性集合，属性可以包括国家、组织、组织单元、州/省名、公共名称（Common Name，CN）等信息。若颁发者是人，还可以包括姓、名等信息。每个属性都对应有国际标准定义的通用对象标识符 OID（Object Identity）及对应的值。

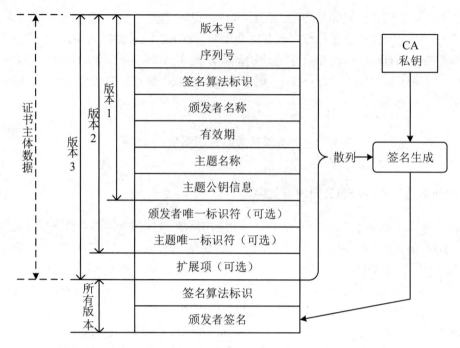

图 6-10　数字证书结构图

- 有效期：定义了证书有效起始时间和失效时间，时间按 UTTime 或 GeneralizeTime 编码。如 GeneralizedTime 值 "20101231235959Z" 表示 2010 年 12 月 31 日 23 时 59 分 59 秒。
- 主题名称：标识证书所有者（可以是人、硬件、软件等实体），是所有者的属性集合，主题属性与颁发者属性定义相同。当证书主题为 CA 自己时，称自签名证书，此时主题名称与颁发者名称相同。
- 主题公钥信息：包括公钥算法标识（使用 OID 标识）和公钥值。
- 颁发者/主题唯一标识符：唯一标识实体的名称，不同实体、同一实体的不同证书使用不同的标识。
- 扩展项：定义了证书主题、公钥相关的附加属性，以及 CA 之间的管理关系。扩展项可以包括多个属性，每个扩展项包括 OID 和 ASN.1 结构。例如，授权中心密钥标识符（Authority Key Identifier）提供一种方法，确定用于签名私钥对应的公钥，该字段必须包含在用于构造证明路径的 CA 证书中，自签名 CA 证书可以忽略该字段，该字段值的产生应来自于公钥或某种唯一值计算。又如，主题密钥标识（Subject Key Identifier）提供确定包含特定公钥证书的方法。此外，密钥用途（Key Usage）字段定义证书包含密钥的用途，如加密、签名、证书签名。证书撤销列表分发点（CRL Distribution Point）扩展项指明了如何获得 CRL 信息。

（2）签名算法标识。其包括 CA 签名证书使用的算法及相应参数，该字段 ASN.1 结构如下：

```
AlgorithmIdentifier    ::=    SEQUENCE    {
        algorithm                OBJECT IDENTIFIER
        parameters               ANY DEFINED BY algorithm OPTIONAL    }
```

- 算法（algorithm）：为对象标识类型（Object Identifier）指明 CA 所使用的签名公钥算法，如带 SHA-1 的 DSA 算法。
- 参数（parameters）：是对应签名算法需要的参数，不同签名算法参数不同，如采用 RSA 算法，可以给出模值 n；而采用 DSA 算法，可以给出模值 p、生成元 g 等参数。

注：该字段应与证书主体数据部分中的签名算法标识字段相同。

（3）颁发者签名。签名值字段包括基于 ASN.1 DER 编码的整个主体数据部分计算的数字签名，签名值被编码为比特串（Bit String）。通过这一签名，CA 证明证书的主体数据包含信息的有效性，特别地，CA 证明证书绑定公钥和主题的关系。

关于证书更详细的解释可阅读 IETF rfc 5280。

6.4.2 数字证书编码

X.509 标准中采用 ASN.1 文法描述证书的结构，并采用 DER 模式编码证书，在证书存储中，有时将二进制的 DER 编码进一步转换为 Base64 编码（由可见字符组成）。

1. ASN.1

抽象文法定义 ASN.1（Abstract Syntax Notation One）是 ISO/IEC 和 ITU-T 的标准，在 X.680 文档中定义。在通信和计算机网络中，ASN.1 用于声明、编码、传输和解码数据，提供了一个不依赖具体机器编码技术来描述对象结构的形式化规则集，实现对数据类型、数据以及数据类型约束的定义。其描述类似于 C 语言中的结构体定义。如前面的证书结构和签名算法标识定义所采用的 ASN.1 形式定义。

2. DER 编码

ASN.1 是一种抽象数据结构描述文法，而真正地在网络中传输数据，需要将数据表示成比特串，用不同的方式将 ASN.1 编码为二进制，数字证书采用 X.690 标准中定义的可区分编码规则（Distinguished Encoding Rules，DER）。将一个 ASN.1 描述的对象进行 DER 编码保护 4 个域：对象标识域、数据长度域、数据域以及可选的结束标志（在长度不可知情况下需要）。

（1）对象标识域。对象标识域指明对象的类型，有低标识（值为 0～30）和高标识（值大于 30）两种形式。低标识对象标识域只有一个字节，包含 3 部分，从低位为 1 开始编号。第 8 位和第 7 位是标识类型，共有 4 种，分别是通用型（universal，值 00）、应用型（application，值 01）、上下文定义（context-specific，值 10）和私有型（private，值 11）；第 6 位是编码类型，0 表示基本类型，1 表示构造类型；第 5～1 位是标识值。低标识形式对象标识域字节结构如图 6-11 所示。

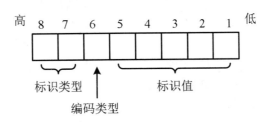

图 6-11 低标识形式对象标识域字节结构

例如，在通用基本类型中，值 0x01、0x02、0x03、0x04、0x05 分别表示布尔、整数、比特串、八位位组、空类型；而在通用构造类型中，值 0x30、0x31 分别表示顺序（Sequence）、集合（Set）类型。

高标识形式对象标识域可以有两个或多个字节，第一个字节的 6～8 比特位与低标识含义一样，低 5 位值全为 1，而在后续的第二个和其后的字节中给出标识值，除最后一个字节外其他字节都只使用低 7 位为数据位，最高位都设为 0，但最后一个字节的最高位设为 1，采用高位优先原则。

（2）数据长度域。数据长度域也有两种形式：短形式和长形式。短形式的数据长度域只有 1 个字节，第 8 位为 0，其他低 7 位给出数据长度，因此只能表示长度为 0～127 字节的数据。长形式的数据长度域有 2～127 个字节，第一个字节的第 8 位为 1，其他低 7 位给出后面该长度域使用的字节的数量，从该域第二个字节开始给出数据的长度。

例如，长度值 38 编码为$(00100110)_2$，而长度值 201 编码为$(10000001\ 11001001)_2$。

（3）数据域。数据域给出了具体的数据值。对不同的数据类型该域的编码不同。

3. Base64 编码

Base64 编码在保密增强邮件（Privacy Enhanced Mail，PEM）规范（RFC 1421）中定义，定义了一种"可打印"机制，将二进制串转换为字符序列，每个字符表示原二进制串的 6 个比特，包括 64 个字符，大小写罗马字母（A～Z 与 a～z）、阿拉伯数字（0～9）以及"+"和"/"，这些字符对应为整数 0～63（A～Z：0～25；a～z：26～51；0～9：52～61；+：62；/：63），每个整数正好可以表示为 6 比特二进制，因此，输入二进制串，每 6 比特转换为一个字符，此外，使用符号"="作为后缀。DER 编码证书为标准二进制格式，使用 Base64 编码规范可以将二进制 DER 编码证书转换为可打印字符，Base64 证书文件以注释"-----BEGIN CERTIFICATE-----"开头，并以"-----END CERTIFICATE-----"结尾。

4. 对象标识符 OID

在证书定义中，采用对象标识符（Object Identity，OID）定义对象，例如，证书签名算法标识符 OID 值为 1.2.840.113549.1.1.5，表示使用带 SHA-1 的 RSA 加密算法。OID 是一个数字串，正式定义来自于 ITU-T X.208，采用分等级模式。假设一个企业申请了授权"1.2.3"，该企业可以自行安排后续编码，如"1.2.3.4""1.2.3.4.100"等，将 OID 编码作为比特串在 X.209 中定义。

在证书颁发者和持有者名称定义中，也使用 OID 表示对象定义，例如：

2.5.4.6 – Country Name，国家名称。

2.5.4.7 – Locality Name，位置。

2.5.4.8 – State Or Province Name，州/省名称。

表 6-2 给出了一个证书（部分）编码实例，从中可以看出证书 ASN.1 DER 的编码内容。

实际中，用户看到的证书文件扩展名不同，标志证书的不同存储格式及内容。下面列出常见的扩展名。

- .pem：PEM Base64 编码 DER 证书，即对 DER 编码证书采用 Base64 再编码。
- .cer, .crt, .der：二进制 DER 编码格式证书。
- .p7b, .p7c：PKCS#7 签名数据结构，封装证书或撤销列表。
- .p12：PKCS#12，可能包含证书及对应私钥，私钥一般采用口令保护。
- .pfx：PKCS#12 前身标准定义格式。

表 6-2　证书编码解读

证书 DER 二进制编码	解释			
	ID	长度	值	备注
30 82 03 b5	0x30:Sequence	0x82：长度字段占 2 个字节	0xb5 后面所有字节均	定义证书长度
		0x03b5：长度 949 字节	为该结构定义的值	证书文件长度为 953 字节
30 82 02 9d	0x30:Sequence	0x82：长度字段占 2 个字节	0x9d 后面 669 字节均	定义证书主体长度
		0x029d：长度 669 字节	为该结构定义的值	
a0 03	0xa0:Context	0x03：长度 3 字节	0x03 后面 3 字节	定义版本号
02 01 02	0x02:Integer	0x01：长度 1 字节	0x02：版本 3	
02 11 00 d0 1e 40 90 00	0x02:Integer	0x011：长度 17 字节	0x00~0x04：序列号	定义序列号
00 46 52 00 00 00 01 00				
00 00 04				
30 0d				
06 09 2a 86 48	0x30:Sequence	0x0d：长度 13 字节	0x06~0x00：值	定义签名算法
86 f7 0d 01 01	0x06:Object ID	0x09：长度 9 字节	0x2a~0x01：	定义签名算法标识符 OID
05			1.2.840.113549.1.1.5	
05 00				
30 81 89	0x05:NULL	0x00：长度 0 字节		公钥算法参数为空
31 0b	0x30:Sequence	0x81：长度字段长度 1 字节	长度值 137 字节	颁发者名称（包括若干属性）
30 09	0x31:Set	0x0b：长度 11 字节	0x30~0x53	颁发者属性 1
06 03 55 04	0x30:Sequence	0x09：长度 9 字节		
06	0x06:Object ID	0x03：长度 3 字节	0x554406：	OID
13 02 55 53			2.5.4.6	国家名 Country Name
31 0b	0x13:PrintableString	0x02：长度 2 字节	0x5553：US	国家为美国
30 09	0x31:Set	0x0b：长度 11 字节		颁发者属性 2
06 03 55 04	0x30:Sequence	0x09：长度 9 字节		
08	0x06:Object ID	0x03：长度 3 字节	0x554408：	OID
13 02 44 43			2.5.4.8	州/省名 State Or Province Name
31 13	0x13:PrintableString	0x02：长度 2 字节	0x4443：DC	
30 11	0x31:Set	0x13：长度 19 字节		
06 03 55 04	0x30:Sequence	0x11：长度 17 字节		
07	0x06:Object ID	0x03：长度 3 字节	0x550407：	OID
13 0a 57 61			2.5.4.7	位址 Locality Name
73 68 69 6e	0x13:PrintableString	0x0a：长度 11 字节	0x57~0x6e	Washington
67 74 6f 6e				
（后面省略）				

6.4.3　数字证书应用

在 Windows 操作系统中内置了一些受信任 CA 证书。若想查看证书内容，可打开浏览器，选择 "IE 选项" 菜单，选择 "内容" 选项卡，单击 "证书" 按钮，在弹出的 "证书" 对话框中选择 "受信任的根证书颁发机构" 选项卡，列表中给出了操作系统内置的一些著名根 CA 的证书，如图 6-12 所示。双击证书可以查看详细内容，如图 6-13 所示。当然，用户在访问 Internet 时，也可能自动安装来自于受信任网站的根证书。

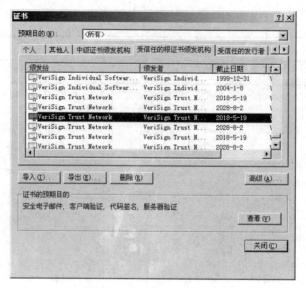

图 6-12　"证书"对话框

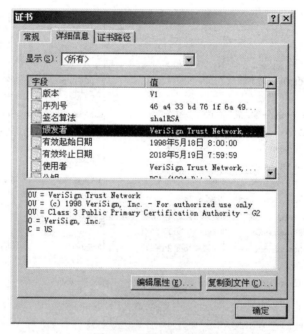

图 6-13　查看证书内容

　　根据使用需要，用户可以导入或导出证书，并指明存储位置，如个人或本地计算机/软件的证书可以导入"个人"区域内，其他人的证书可以存储在"其他人"区域内。例如，用户 A 自己从某个 CA 处申请一个数字证书，可以导入安装到本地计算机中，证书存储在"个人"区域内。为了与其他用户（用户 B）实现安全通信，如加密发送给用户 B 的邮件，用户 A 可以从权威机构处下载（或其他方式获得）用户 B 证书，安装到本地计算机的"其他人"区域，若用户 A 和 B 证书来自于一个共同的 CA，CA 的证书安装在"受信任的根证书颁发机构"区域中，操作系统能够自动验证证书的有效性。

安装在操作系统内的证书可以被客户端软件使用，通过应用程序接口 API，调用操作系统内已安装的证书或安全载体（电子钥匙，USB Key）上的证书。如采用 Outlook 作为邮件客户端程序，直接单击程序界面的"加密"和"签名"按钮，如图 6-14 所示，对应查找收件人公钥证书和发件人私钥。

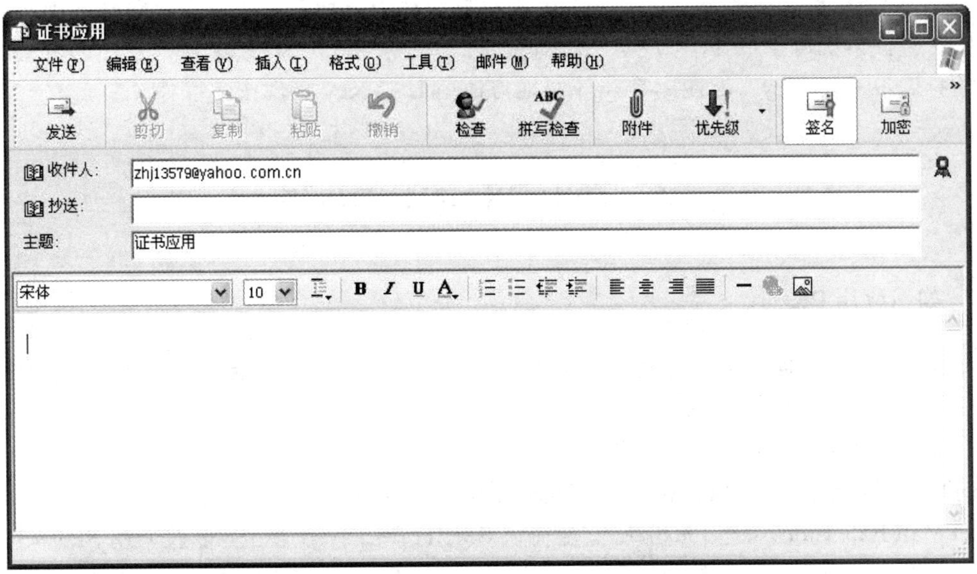

图 6-14   客户端程序应用证书实现安全

6.4.4 私钥的存储与使用

在公钥密码应用中，私钥的保密是需要解决的关键问题之一。与数字证书中包含的公钥对应的私钥是由用户自己保管的，在本地系统中使用，最直接的方法是私钥直接存储在本地存储系统中，但需要保证其本地存储的安全性。如对本地私钥文件加密（通常用户访问该文件的口令作为加密密钥），使用私钥文件时用户必须经过认证。

微软为 Windows 操作系统制定了 CSP（Cryptographic Service Provider）标准接口，用于管理硬件或软件形式的加密设备，实现数据加密和解密、数字签名和验证以及数据摘要生成等功能。在 Windows 系统中使用 CryptoAPI 开发接口可以访问 CSP，实现安全应用。微软提供了基本 CSP#1 和智能卡 CSP#2，通过 CSP 容器实现存储和访问私钥，用户无须关心私钥的存储位置和形式，即用户在 Windows 中使用私钥是透明的。当然，若 Windows 操作系统在 CSP 中存在漏洞或后门的话，用户的私钥也是不安全的。此外，用户若想在不同的机器上使用自己的私钥时，需要在不同系统中安装自己的私钥，很显然这是件麻烦和有风险的事。

而更安全和易用的方式是使用智能卡或电子钥匙（e-key）存储自己的私钥和证书，后者一般采用 USB 接口，形如 U 盘，亦称 USB Key。

USB Key 是一个智能片上系统，产生密钥的程序由 USB Key 生产厂家烧制在芯片的只读存储器 ROM 中，各种密码算法程序也是烧制在 ROM 中。在 USB Key 中生成公私密钥对后，公钥可以导出到卡外，而私钥则存储于芯片中的 E^2PROM（电可擦写可编程只读存储器）密钥区，私钥文件的读写和修改只能由 USB Key 内部程序调用，不允许外部访问。此外，USB Key

也采用物理安全措施，确保智能卡内部的数据不能用物理方法从外部复制。因此，从外部（USB Key 之外）无法获得私钥。

在使用私钥进行签名操作时，客户计算机中的应用软件通过 API（应用程序接口）将参数、被签名数据和命令传送给 USB Key，启动 USB Key 内部的数字签名运算，最后返回签名结果。当然，一般 USB Key 内部也支持（灌装）对称密码和消息摘要算法，支持对称加密或消息摘要产生，对称密钥可以从外部写入 USB Key，之后的操作在 USB Key 内部进行。可见，用户可以随身携带 USB Key，方便用户在任何地方使用 USB Key 实现密码操作。

6.5 基于 PKI 的典型应用

 如何应用 PKI?

如前所述，PKI 提供了一种基于公钥密码技术、易用的安全基础设施。PKI 为电子商务和电子政务提供了安全应用保障。

很多保证网络安全通信的安全协议及应用都需要 PKI 做支撑，如虚拟专用网络（VPN）采用的网络层安全协议 IPSec 标准、安全电子邮件协议 S/MIME （The Secure Multipurpose Internet Mail Extension）、基于传输层安全协议 SSL/TLS 的 Web 安全，以及采用 SET 安全电子交易协议的电子交易应用等都使用到了公钥密码，而 PKI 为方便使用公钥密码提供了支持。正是由于有了 PKI 才使得电子商务得以蓬勃发展，在虚拟世界中构建了信任关系，保护了数据安全性。

让我们看一看 PKI 在网上银行应用中的实例：用户通过互联网访问银行网站，使用网络查询自己的账户信息、购买金融理财产品、缴纳费用或者转账。为了保证使用网上银行的安全性，用户可以到银行申请自己的数字证书和安全电子钥匙（存放自己私钥），开通网上银行业务，这里不考虑使用账户/口令的普通用户和使用手机短信认证的方式。使用网上银行需要考虑以下安全问题：一方面是用户对银行网银网站的认证，如使用 TLS 协议认证网银网站的合法性、真实性，避免误入钓鱼网站，这一环节需要验证网银网站的公钥证书，及基于该证书中公钥的密码操作，如通过 HTTPS 连接网银网站；另一方面，银行网银网站需要认证用户身份，保证只有合法的用户（拥有正确证书及私钥）才能登录网站，并实施操作及交易。因此，用户登录网银过程中需要用户－网银网站双向认证，需要的话，认证方可以访问证书颁发机构服务器验证证书有效性（下载 CRL 或基于 OCSP 在线验证）；而用户的关键操作（如转账、购买金融产品）需要用户对操作进行数字签名，若事后产生纠纷，银行可以出具用户签名的电子凭证，由权威仲裁机构认定责任。此外，为了保证安全通信——传递信息保密，交换数据应该加密。正是由于有了 PKI，证书应用及安全通信才得以方便实现。

下面再看一个假想的 B2C 电子商务应用实例。电子商务信任关系更为复杂，参与方包括买方、卖方、支付中介方、银行，有时还包括中介电子交易市场（卖方租用空间设店，如淘宝网），当然还应该有权威的证书颁发机构。基于 PKI 的电子商务应用如图 6-15 所示。

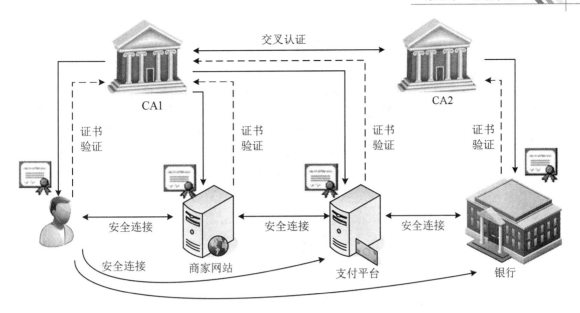

图 6-15　基于 PKI 的电子商务应用

　　如图 6-15 所示，假设商家有自己的电子商务网站，买方通过浏览器上网，登录到卖方 Web 服务器上。为了保证交易的安全性，买方用户可以采用 HTTPS 协议安全连接到交易 Web 服务器（防止钓鱼网站），而交易 Web 服务器也可以要求用户认证登录，防止虚假用户以及欺诈行为。之后用户与交易 Web 服务器之间进行安全通信，可以保证用户提交的各种信息不被窃取及篡改。

　　买方在交易 Web 服务器上浏览并选择商家商品，将商品加入"购物车"，最后提交形成订货清单，为了保证清单的有效性和不可否认性，可以要求用户使用私钥对订货清单进行数字签名，实际上相当于在买卖合同上签字。若需要商家的承诺，还需要返回商家认可并有电子签字的订单，买卖双方形成了购买电子合同。

　　买方提交订单（包括商品名称和价格等）后，转向银行网银进行支付，包括金额和支付账号。实际应用中，由于买卖双方缺乏互信基础，一般借助第三方支付平台完成支付。第三方支付平台应该是独立的、公正的，被商家和买家共同信任的。通常第三方支付系统，根据买方认可（数字签名）的支付信息从买方银行账户上扣除相应金额，但并不直接将其转到卖方的账户上，只有当买方收到商品并确认无误后，确认支付，支付平台才将货款支付到卖方银行账户上。

　　可见，在上述交易支付过程中，必须建立信任关系，同时必须保证通信的保密性及数据交换的完整性、可认证性及不可否认性。借助 PKI，由 CA 为电子商务实体颁发数字证书，交易系统、支付系统通过 PKI 实现各种安全服务，满足各种安全需求。

　　参与实体的证书并不一定都由同一个 CA 颁发，如图 6-15 所示，在这个例子中，银行证书由 CA2 颁发，而其他参与者证书由 CA1 颁发，为了实现不同 PKI 系统间互联互通及信任关系的传递，CA1 与 CA2 之间可以通过签订协议、互发数字证书实现交叉认证。在实际应用中，这种关系可能更为复杂。

本章小结

本章介绍了密码技术应用中的密钥管理技术与方法。在对称密码应用系统中，采用密钥管理中心可以减少系统总密钥数量，提供集中式管理，降低了密钥管理复杂度，但同时会有单一故障点风险。结合公钥密码可以实现会话密钥临时协商，解决了密钥分发问题。为了实现易用的公钥密码技术应用，目前成熟的方法是建立公钥基础设施PKI，采用数字证书实现通信主体身份和公钥的绑定，有效解决公钥分发和使用问题。本章详细介绍了 PKI 体系的结构、功能和服务，以及数字证书的管理。

习题 6

1. 若有 100 人需要相互保密通信，使用对称加密，整个系统共需要多少密钥？每个人需要保管多少密钥？
2. 采用密钥管理中心分发对称密钥的优势和不足是什么？
3. 试分析 NS 协议的安全性。NS 协议是否存在缺陷？
4. 什么是 PKI？"PKI 是一个软件系统"这种说法是否正确？
5. 为什么 PKI 可以有效解决公钥密码的技术应用？
6. 数字证书包括哪些内容？数字证书如何实现身份与公钥的绑定？
7. 什么是交叉认证？如何实现交叉认证？
8. 数字证书如何编码？
9. BASE64 编码规则是什么？
10. 查阅 OCSP 实现机制。
11. 如何验证数字证书的有效性？包括哪些方面？
12. 一个单位为了解决上网用户的认证问题，必须建立自己的 CA 系统吗？

第 7 章　安全协议

本章学习目标

本章讲解安全协议的概念、在网络分层体系结构中的典型安全协议分类，重点讲解虚拟专用网协议 IPSec、传输层安全协议 TLS。通过本章的学习，读者应该掌握以下内容：

- 网络体系结构中各层实现安全保护的机制。
- 虚拟专用网协议 IPSec 安全保护机理及其工作过程。
- 传输层安全协议 TLS 安全保护机理及其工作过程。

7.1　安全协议概述

 什么是安全协议？

协议是在对等实体（两方或多方）之间为完成某项任务所执行的一系列确定的步骤，是协议实体必须共同遵循的一套规则。协议步骤（或规则）是明确定义的，不能是模糊的；协议必须是完整的，从开始到结束实体间配合执行一个顺序序列。在"计算机网络"课程中，我们已经接触过许多协议，如 TCP、IP、HTTP、FTP 等。

安全协议是使用密码技术实现特定安全目标，在网络和分布式系统中提供各种安全服务的协议，有时也称"密码协议"。在开放的网络应用环境中（局域网、Internet 等），使用前面介绍的各种密码技术、安全机制，实现网络通信实体间安全通信，即实现通信实体认证、数据保密通信等安全服务，通信实体之间按照一定规则实现的安全通信就构成了安全协议。例如，前面我们已经介绍过的 D-H 密钥交换协议，在两个实体间利用特殊公钥密码算法协商产生"共享秘密"，我们也称之"密钥协商协议"；又如前面介绍的 NS 协议，是一个使用对称密码技术基于密钥管理中心实现密钥分发的协议，也称"密钥分配协议"。这两个协议的共同特点是在通信实体间建立"共享密钥"，为进一步实现保密通信提供基础。

上述两个例子代表了最基本的两类安全协议：实体认证协议——认证（有时也称"鉴别"）协议实体的身份；密钥协商（分配）协议——协议实体间通过消息交换获得（协商或中心分发）共享密钥。通常实体认证协议与密钥协商协议是合为一体工作的，即先认证协议参与实体，再协商产生共享密钥。实际上 NS 协议隐含着实体之间的认证，因为密钥分发中心分配的密钥被使用并参与实体共享的密钥加密，因此，只有合法（真实）的实体才能获得分配的密钥。

由于网络环境下的通信安全就是利用密码技术实现保密性、可认证性、完整性等安全属性，因此实体认证与密钥协商（可以看作安全系统密钥初始化）就成为安全应用系统的基本安全协议。还有一些类似 NS 协议，如 Otway-Rees 协议、Yahalom 协议、"大嘴青蛙"协议等，都是经典的基于对称密码，借助 KDC 实现实体认证和密钥分配的。

在实际安全应用系统中，为了解决不同应用需求，形成了特定安全应用协议，如实现访问控制的基于对称密码技术的 Kerberos 认证协议，实现无线局域网访问控制的 WEP 协议，实现安全 Web 应用的 HTTPS 协议等。而在更复杂的应用环境下，可以形成多个子协议构成安全架构，如无线局域网 WLAN 安全标准 802.11i。还支持更丰富的网络应用，形成如电子支付、电子选举、电子拍卖以及仲裁等协议。从这些安全应用中，我们可以更好地体会到密码技术是如何在网络通信中应用的。在网络环境下，安全服务可以在不同的网络层次实施，图 7-1 描述了 TCP/IP 协议栈下一些典型安全协议的实施位置。

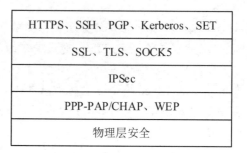

应用层	HTTPS、SSH、PGP、Kerberos、SET
传输层	SSL、TLS、SOCK5
网络层	IPSec
数据链路层	PPP-PAP/CHAP、WEP
物理层	物理层安全

图 7-1 网络协议栈各层上的安全协议

在网络通信中，物理层只是把已经编码的数据以比特串的方式进行传递，所以一般不在这一层实施以数据为对象的安全保护，当然通过特定的编码以及在特定环境中采用一定物理手段（如 WLAN 中的定向天线）限制信号传递范围，可以在一定程度上实现安全保护，这一层不作为我们分析的重点。

网络层和传输层安全将在后面进行详细介绍，这里就不再赘述了。

1. 数据链路层安全协议

数据链路层数据以帧为单位传输，可以对帧以及对等的通信实体实施安全措施，如对通信实体认证、对链路进行加密保护等。下面介绍几个在数据链路层实现安全目标的典型协议。

PPP-PAP：口令认证协议（Password Authentication Protocol，PAP）是点对点协议（PPP）的一个链路控制子协议。对等实体建立初始连接之后，使用两次握手实现实体认证，被认证方向认证方持续重复发送"用户 ID/口令"，直至认证得到响应或连接终止。PAP 以明文文本格式在链路上传输，不能防止窃听、重放等攻击，因此是一种弱认证方法。

PPP-CHAP：质询握手认证协议（Challenge Handshake Authentication Protocol，CHAP）也是 PPP 协议簇中的子协议。该协议通过 3 次握手验证对等实体身份，被认证方向认证方发送"标识"；认证方向被认证方发送"质询"（Challenge——随机数）消息；被认证方使用质询和口令字（双方事先共享）共同计算哈希值（前面讲到的带密钥的摘要值计算）做应答；认证者使用同样的口令字和"质询"值计算哈希值，并与接收到的应答比对，如果值匹配，认证通过，否则终止连接。CHAP 既可以在初始链路建立时完成，也可以在链路建立之后周期地重复进行。图 7-2 给出了一个典型拨号认证的 3 次握手过程。

PPP 协议：

点对点协议（Point to Point Protocol，PPP）是 IETF 推出的点到点类型线路的数据链路层协议，支持在各种物理类型的点到点串行线路上传输上层协议报文。PPP 支持多协议、支持认证、支持压缩、支持多链路捆绑等，广泛应用于拨号网络（Modem、ADSL 拨号线路）中。

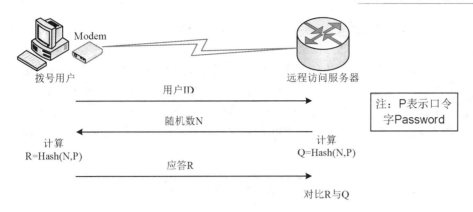

图 7-2 CHAP 3 次握手认证协议

WEP：有线网等同保密（Wired Equivalent Privacy）是 IEEE 802.11b 标准中定义的一个无线局域网（WLAN）安全性协议。IEEE 802.11b 定义了 WLAN 中数据链路层通信标准，因此 WEP 工作在数据链路层，提供对无线链路的保护，在 WLAN 中实现无线节点之间的相互认证和数据保密传输。WEP 节点使用共享密钥相互认证，采用流密码 RC4 加密无线链路上传输的数据帧，更详细的介绍参见本书第 8 章。

2. 应用层安全协议

应用层安全协议在应用层实施安全机制，是面向应用层的网络协议，直接针对应用程序实现。例如，我们可以简单地将一个文件加密甚至签名之后，通过 E-mail 发送出去，就可以实现保密通信和数据的完整性保护。当然，随着各种网络应用的深化，也有一些专用的安全协议支撑不同的安全应用，如以电子邮件应用为背景的 PEM、PGP、MIME/S-MIME 等安全协议。

MIME（Multipurpose Internet Mail Extensions）：多用途网际邮件扩充协议定义了邮件消息格式，方便不同邮件系统之间的消息交换。MIME 允许邮件中包含任意类型的文件，如文本、图像、声音、视频及其他应用程序。MIME 的安全版本 S/MIME（Secure MIME）提供了一种安全电子邮件机制，基于 MIME 标准，S/MIME 为电子消息应用程序提供邮件安全服务，包括认证、完整性保护、数据保密等。此外，S/MIME 不仅可以让传统邮件用户代理程序加密发送邮件和解密接收邮件，同时也可以应用于任何支持 MIME 数据的传输机制，如 HTTP。

PGP（Pretty Good Privacy）：PGP 是在 20 世纪 90 年代由 Phil Zilnmermann 设计用于电子邮件、存储数据加密和数字签名的实用程序。它是开源且免费的，后经互联网志愿者发展完善并广泛使用。PGP 基于 RSA 公钥加密体制，实现了对邮件的加密保护，以及基于数字签名的源认证和不可否认性保护。PGP 支持密钥管理服务器，用户可以将公钥发布在集中的密钥服务器上，供其他人访问。PGP 定义了与基于 X.509 证书的公钥基础设施（PKI）不同的证书模型。传统 PKI 模型依赖于 CA 层次体系验证证书和其中的密钥。PGP 模型允许多重地、独立地而非特殊可信个体签署"名字/密钥"关联来证明证书的有效性（RFC 2693，SPKI Certificate Theory，1999），其理论为"只要有足够的签名，<名字/密钥>关联就是可信的，因为不会所有的签名者都是'坏'的"，即所谓的"信任网"模型。

随着互联网上电子商务的蓬勃发展，针对电子商务应用也涌现了一批安全协议，包括电子支付、电子现金等协议。典型的如安全电子交易协议（Secure Electronic Transaction，SET），该协议是 Master Card 和 Visa 联合 Netscape、Microsoft 等公司于 1997 年推出的一种电子支付模型，解决 B2C 模式下商家、顾客、银行之间的信任和安全交易问题。它涵盖了信用卡在电子商务交易中的交易协定、信息保密、资料完整、数据认证、数据签名等。

还有一些面向特殊应用需求的拓展协议，如群签名协议——在一个群体中，任意一个群签名成员可以以匿名的方式代表整个群体对消息进行签名。群签名可以被公开验证，而且只用单个群公钥来验证。门限群签名协议——一个具有 n 个成员的群体中，需要至少 t（$t<n$）个成员签名才构成有效签名。此外还有代理签名协议、盲签名协议、零知识证明协议等。

7.2 虚拟专用网协议（IPSec）

 如何在 IP 层实现安全的数据通信?

在分层网络体系结构下，安全服务可以部署到任何一层，在网络层（即 IP 层）上实施安全保护，可以利用加密和认证等技术保护 IP 数据包，一个典型的标准化应用就是通过 IPSec 技术实现虚拟专用网。

7.2.1 虚拟专用网 VPN

虚拟专用网（Virtual Private Network，VPN）就是利用公共网络（如 Internet）在两个系统之间建立安全的信道（也称"隧道"），从而实现重要数据的安全传输。虚拟专用网帮助远程用户以及公司分支机构或商业伙伴等内部网络之间建立可信的安全连接，保证数据传输的安全性。一个规模企业的分支机构可以通过 VPN 技术在互联网环境下低成本构建虚拟的专用网络。

如图 7-3 所示，根据网络通信模式不同，可以在客户计算机与网关（路由器或防火墙）之间建立 VPN（称为远程接入 VPN），远程主机 HC 可安全连接到网关 GB，这样 HC 可以安全访问网关 GB 后面保护的内部网络；也可以在两个网关之间建立安全连接，如在网关 GA 与网关 GB 之间建立安全连接，这样 GA 和 GB 两个网关后面的内部网络之间可以安全互访。当然还有一种类型是主机与主机之间直接建立安全的 VPN 连接，如远程主机 HC 与主机 HD 之间、远程主机 HC 与主机 HB 之间均可直接建立 VPN 连接。

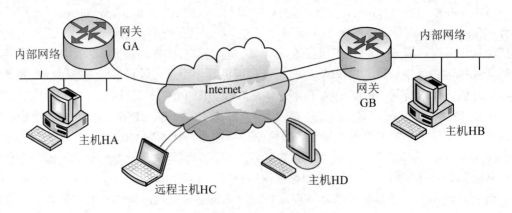

图 7-3 VPN 应用模式

通过建立 VPN，防止非授权用户对网络资源或私有信息的非法访问，防止攻击者窥视和篡改 VPN 信道传输的数据。因此，一般 VPN 功能集成在路由器或防火墙等网关设备上实现；而对于支持 VPN 的终端同样应该安装 VPN 软件，通常操作系统内置有 VPN 客户端软件。

VPN 采用的一种技术是"安全隧道技术"，即将传输的原始信息经过加密和协议封装处理后，嵌套封装到另一种协议的数据包中，像普通数据包一样进行传输。经过这样处理，只有源端和宿端的用户能够对隧道中的嵌套信息进行解释和处理，而其他用户无法获得这些保密信息。安全隧道技术采用加密和信息结构变换相结合的方式，而非单纯的加密技术。

目前典型的 VPN 协议有以下几种。

（1）点对点隧道协议（Point to Point Tunneling Protocol，PPTP）。它是由微软等厂商提出的一种支持多协议的虚拟专用网 VPN 机制。PPTP 是在 PPP 协议的基础上开发的一种增强型安全协议。它使用一个 TCP 上的控制隧道和一个封装 PPP 数据包的通用路由封装（Generic Routing Encapsulation，GRE）隧道。PPTP 协议假定在 PPTP 客户机和 PPTP 服务器之间有连通且可用的网络连接，如 IP 网络。建立一个 PPTP 隧道，首先在对等实体间通过 TCP 端口 1723 建立连接，之后使用该 TCP 连接初始化并管理一个 GRE 隧道。PPTP 支持多协议，允许在 GRE 隧道内传输的 PPP 数据包承载任何协议（如 IP、NetBEUI 和 IPX）。PPTP 没有定义加密和认证功能，而是依赖在被隧道化的 PPP 协议中应用的安全功能，可以通过密码身份验证协议（PAP）、可扩展身份验证协议（EAP）等方法增强安全性。在微软操作系统中提供的 PPTP 协议栈中内置了不同等级的认证和加密功能。

（2）第 2 层隧道协议（Layer 2 Tunneling Protocol，L2TP）。L2TP 是一个由 Cisco 第 2 层转发协议 L2F 协议和 PPTP 协议发展演变的 VPN 机制。2005 年，IETF 发布最新版本 L2TPv3（RFC 3931）。L2TP 工作在包交换网络之上，如 IP 网络（使用 UDP）、帧中继永久虚拟电路（PVCs）、X.25 虚拟电路（VCs）或 ATM 网络。"第 2 层"是指 L2TP 像数据链路层协议进行工作，但实际上它是一个会话层（OSI 模型）协议，L2TP 使用注册的 UDP 端口 1701。L2TP 数据包包括头部和载荷，封装在 UDP 报文中传输。在 L2TP 隧道内通常传输点到点协议（PPP）会话。L2TP 不直接提供加密，而是依赖隧道中所使用的端到端加密协议实现保密性服务。L2TP 通常与 IPSec 混合应用，提供保密、认证和完整性服务。

PPTP 和 L2TP 都按数据链路层方式工作，看似是"第二层"隧道协议。它们使用 PPP 协议封装数据，然后添加包头用在互联网络上传输。PPTP 只能在两端点间建立单一隧道，L2TP 支持在两端点间建立多条隧道，因此，使用 L2TP 的用户可以针对不同的服务质量创建不同的隧道，此外 L2TP 可以提供包头压缩及隧道验证功能。通常 L2TP 和 PPTP 会与 IPSec 共同使用，这时，可以由 IPSec 提供隧道验证、认证和保密服务。

（3）IP 层安全（IPSec）。IPSec 是由 IETF 制定的 VPN 安全性标准，工作在 IP 层，提供对 IP 协议报文进行加密和认证的功能，也是目前普遍采用的 VPN 安全机制（详细介绍参见下一节）。

（4）SSL VPN。它是一种使用安全套接层（Secure Sockets Layer，SSL）协议实现 VPN 的机制。通常 SSL 协议被内置于 IE 等浏览器中，使用 SSL 协议进行认证和数据加密的 SSL VPN 就可以免于安装客户端。相对于 IPSec VPN 而言，SSL VPN 部署更简单，无需在客户端安装特殊软件，维护成本低，网络适应强。SSL VPN 不会受到安装在客户端与服务器之间的防火墙等 NAT 设备的影响，可以在 NAT 代理上以透明模式工作，因此，SSL VPN 将远程安全接入延伸到 IPSec VPN 扩展不到的地方；此外，SSL VPN 客户端的安全检查和授权访问等操作实现起来更加简单方便。当然，由于 SSL 协议本身的局限性，SSL VPN 性能远低于使用 IPSec 协议的设备。

7.2.2 IP 层 VPN 协议——IPSec

IPSec（Internet Protocol Security）是工作在 IP 层的安全机制，用于保护一对主机之间（主机到主机）、一对安全网关（网络到网络）或者安全主机与网关之间（主机到网络）的数据流安全。IPSec 为 IP 报文段提供保密性、完整性、访问控制和数据源认证等安全保护服务。IPSec 是一个协议簇，包括会话初始化阶段的通信双方双向认证协议、密钥协商协议，以及对通信会话中每个 IP 报文保护（认证和/或加密）协议。

IPSec 定义了两类保护 IP 报文的协议。

（1）认证头 AH（Authentication Header）：为 IP 报文提供无连接的完整性、数据源认证和抗重放攻击保护服务。

（2）有效载荷封装 ESP（Encapsulating Security Payload）：为 IP 报文提供保密性、无连接完整性、数据源认证、抗重放攻击等保护服务。

在上述两类协议下，IPSec 还定义了以下两种工作模式。

（1）传输模式：在原有 IP 报文中插入 IPSec 协议头（AH 或 ESP）和尾（ESP），报文按原有 IP 报文头包含的信息（如 IP 地址）进行传输。

（2）隧道模式：将原有 IP 报文作为一个新 IP 报文的数据域看待，将其封装保护在一个新的 IP 报文中，再根据 AH 协议或 ESP 协议添加相应的头或尾。

在不同应用场景下，适合使用不同的 IPSec 模式，具体如下所述。

（1）安全网关—安全网关：网关之间应用 IPSec，如图 7-3 所示，网关 GA 与 GB 作为 IPSec 端节点，两个网关后面的内部网络中，主机通过安全网关实现在 Internet 上的安全通信。这种场合适合使用隧道模式，这样在内部网络中，主机即使使用私有 IP 地址，通过安全网关时，外部嵌套互联网上传输报文的公有地址，原有主机 IP 报文受到完全的安全保护。

（2）主机—主机：IP 连接的两个主机节点直接应用 IPSec 通信，又分以下两种情况：一种是互联网上两个主机（使用公有 IP 地址）直接通信，如图 7-3 所示，主机 HC 与 HD 应用 IPSec 通信；另一种是互联网上主机与某内部网络主机通信（使用公有 IP），如图 7-3 所示，主机 HC 与 HB 应用 IPSec 通信。无论是哪种情况，IPSec 通信的两个节点必须使用公有 IP 地址，这时通常使用传输模式，当然也可以使用隧道模式。

（3）主机—安全网关：如图 7-3 所示，主机 HC 与网关 GB 之间应用 IPSec，这时通常使用隧道模式。这种场景经常出现在外出员工远程连接到公司网络，访问公司内部网络情况下。公司内部网络可以使用私有 IP 地址（不是必须的），远程主机连接到安全网关时，网关为其分配一个内部 IP 地址，而在隧道中与网关之间通信使用外部 IP 地址（该主机连接 Internet 的本地地址）。

IPSec 使用密钥交换协议（Internet Key Exchange，IKE）动态协商产生共享密钥，通过 IKE 双方协商安全算法及参数——安全关联（Security Associations，SA）。SA 为 AH 和 ESP 操作提供一套用于认证、加密和签名等的密码算法以及必需的参数（如密钥）。换句话讲，SA 是通信双方达成的一个协定，规定了采用的 IPSec 协议、协议操作模式、密码算法、密钥以及密钥生存周期。

下面我们看一个完整的 IPSec 工作流程，如图 7-4 所示。

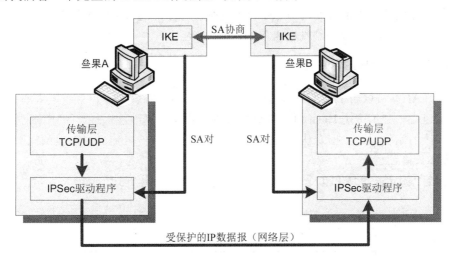

图 7-4　IPSec 工作流程示意图

这里假设两台主机 A 和 B 建立 VPN 连接，每台主机都处于 IPSec 策略激活状态。

（1）主机 A 上用户向主机 B 上用户发送数据，应用程序将发送数据交付给传输层封装，传输层根据策略将封装好的传输层协议报文（TCP 或 UDP 报文）交付给 IPSec 驱动程序。

（2）主机 A 上的 IPSec 驱动程序检查 IP 筛选器，查看该 IP 报文是否需要保护以及需要受到何种保护。

（3）主机 A 上的 IPSec 驱动程序通知本机上的 IKE 启动与主机 B 的 IKE 安全协商。

（4）主机 B 上的 IKE 接收到来自于主机 A 的 IKE 发来的安全协商请求。

（5）两台主机初始化 IKE 安全关联 SA（Security Associate）及认证，各自生成共享 "秘密"，产生各自的子密钥，完成双方认证。之后完成生成子 SA 协商，每个主机上都建立一对 SA 实体——入站 SA 和出站 SA。SA 包括密钥和安全变量索引 SPI 等（注：若两台主机在此前通信中已经建立起 IKE SA，则可直接进行子 SA 协商）。

（6）主机 A 上的 IPSec 驱动程序按照预先设置的协议和模式（包括采用 AH 或 ESP 协议，以及使用传输或隧道模式），使用出站 SA 对 IP 数据报进行签名（完整性保护）与/或加密封装 IP 报文。

（7）主机 A 上驱动程序将封装的 IP 报文递交 IP 层，再由 IP 层将报文转发至主机 B。

（8）主机 B 接收到主机 A 发送来的 IP 报文，提交给 IPSec 驱动程序。

（9）主机 B 上的 IPSec 驱动程序使用入站 SA 检查消息的完整性（验证签名）与/或解密数据。

（10）驱动程序将验证或解密后报文的数据域传递给传输层驱动程序，传输层驱动程序进行适当处理后将数据提交主机 B 的接收应用程序。

以上是 IPSec 的一个完整工作流程，所有操作对用户是完全透明的。中介路由器或转发器仅负责数据包的转发，如果中途遇到防火墙、安全路由器或代理服务器，则要求它们具有 IP 转发功能，以确保 IPSec 和 IKE 数据流顺利通过，不会遭到拒绝。

IPSec 的一个优点是它对 IP 报文保护与密钥管理系统松散耦合，即使密钥管理系统发生变化，IPSec 的安全机制也不需要进行修改。

这里需要指出的一点是，使用 IPSec 保护的数据包不能通过网络地址转换 NAT 协议，对 IP 地址的任何修改都会导致完整性检查失效。

7.2.3 认证头（AH）协议

认证头（AH）协议用于增加 IP 数据报的安全性。AH 协议为每一个数据报添加一个验证报头，其中包含一个带密钥 Hash 值，以确保任何对报文的修改能够被检查出来，因此 AH 协议提供无连接的完整性、数据源认证，此外还提供抗重放保护机制，但不提供保密服务。

1. 认证头格式

AH 由 5 个固定长度域和 1 个变长认证数据域组成，如图 7-5 所示。

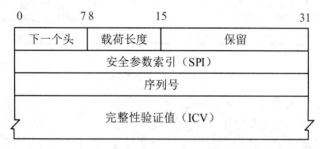

图 7-5 认证头格式

各主要域的含义如下所述。

- 下一个头：标识认证头（AH）后面跟着的是载荷的类型。例如，载荷为 IPv4 报文，该的值为 4；载荷是 IPv6，该域的值为 41；载荷是 TCP，该域的值为 6。
- 载荷长度：以 4 个八位位组（32 比特）为单位的 AH 认证头长度减 2 后的数值。
- 安全参数索引（Security Parameters Index，SPI）：一个任意数值的 32 比特整数，用于接收端识别入站报文绑定的安全关联 SA。SPI 可以单独（单向 SA）或者与源地址、目标地址、IPSec 协议（此处为 AH）一起唯一标识一个数据报所属的数据流的 SA。
- 序列号：包含一个单调递增计数的 32 比特无符号整数，用于防止重放攻击。当 SA 建立时，该域被初始化为 0，通信双方每次使用同一个 SA 发送一个数据报，序列号加 1。
- 完整性验证值（Integrity Check Value，ICV）：对于 IPv4，该域是一个 32 比特整数倍值，对于 IPv6 则是 64 比特整数倍值，不足时使用填充机制。该数据域提供了对整个 IP 报文（含 AH 头）完整性的认证。生成 ICV 的算法由 SA 指定，如 HMAC-MD5 或 HMAC-SHA1 等。

注：IPv6 数据报头部格式与 IPv4 不同，IPSec 协议头（AH 或 ESP）放置的位置及认证的域略有差异，但基本形式一致，这里不再赘述。

2. AH 的两种工作模式

AH 同样有两种工作模式，即传输模式和隧道模式，报文结构如图 7-6 所示。

（1）AH 传输模式：AH 头被插在原 IP 报文头之后、传输层协议数据结构之前。

（2）AH 隧道模式：AH 头被插在新 IP 报文头之后、原有 IP 报文头之前（原有报文作为新 IP 报文的数据域）。

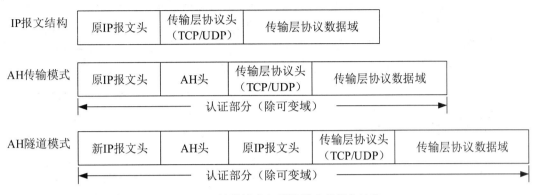

图 7-6 AH 传输模式与隧道模式的报文结构

3. 完整性验证值计算

在 AH 协议中，完整性验证值 ICV 提供了对 IP 报文的完整性验证，使用通信双方协商的 SA 中指定的密码算法（带密钥的消息摘要算法）和密钥计算 IP 报文的 ICV 值。带密钥消息摘要算法就是我们前面介绍过的用于计算消息认证码 MAC 的算法，典型的如 HMAC-MD5（输出 128 比特摘要值）、HMAC-SHA1（输出 160 比特摘要值）。

由于 IP 报文头中包含一些"可变数据域"，这些域的值可能随着报文在路由器之间传递而发生改变，如标志域中的 DF 位、TTL 等，以及某些随 IP 报文头域值的改变而变化的数据域，如头校验和（IP 头任何域发生变化，重新计算该域值）。因此，计算 ICV 时，AH 将 IP 报文头中可变域的值置为 0，对于 IPv4 来说，可变域包括服务类型、标志、分段偏移量、TTL、头校验和以及可选项。计算 ICV 时包括的 IP 报文头的域有版本、头长度、总长度、标识、协议、源地址、目的地址，以及 IP 数据域。对于以下两种工作模式，AH 头部中的 ICV 计算方式如下所述。

（1）AH 传输模式：将原 IP 报文头中可变域置为 0 后，把整个 AH 报文作为 HMAC 的输入，摘要值即为 ICV 值。

（2）AH 隧道模式：将新 IP 报文头中可变域置为 0 后，把整个 AH 报文作为 HMAC 的输入，摘要值即为 ICV 值。

需要强调的是，计算 ICV 包括插入的 AH 头，即认证整个 AH 报文，当然 AH 头中 ICV 域本身在计算前也同样先置为 0。

4. AH 应用局限性

在使用 NAT 网关或安全网关时，AH 应用会受到限制。例如，图 7-7 所示为在不同内网的主机应用传输模式下，AH 协议实现安全连接。

如图 7-7 所示，主机 A 使用非公网的私有 IP 地址（如在 IP 地址区间 10.0.0.0～10.255.255.255 或 192.168.0.0～192.168.255.255 中的地址）经过 NAT 网关连接公网；主机 B、主机 C 使用公网 IP 地址，但主机 C 处于一个安全网关之后。因此，主机 A 和主机 C 的 IP 报文在经过其各自网关转发时，均需要修改原 IP 报文中的源 IP 地址，这样原有在主机 A、主机 C 处计算的 ICV 与对等通信方主机 B 所计算的 ICV（基于网关变化过 IP 地址的报文）不同，完整性验证无法通过。因此，在使用 NAT 网关、安全网关的环境下，AH 认证协议的使用受到了限制。

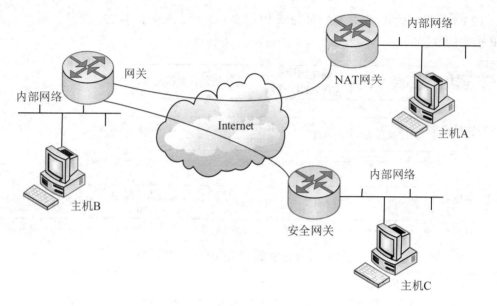

图 7-7　AH 协议方式安全连接

　　当然，解决上述问题的办法是在网关之间使用认证头（AH）协议，但这样处于同一个网络内的主机与网关之间缺少了保护。

7.2.4　封装安全载荷（ESP）协议

　　封装安全载荷（Encapsulating Security Payload，ESP）提供数据保密性、数据源认证、无连接完整性保护、抗重放等服务，以及有限的数据流保密服务。ESP 使用对称密码技术加密 IP 报文的数据域（传输模式）或整个 IP 报文（隧道模式），使用与 AH 协议中相同的带密钥的消息摘要算法计算 ESP 报文的认证数据——完整性验证值 ICV。

　　1. ESP 报文格式

　　ESP 报文格式如图 7-8 所示。

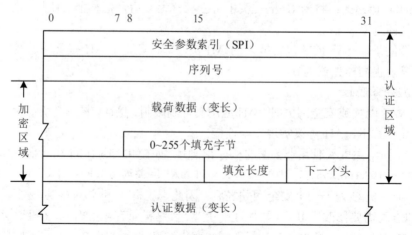

图 7-8　ESP 报文格式

主要数据域含义如下：

- 安全参数索引（SPI）：任意 32 比特整数，与目的 IP 地址和安全协议（ESP）一起唯一地标识报文段使用的 SA。
- 序列号：与 AH 协议一样，该域包含一个单调递增计数的 32 比特无符号整数。当 SA 建立时，序列号初始化为 0，之后每发送一个报文增加 1，该数据域不允许循环使用，达到上限前必须重新协商新的 SA 和密钥。
- 载荷数据：是一个变长域，但必须是整字节倍数，是 ESP 提供保密服务加密的部分。
- 填充长度：0～255 字节，应使得载荷数据加填充字节等于"32 比特整数倍-8 比特"。
- 下一个头：长度为 8 比特，标识载荷中封装的协议类型。
- 认证数据：变长域，存放报文完整性验证值 ICV，计算方法同 AH 协议。

2. ESP 的两种工作模式

与 AH 相同，ESP 也支持两种工作模式：传输模式和隧道模式，相应的报文结构如图 7-9 所示。

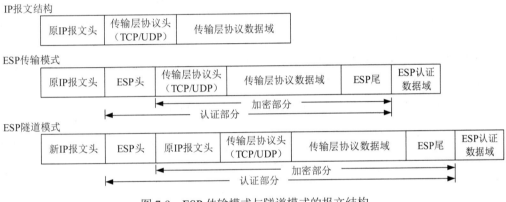

图 7-9　ESP 传输模式与隧道模式的报文结构

（1）ESP 传输模式：ESP 头插在原 IP 报文头和传输层协议头（TCP/UDP）之间，在原报文尾部添加 ESP 尾和 ESP 认证数据域。

（2）ESP 隧道模式：添加新 IP 报文头，再添加 ESP 头，原 IP 报文头作为新 IP 报文的数据域封装，之后添加 ESP 尾和 ESP 认证数据域。

注：ESP 报文头包括 SPI 和序列号两个域，ESP 报文尾由填充域、填充长度域和下一个头域组成。

无论哪种 ESP 模式，认证部分包括从 ESP 头到 ESP 尾部分，即通过计算认证数据 ICV 保护消息完整性，计算方法同 AH 协议，计算结果作为 ESP 认证数据域附加在报文后面。加密则不包括 ESP 头，加密采用协商阶段协商的加密算法，如 DES、AES 等。因为接收段使用 ESP 头标志处理数据报的 SA，此外 ESP 头还用来检验是否为重放报文，所以不能被加密。

此外，由于 ESP 认证部分不包括 IP 报文头（隧道模式为新 IP 报文头），所以不会出现类似于 AH 协议中的应用限制，即节点处于安全网关或 NAT 网关后面的内部网络中，通过网关后 IP 地址发生变化，不会影响接收端验证认证数据。当然，这也成为 ESP 的安全弱点，即在传输过程中，外部 IP 报文头没有受到保护。因此，要求更高安全级别时，可以将 AH 协议和 ESP 协议结合使用。

7.2.5　Internet 密钥交换

IPSec 支持为 IP 报文提供保密、完整性保护等安全服务，这些服务的提供是通过源节点和目的节点之间保持共享状态，这些状态定义了为 IP 报文提供什么样的服务、这些服务使用什么样的密码算法以及密码算法使用的密钥。由于网络中通信节点系统的多样性，通过网络协议动态建立这种状态是必要的。IPSec 采用 Internet 密钥交换（Internet Key Exchange，IKE）协议建立这种状态。

IKE 在两个通信节点间执行双向认证并建立一个 IKE 安全关联（Security Association，SA）。SA 包括两个通信节点共享的秘密信息，以及一个密码算法集，共享秘密被用来进一步为 ESP 或 AH 协议有效地建立安全关联 SA（称子 SA），密码算法则被这些子 SA 用于保护通信流。

IETF 在 1998 年发布了 IKE（RFC 2409），在 2010 年发布了最新版本 IKEv2（后面无特殊说明时，IKE 均指 IKEv2 版本）。IKE 融合使用了 3 个不同协议：Internet 安全连接和密钥管理协议（Internet Security Association and Key Management Protocol，ISAKMP）、Oakley 密钥确定协议（Oakley Key Determination Protocol）和安全密钥交换机制（Secure Key Exchange Mechanism，SKEM）。其中，ISAKMP 仅提供了一个可以由任意密钥交换协议使用的通用密钥交换框架，定义了交换模式和交换载荷格式。IKE 融合了上述 3 类协议的优点。

IKE 通常使用 UDP 500 端口监听和发送数据，也可以使用 UDP 4500 端口接收数据。IKE 消息使用 UDP 报文封装，消息构造没有长度限制，使用 IP 对超长的 UDP 进行分片处理。所有的 IKE 消息是成对出现的：请求（request）和响应（response）称为一个交换。一个 IKE SA 的建立通常包括两个交换，IKE SA 一旦建立，安全关联的任何一个端点可以发起请求，双方可以交换任意的请求和响应。IKE 交换是一个可靠传输协议，采用类似 TCP 的超时重传机制防止消息丢失。每个 IKE 消息在固定头部包含 32 比特的消息标识（Message ID，也称消息 ID），用于匹配请求和响应以及识别消息重传，消息 ID 从 0 开始（IKE 初始化交换），之后递增。

1. 初始化交换（Initial Exchange）

IKE 初始化交换由两个交换组成，如图 7-10 所示。

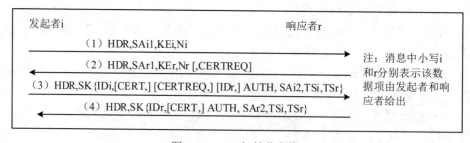

图 7-10　IKE 初始化交换

每个 IKE 交换的消息包括消息头 HDR 和由若干类型载荷组成的消息体，每个载荷有自己的封装结构。交换中各项的基本含义如下：

- HDR：消息头，包含安全参数索引 SPI、版本号、一些标志位、消息 ID（用于匹配请求和响应以及识别重传消息）。
- SA：安全关联载荷，后面跟小写字母 i 和 r 分别代表发起者和响应者（下同）。SA 载荷中包括发送者支持的密码算法等。

- KE：密钥交换载荷，执行 D-H 密钥交换协议所交换的发送者计算的公钥值（如 g^x）。
- N：Nonce 载荷，包含发送者产生的一次随机数。
- CERT：证书载荷，包含发送者的公钥数字证书。
- CERTREQ：证书请求载荷。
- SK{...}：使用密钥 SK 对{...}内的内容采用对称密码机制进行加密。
- TS：负载选择符。

IKE 初始化交换包括两个交换。

（1）IKE SA 初始化（记 IKE_SA_INIT）交换。IKE_SA_INIT 交换包括消息（1）和消息（2），用于协商密码算法、交换随机数 Nonce、执行 D-H 公钥交换。基于 D-H 交换双方生成共享密钥。SAi1 载荷包含发起者针对 IKE SA 支持的密码算法，KE 载荷包含发起者计算的 D-H 公钥值，Ni 是发起者产生的随机数 Nonce。响应者从发起者给出的密码组件中选出自己支持的组件，封装在 SAr1 载荷中返给发起者，同样返回响应者的 D-H 公钥值、随机数 Nr，如果需要还可以请求发起者的证书。消息（2）完成后，双方各自计算共享秘密种子，并由此秘密种子为 IKE SA 产生各个密钥，包括加密密钥（记 SK_e）、认证和完整性保护密钥（记 SK_a）。

（2）IKE 认证（记 IKE_AUTH）交换。IKE_AUTH 交换包括消息（3）和消息（4），认证前面的消息、交换身份标识 ID 和证书（可选），并建立第一个子 SA。这一交换中除消息头之外其他载荷数据使用 IKE_SA_INIT 交换建立的算法对密钥进行加密和完整性保护（统一表示为 SK{...}，即包含使用 SK_e 和 SK_a 实现的加密和完整性保护）。消息（3）中发起者标识自己的身份 IDi，计算消息（1）的完整性保护值封装在 AUTH 载荷中，可选地传递自己的证书（CERT 载荷）、信任锚列表（CERTREQ 载荷）、指明响应者标识 ID（即发起者希望与谁会话），同时开始协商子 SA——封装 SAi2 载荷。响应者回复消息（4），消息载荷含义同上，其中 AUTH 是消息（2）的完整性保护认证值。发起者和响应者接收到消息后都要验证签名和 AUTH 中的消息认证码 MAC 的正确性。

在上述交换过程中可能出现失败，如发起者猜测选择的 D-H 群不正确、双方没有正确建立子 SA 等，则响应者会发送通知载荷告知发起者重传或失败。初始化交换之后所有的消息均使用 IKE_SA_INIT 交换协商的密码算法和密钥进行保护。

2. 生成子 SA 交换（CREATE_CHILD_SA Exchange）

生成子 SA 交换（CREATE_CHILD_SA）用于创建新的子 SA（Child SAs）和在 IKE SA 及子 SA 之间更新密钥。该交换在 IKE SA 之后可以由通信双方中的任何一方发起。

可选地，子 SA 交换可以包括 KE 载荷用于附加的 D-H 交换，为子 SA 提供强向前安全（Forward Secrecy）。子 SA 交换过程如图 7-11 所示。

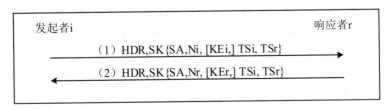

图 7-11　子 SA 交换

从图 7-11 中可以看出，每个消息包括发送者加密传输的 SA、Nonce 和包含建议的负载选择符的 TS 等载荷。在一个请求消息中可以包括 USR-TRANSPORT-MODE，通知包含请求子 SA 的 SA 载荷，请求子 SA 使用传输模式而不是隧道模式。

使用 CREATE_CHILD_SA 交换更新 IKE SA 密钥时，往返的两个消息中加密的消息体仅包含 SA、Nonce 和 KE 载荷 3 项。

使用 CREATE_CHILD_SA 交换更新子 SA 密钥时，往返的两个消息体包含如图 7-11 所示的所有载荷，同时，在消息（1）中还包含 REKEY_SA 通知载荷。

3. 信息交换（Information Exchange）

信息交换用于在 IKE SA 操作过程中的变换点，对等实体相互传递有关错误或特定事件通知的控制消息。信息交换必须在初始交换之后，因为它要用到初始交换中协商的密钥保护通信消息。信息交换示意如图 7-12 所示。

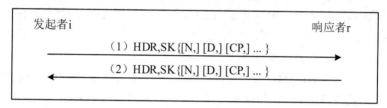

图 7-12　信息交换

信息交换包含零个或多个通知（N）、删除（D）、配置（CP）载荷。

ESP 和 AH 的 SA 总是成对出现的——入站 SA 和出站 SA。每个 SA 对应着另一方实体的反方向 SA，当关闭一个 SA 时，对应地应关闭与其匹配的另一个 SA。如一方实体关闭其入站 SA，则另一方实体应关闭与其对应的出站 SA，此时使用带有一个或多个删除载荷（其中包括 SPI 列表）的信息交换。

从上述各类交换中可以看出，每个交换的消息都包含 IKE 消息头（记为 HDR），其格式如图 7-13 所示。

图 7-13　IKE 消息头格式

- 发起者 SPI：64 比特，发起者选择的唯一标识 IKE SA 值，不能为 0。
- 响应者 SPI：64 比特，响应者选择的唯一标识 IKE SA 值，在 IKE 初始交换中必须为 0。

- 下一个载荷：8 比特，交换协议消息中紧跟头部后面的第一个载荷类型。每个交换的消息包括交换头和由若干"载荷"（Payload）组成的消息体。
- 主版本：4 比特，标识使用的 IKE 协议的主要版本号，如使用 IKEv2，该域值为 2。
- 次版本：4 比特，标识使用的 IKE 协议的次要版本号，如使用 IKEv2，该域值为 0。
- 交换类型：8 比特，标识正在使用的交换类型，如交换类型 IKE_SA_INIT、IKE_AUTH、CREATE_CHLID_SA、INFORMATIONAL 对应的域值分别为 34、35、36、37。
- 标志：8 比特，设置消息特殊选项。目前使用 3 个比特位，0 表示没有启用的位，消息发送者应将这些位置 0，接收者忽略这些位。标志位格式如图 7-14 所示，其中各位含义如下所述。

图 7-14　标志位格式

- ➢ 响应位 R：置 1 表示这是一个响应消息，与所响应的消息具有相同的消息 ID。
- ➢ 版本位 V：置 1 表示消息发送者可以使用高于"主版本"域标识的版本，当使用 IKEv2 时，该位应置 0。
- ➢ 发起者位 I：IKE SA 初始发起者发送消息时必须将该位置 1，该位用于接收者决定 SPI 的高 8 比特如何产生。
- 消息 ID：32 比特，用于丢包控制和匹配请求/响应。该域对防止重复攻击保护协议安全也是必要的。
- 长度：32 比特，标识以字节为单位的整个协议消息长度，含消息头和消息体。

IKE 协议消息体可以包含一个或多个载荷，每个载荷是一个结构体，包括载荷头和载荷体。IKE 通用消息载荷头（32 比特）结构如图 7-15 所示，其中各项含义如下所述。

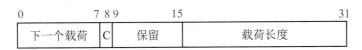

图 7-15　IKE 通用消息载荷头结构

- 下一个载荷：8 比特，该载荷后面紧跟着下一个载荷类型，如安全关联（SA）类型值为 33、密钥交换（KE）类型值为 34、证书（CERT）类型值为 37 等。目前标准中定义了 16 种载荷类型，消息体中最后一个载荷该域的值为 0。
- C 比特：1 比特，置 0 表示接收者不能理解当前载荷类型时则跳过本载荷；置 1 表示接收者不能理解当前载荷类型时拒绝整个消息。
- 保留：7 比特，未启用。
- 载荷长度：16 比特，以字节为单位的当前载荷长度（包含载荷头和载荷体）。

下面介绍一些典型的载荷数据结构，以理解 IKE 协议传递的消息内容。

（1）安全关联载荷（Security Association Payload）。其用于协商安全关联的属性，一个 SA 载荷包含多个建议（首选建议排列在前面），每个建议包含一个 IPSec 协议（IKE、ESP 或 AH），每个协议可以包含多个变换，每个变换可以包含多个属性。下面给出一个 SA 载荷数据结构树形描述的例子，如图 7-16 所示（图中的长度单位为比特）。

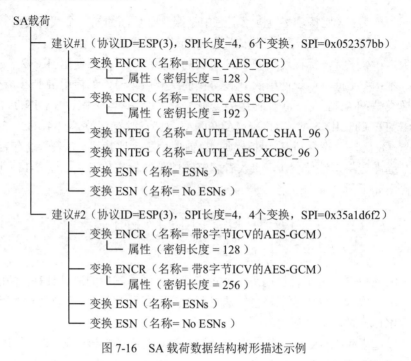

图 7-16　SA 载荷数据结构树形描述示例

通常一个建议/协议结构包含一个或多个变换结构，如图 7-16 所示，建议#1 为 ESP 协议（协议 ID 为 3），建议中包括两个加密算法及密钥长度、两个完整性检验算法、两个扩展顺序号（Extended Sequence Numbers，ESN）。建议#2 仅包括加密算法建议和扩展顺序号建议。SA 载荷除了具有通用的载荷头，其载荷体包括的两个建议及其下属变换都有具体结构。如建议结构包括建议长度、建议变换、协议 ID、SPI 大小和变换数量等；变换包括变换长度、类型和变换标识（如加密 ENCR 类型值为 1，而完整性算法 INTEG 类型值为 3 等），这里不再赘述。

在 SA 协议中，发起者给出一个或多个建议，响应者必须从中选取一个，若响应者都不支持则拒绝所有建议。同样，对于一个包含多个变换的建议，若有相同的变换（如相同的加密变换，只是密钥不同），响应者也必须确定地选择其一。

（2）密钥交换载荷（Key Exchange Payload，记为 KE）。密钥交换载荷用于交换 Diffie-Hellman（D-H）公钥（指数计算结果）。KE 载荷同样包含通用载荷头，后面跟 D-H 群编号以及密钥交换数据——D-H 公钥。

（3）证明载荷（Identification Payload，对发起者和响应者分别记为 IDi 或 IDr）。证明载荷允许对等实体向对方证明自己的身份，身份可以用于策略查找，但不必与 CERT 载荷任何域一致；身份域也可以用于访问控制决策，但是，若在 IDi 或 IDr 载荷中采用 IP 地址（ID_IPV4_ADDR 或 ID_IPV6_ADDR）标识类型，IKE 也不要求其中的地址与封装 IKE 消息的 IP 头部中的地址一致。

（4）证书载荷（Certificate Payload，记为 CERT）。证书载荷提供了一种通过 IKE 传递数字证书或其他认证信息的手段。CERT 载荷除包括通用载荷头外，还包括证书编码域（如 PKCS#7 封装的 X.509 证书、PGP 证书、X.509 属性证书、CRL、Kerberos 令牌等）和证书数据域。例如证书编码为 X.509 Certificate-Signature，则证书数据域包含一个 X.509 证书，证书包含的公钥用于验证发送者的 AUTH 载荷。

（5）证书请求载荷（Certificate Request Payload，记为 CERTREQ）。证书请求载荷为通过 IKE 请求指定证书提供了一种手段，该载荷可以出现在 IKE_INIT_SA 的响应消息或 IKE_AUTH 请求消息中。CERTREQ 载荷除包括通用载荷头外，还包括证书编码域（同上）和授权机构（CA）域，CA 域包含针对这种证书类型可接受授权机构的指示编码，如 CA 域是可信任 CA 公钥 SHA1 散列值链接在一起的一个列表。接收者判断证书请求中是否有满足特定证书类型要求并属于所要求 CA 的证书，若有，则应该将证书发回给请求者。

（6）认证载荷（Authentication Payload，记为 AUTH）。认证载荷包括用于认证目的的数据，载荷中指明认证方法（如 RSA 数字签名、共享密钥消息完整性码、DSS 数字签名等）并给出认证数据。

（7）随机数 Nonce 载荷（对于所属发起者或响应者分别记为 Ni 或 Nr）。随机数 Nonce 载荷用于传输发送方产生的随机数 Nonce。

（8）通知载荷（Notify Payload，记为 N）。通知载荷用于传输错误报告或状态转变等信息。N 载荷包含协议 ID、SPI 大小、通知消息类型、SPI 和通知数据等域。

（9）删除载荷（Delete Payload，记为 D）。删除载荷包含协议相关的 SA 标识符（对应发送者已经从其 SA 数据库中移除的，将不再使用）。具体地，D 载荷包含协议 ID、SPI 大小、SPI 数量和对应的安全参数索引 SPI。

（10）流量选择载荷（Traffic Selector Payload，记为 TS）。流量选择载荷允许对等实体为处理 IPSec 安全服务鉴别报文流。TS 载荷包含 TS 的数量域和私有流量选择器 TS 域，私有流量选择器中定义起始地址/终止地址、起始端口/终止端口。

（11）加密载荷（Encrypted Payload，记为 SK{...}）。加密载荷以加密形式包含并保护其他载荷，该载荷包含初始向量、加密的载荷、填充以及完整性验证数据，亦称"保密/认证载荷"，其中使用的加密算法和完整性保护算法采用 IKE SA 建立过程中协商的算法。

7.3 传输层安全协议（TLS）

 如何实现 Internet 中两个通信应用程序之间认证和数据的保密传输？

7.3.1 TLS 概述

TLS（Transport Layer Security）协议是一个用于在 Internet 上实现保密通信的安全协议。它是 IETF 在 Netscape 公司开发的 SSL（Secure Socket Layer）协议基础上改进发展而来的。IETF 于 2006 年发布了 TLSv1.1 版本（RFC 4363）。

TLS 设计目标：

- 密码安全性：TLS 用于在通信实体间建立安全连接。
- 互操作性：独立开发者可以使用 TLS 开发应用程序，而无需交换程序的代码。
- 扩展性：TLS 提供一种框架，便于加入新的公钥密码和对称密码。
- 相对效率性：密码操作是高 CPU 敏感的，尤其是公钥密码操作，TLS 提供了会话缓存机制以减少建立的连接数，此外尽量减少网络活动。

从 TCP/IP 网络体系结构中看，TLS 位于 TCP 层与应用层之间，对应用层是透明的。TLS 协议在可靠传输协议 TCP 之上为两个通信应用程序提供保密性和完整性保护。TLS 又分为两层：TLS 记录协议（TLS Record Protocol）层和 TLS 握手协议（Handshake Protocol）层，分别包含一个或多个子协议。TLS 协议分层结构如图 7-17 所示。

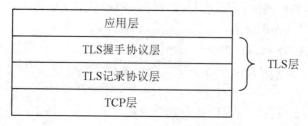

图 7-17　TLS 协议分层结构

TLS 记录协议层位于下层，仅包含 TLS 记录协议，为高层协议提供数据封装，实现压缩/解压缩、加/解密、计算与验证 MAC 等操作。TLS 记录协议使用 TLS 握手协议协商的加密算法和密钥对上层数据进行加密，实现了连接保密性；同时使用带密钥的 MAC 实现了传输消息完整性保护。

TLS 握手协议层位于 TLS 记录协议层之上，包含 3 个子协议：TLS 握手协议、TLS 改变密码规格协议和 TLS 报警协议。其中，TLS 握手协议是在应用 TLS 安全传输应用程序数据前，为通信双方——服务器（Server）和客户（Client）进行身份认证、协商密码算法、协商产生共享密钥等。实际上，对 TLS 记录协议层来讲，TLS 握手协议层包含的 3 个子协议和其他应用层协议是一样的，TLS 记录协议为这些协议提供封装实现透明传输，即它们都是 TLS 记录协议的"客户"，因此 TLS 协议栈可以描述为图 7-18 所示的结构。

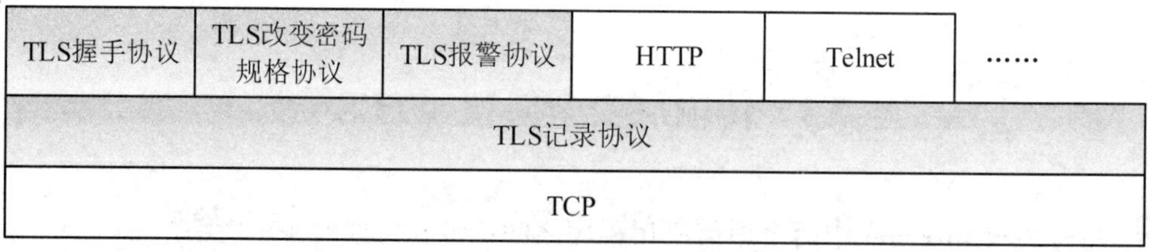

TLS握手协议	TLS改变密码规格协议	TLS报警协议	HTTP	Telnet	……
TLS记录协议					
TCP					

图 7-18　TLS 协议栈

TLS 协议中，应用对称加密体制加密传输的数据，应用公钥密码体制验证实体身份和交换密钥，根据用途不同，公钥密码体制又分为密钥交换算法和数字签名算法。

那么，握手协议协商的密码算法及密钥何时对记录层生效呢？客户和服务器如何协调更换使用新的密码算法和密钥呢？TLS 使用"连接状态"保存这些算法、参数及密钥，即一个 TLS 连接状态是 TLS 记录协议的操作环境，包括压缩算法、加密算法和 MAC 计算算法，以及用于这些算法的密钥。客户和服务器之间建立了一个连接之后协商出密码算法及密钥，记录协议按照连接状态给出的参数进行加/解密、MAC 计算/验证等操作。TLS 从两个角度定义连接状态，即预备状态和当前状态，以及读/写状态。

- 预备状态：包含本次握手过程中协商成功的压缩算法、加密算法、MAC 计算算法和密钥等。

- 当前状态：包含记录层正在使用的压缩算法、加密算法、MAC 计算算法和密钥等。
- 读状态：包含解压缩算法、解密算法、MAC 验证算法和对应的密钥等。
- 写状态：包含压缩算法、加密算法、MAC 计算算法和对应的密钥等。

因此，逻辑上可以组合为 4 个连接状态：当前读状态、当前写状态、预备读状态、预备写状态。所有的记录协议在当前读状态和当前写状态下处理。通过 TLS 握手协议设置预备状态的安全参数，使用 TLS 改变密码规格协议可以选择性地将任一个预备状态转为当前状态，替换原有的当前状态。

7.3.2　TLS 记录协议层

TLS 记录协议层根据当前会话状态指定的压缩算法、密码规格（Cipher Spec）指定的对称加密算法、MAC 算法、密钥长度、散列长度、IV 长度等参数，以及连接状态中指定客户和服务器的随机数、加密密钥、MAC 秘密、IV、消息序列号等，对当前连接中传输的高层数据进行分片、压缩/解压缩（可选）、MAC 保护/验证、加/解密等操作。记录协议层需要封装的高层协议包括 4 类：改变密码规格协议、报警协议、握手协议和应用层协议（如 HTTP、FTP、Telnet 等）。TLS 记录协议处理过程如图 7-19 所示，发送方自顶向下操作，接收方反方向操作。

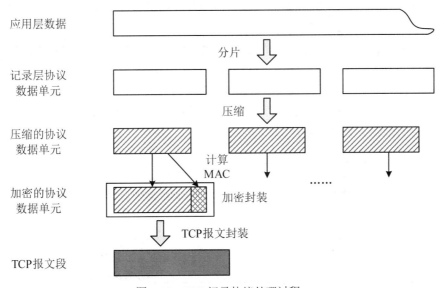

图 7-19　TLS 记录协议处理过程

记录协议层将应用层数据分片为不超过 2^{14} 字节大小的 TLS 记录层协议数据单元，之后进行压缩、计算 MAC、加密，最后封装成 TCP 报文段。其中，MAC 值是使用哈希函数（TLS 定义使用 MD5 或 SHA1）、MAC 密钥与（压缩后的）数据作为输入，计算得到的摘要，使得接收方可以通过使用共享的 MAC 密钥验证消息完整性。

记录协议层使用握手协议提供的安全参数生成加密密钥和 MAC 密钥。具体方法是，使用伪随机函数，输入握手协议产生的主秘密、密钥扩展字符串、服务器产生的随机数和客户产生的随机数，输出足够长度的密钥块。密钥块按密码规格需要顺序分解成特定长度的 4 个密钥：客户写 MAC 密钥、服务器写 MAC 密钥、客户写加密密钥、服务器写加密密钥。

7.3.3　TLS 握手协议层

TLS 握手协议层有 3 个子协议，用于对等实体为记录协议确定安全参数、相互认证、实例化协商的安全参数、报告错误等。

1.　TLS 握手协议

TLS 握手协议负责协商一个会话，该会话包括以下内容。

- 会话标识符：服务器选择的任意字节序列，标识一个活动的或可恢复的会话状态。
- 实体证书：对等实体的 X.509v3 证书，可以为空。
- 压缩方法：用于加密前压缩数据的算法。
- 密码规格：指明数据加密算法（如空、DES 等）、MAC 算法（如 MD5 或 SHA），以及密码属性，如摘要长度。
- 主秘密（Master Secret）：服务器与客户端共享的 48 字节秘密值。
- 可恢复标志：指明该会话是否可以用于初始化新的连接。

上述条目被 TLS 记录层协议用于生成安全参数保护应用数据。借助 TLS 握手协议层的恢复特性，使用同一个会话可以实例化很多连接。

TLS 握手协议消息交换过程如图 7-20 所示，主要包括如下步骤。

（1）交换 Hello 消息协商确认算法、交换随机数并检查会话恢复。客户 Hello 和服务器 Hello 都包括如下域：协议版本、随机数、会话 ID、密码套件和压缩算法。会话 ID 由客户端给出，指明是一个新会话或已有会话实例的一个新连接。消息 ClientHello 给出了密码套件列表和压缩算法列表，服务器端接收到消息 ClientHello 后，若可以接受客户提出的算法集，选择一个密码套件和一个压缩算法在 ServerHello 响应消息中返回。一个密码套件定义了包含 3 个算法的集合：一个密钥交换算法、一个对称加密算法和一个 MAC 算法。

交换必要的密码参数允许客户端和服务器生成预主秘密。

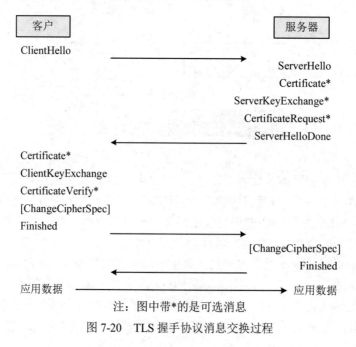

注：图中带*的是可选消息

图 7-20　TLS 握手协议消息交换过程

（2）交换证书。只要协商一致的密钥交换方法不是匿名的，紧接着 ServerHello 消息之后，服务器必须发送一个证书消息（Certificate）。这一消息包含一个证书列表，证书通常为 X.509v3 数字证书。服务器证书位列首部，其类型必须适合所选密码套件的密钥交换算法，其后顺序跟着证书验证路径、颁发者证书，直到根证书。如果服务器发出了客户证书请求消息（CertificateRequest），则客户必须发送包含自己证书的证书消息。

（3）密钥交换与认证。仅当服务器证书中没有包括足够数据允许客户交换一个预主秘密（Premaster Secret）时，服务器发送了证书消息后，紧跟着发送服务器密钥交换消息（ServerKeyExchange）。例如，服务器发送的证书包含可用于加密的 RSA 公钥，则服务器不发送 ServerKeyExchange 消息。ServerKeyExchange 消息向客户传递了用于交换预主秘密的密码信息。双方在 Hello 阶段协商不同密钥交换方法，ServerKeyExchange 消息内容不同，预主密钥的产生方法也不同。例如，密钥交换方法为 RSA，而服务器发送的证书中公钥不能用于加密，则 ServerKeyExchange 消息包括 RSA 模数、公钥指数参数，以及签名值；而当协商的密钥交换方法为 D-H 时，则 ServerKeyExchange 消息包括 D-H 算法使用的模数 p、生成元 g、用于交换的计算公开值（如 $g^x \bmod p$），以及签名值。无论哪种交换方法都包含签名值，签名算法仍然由协商的密钥交换算法决定，包括以下 3 种：匿名——无签名、RSA——16 字节 MD5 摘要和 20 字节 SHA1 摘要的签名、DSA——20 字节 SHA1 摘要的签名。因此，带有签名的 ServerKeyExchange 消息允许客户端对服务器进行显性认证。TLS 规范中定义了 7 种密钥交换算法，具体见表 7-1。

表 7-1　密钥交换算法描述

密钥交换算法	算法描述	是否发送 ServerKeyExchange 消息
DHE_DSS	带 DSS 数字签名的临时 D-H 密钥交换	是
DHE_RSA	带 RSA 数字签名的临时 D-H 密钥交换	是
DH_anon	匿名 D-H 密钥交换，无数字签名	是
DH_DSS	基于 DSS 证书的 D-H 密钥交换	否
DH_RSA	基于 RSA 证书的 D-H 密钥交换	否
NULL	无密钥交换	否
RSA	使用 RSA 加密交换密钥	否

因此，当采用 RSA 作为密钥协商和认证算法时，客户产生 48 字节"预主秘密"（pre_master_secret，2 字节协议版本号和 46 字节随机数），使用服务器的公钥加密发送给服务器。服务器使用自己的私钥解密预主秘密（同时认证了服务器的合法性），之后双方使用该值计算主秘密。若采用 D-H 密钥交换协议，则服务器与客户端协商产生共享秘密作为预主秘密，然后双方各自计算主秘密。其中，若客户证书中包含有 D-H 交换公钥值 Yc（某个私有值的模指数），则发送一个空的密钥交换消息；若证书中不包含 Yc，则客户端选择一个秘密私有值计算对应的公开值 Yc，通过 ClientKeyExchange 消息发送给服务器。

客户端发送的 CertificateVerify 消息用于向服务器显性认证自身，即客户端发送一个数字签名向服务器证明其身份的真实性，签名输入是之前客户端发送和接收到的所有握手消息。因此也实现了对之前握手消息的完整性认证。这时要求客户发送的证书具有签名能力。

（4）产生共享秘密。客户端在接收到 ServerHelloDone 消息之后，便可以在本地产生预主秘密，即此时无论采用哪种密钥交换方法，客户端已具有预主秘密。接着，客户端使用伪随机函数，利用已有的预主秘密和 Hello 消息中交换的随机数生成 48 字节的主秘密（master_secret），计算公式如下：

$$master\_secret = PRF(pre\_master\_secret, \text{"master secret"}, ClientHello.random + ServerHello.random)$$

如前所述，其中预主秘密根据密钥交换方法的不同有两种产生方式：一是客户端独立产生，之后采用 RSA 加密发送给服务器；二是使用 D-H 协议在服务器与客户端之间交换 D-H 公开值，利用 D-H 算法生成预主密钥。对应地，服务端直接从客户端获得该预主秘密（解密 RSA 加密的值），或通过交换的 D-H 公开值同样使用 D-H 算法计算产生预主秘密。

（5）完成握手。客户端总是在改变秘密规格消息（ChangeCipherSpec）之后发送一个完成消息（Finished），验证密钥交换和认证过程是成功的。完成消息是第一个使用刚刚协商的算法、密钥和秘密值保护的消息，接收端通过验证完成消息的正确性和有效性确认双方握手成功。完成消息包含的验证内容如下：

$$PRF(master\_secret, finished\_label, MD5(handshake\_messages) + SHA\text{-}1(handshake\_messages))$$

即主秘密、完成标签、握手协议的 MD5 和 SHA1 摘要值作为输入使用伪随机函数计算的输出，摘要计算基于之前所有的握手消息。

在握手协议中还包括一些其他消息，其中服务器发送 ServerHelloDone 消息向客户端表明 Hello 消息和关联消息发送完成，等待客户响应。客户端发送 CertificateVerify 消息之后发送改变密码规格消息（ChangeCipherSpec），并将预备密码规格复制到当前密码规格中。之后客户立即使用新的算法、密钥和秘密值发送 Finished 消息。作为响应，服务器发回其自己的改变密码规格消息（ChangeCipherSpec），并在新的密码规格下发送 Finished 消息。至此，握手协议完成，服务器和客户开始交换应用层数据。由于改变密码规格（ChangeCipherSpec）是一个独立于 TLS 握手协议的类型，实际上不应算作 TLS 握手协议中的一个消息，因此在图 7-20 中使用方括号括起来。

2. 改变密码规格协议（Change Cipher Spec Protocol）

改变密码规格协议用于改变密码策略。该协议仅包括一个消息，应用当前状态的压缩、加密算法及密钥，通知接收方后续记录将使用新协商的密码规格（Cipher Spec）和密钥进行保护。消息接收方指示记录协议层立刻将"读预备状态"复制到"读当前状态"。消息发送方发出该消息后，指示本方的记录协议层将"写预备状态"变为"写活动状态"。改变密码规格消息在安全参数确认后、完成消息之前的握手过程中发送。

3. 报警协议（Alter Protocol）

TLS 记录协议层支持的另一个协议类型是报警协议，报警消息内容包括重要程度（警告、致命）和报警描述（如关闭通知、不期望的消息、有损坏的记录 MAC、解密失败等）。这种情况下，该会话的其他连接可以继续，但会话标识符必须置为无效，避免建立新的连接。类

似其他消息，报警消息也是根据当前连接状态进行压缩和加密的。下面介绍几个典型的报警
类型。

- 关闭报警：消息发送方通知接收方将不再使用本连接发送任何消息。通信双方的任何
  一方可以通过发送"关闭通知"报警消息发起关闭，发送方应该在关闭当前连接的"写
  状态"之前发送"关闭通知"，而接收方应响应，回发一个"关闭通知"报警并立刻
  关闭连接，丢弃任何"预备写"，要求关闭发起方必须等待接收到响应"关闭通知"
  报警之后才能关闭连接的"读状态"。

- 错误报警：当检测到一个错误时，检测方向另一方发送一个"错误报警"消息，一旦
  发送或接收到一个"致命"错误报警消息，双方必须立即关闭连接，清除与该失败连
  接相关的会话标识符、密钥等，即该连接是不可恢复的。错误报警包括不期望的消息、
  错误 MAC、解密失败、记录溢出、解压失败、握手失败、错误证书等。

4. HTTPS 简介

HTTPS（Hypertext Transfer Protocol over Secure Socket Layer），是以安全为目标的 HTTP
通道，或称 HTTP 安全版，即在 SSL/ TLS 层之上运行 HTTP。HTTPS 的安全基础是 SSL/TLS，
因此使用 SSL/TLS 建立安全链接和实施加密等安全保护，具体使用与 HTTP 格式类似，只是
协议类型为 HTTPS，即 https//:URL。目前，HTTPS 广泛用于万维网上安全敏感的通信，例如
网上交易和支付等。

本章小结

本章介绍了安全协议的基本概念和应用。安全协议可以应用于网络分层结构中的任何一
层，结合各网络层次的特点，实施数据保密性、完整性、认证性等安全保护。本章重点介绍了
虚拟专用网协议 IPSec 和传输层安全协议 TLS，它们分别在网络层和传输层上实现对通信的保
护。针对不同应用需求，IPSec 提供认证头和封装安全载荷两种协议，每种协议可以有两种工
作模式，IPSec 使用独立的密钥交换协议实现初始认证和安全参数协商。TLS 使用握手协议和
记录协议完成实体间认证和通信保护。

习题 7

1. 什么是安全协议？安全协议与传统的网络协议有何关系和区别？
2. 常见的应用层安全协议有哪些？分别完成什么功能？
3. 什么是虚拟专用网 VPN？VPN 有哪些工作模式？
4. IPSec 是一个什么安全协议？其主要功能是什么？
5. 试对比分析 A-H 传输模式和 A-H 隧道模式的特点，哪个安全性更高？
6. AH 协议在应用中有什么局限性？
7. 试对比分析 ESP 传输模式和 ESP 隧道模式的安全特点，哪个安全性更高？

8．对比分析 A-H 协议与 ESP 协议的报文封装结构，它们各自具有哪些安全特性？

9．请简述 IPSec 工作流程。

10．IKE 定义了哪些内容？其功能是什么？

11．什么是 IKE 的交换？IKE 有哪些典型交换？为什么 IKE 采用统一的交换格式？

12．IKE 交换中载荷的通用格式是什么？IKE 中定义了哪些常用载荷？

13．TLS 协议的设计目标是什么？

14．在 TLS 协议中如何实现服务器与客户的相互认证？

15．TLS 记录协议层的主要功能是什么？

16．TLS 握手协议层的主要功能是什么？TES 握手协议中是如何实现密钥协商的？

17．在网络体系中，不同分层上实现安全保护有什么不同？结合应用谈一谈如何选择安全保护机制。

第 8 章　无线局域网（WLAN）安全机制

本章学习目标

本章主要讲解无线局域网（WLAN）安全机制，包括以下主要内容:
- WLAN 及其安全需求。
- 有线等同保密协议（WEP）。
- 健壮网络安全 RSN。
- WLAN 的鉴别与保密基础结构 WAPI。

8.1　WLAN 及其安全需求

 无线局域网在安全上有什么特殊性?

　　由于无线局域网（Wireless Local Area Network，WLAN）易于部署、方便使用，被广泛应用于机场、咖啡厅等公共热点区域，以及企业或家庭内部网络。然而 WLAN 固有的特点——开放的无线通信链路，使得网络安全问题更为突出。WLAN 更容易遭受恶意攻击，无线链路传输的数据更容易被窃听，WLAN 网络更容易被非法访问。

　　目前广泛采用的 WLAN 网络体系标准是 IEEE 定义的 802 系列规范。IEEE 802.11 系列标准定义了 WLAN 的物理层（PHY）和数据链路层中的介质访问控制（MAC）子层的内容，包括各种 WLAN 物理层通信模式，以及数据链路层共享介质访问控制协议，如帧调度、应答、重传、冲突避免等内容。在 1999 年颁布的 802.11 规范中定义了有线等同保密协议（Wired Equivalent Privacy，WEP），用于实现 WLAN 实体认证和链路加密保护。后来又研制出了 WEP 的改进版本 WAP（WiFi Access Protection），2004 年，IEEE 正式发布独立的 WLAN 安全保护规范 802.11i。

　　WLAN 有两种工作模式:一种是自组织（Ad Hoc）网络，即无线网络终端点对点通信，自组织构建无线通信网络;另一种是基础架构模式，如图 8-1 所示，即无线终端（STA）通过访问节点（Access Point，AP）相互通信，并实现与有线网络连接通信，每个 AP 通信区域成为一个基本服务集（Basic Service Set，BSS），多个相连的 BSS 构成扩展服务集（Extended Basic Service Set，EBSS）。在一个扩展服务集中，通过分布式系统（Distribution System，DS）连接访问节点 AP，DS 可以是有线网络或无线网络，图 8-1 中的 DS 为有线局域网。

　　那么 WLAN 面临哪些威胁呢?首先，有线网络中存在的网络安全威胁在 WLAN 中都存在;其次，WLAN 比有线网络面临更多的安全隐患。例如，在两个无线设备间传输未加密的敏感数据，容易被截获并导致泄密;恶意实体更容易获得对无线终端、AP 的非授权访问，并有可能由此非法获得对有线网络的非授权访问，从而打破整个网络系统的安全防护；恶意实体更容易干扰合法用户的通信，更容易直接针对无线连接或设备实施拒绝服务攻击 DoS，并可能跟踪用户的行为。

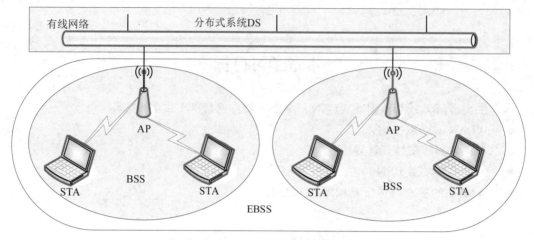

图 8-1   WLAN 基础架构模式

因此，WLAN 需要解决的安全问题包括：

● 访问控制。只有合法的实体才能够访问 WLAN 及其相关资源。

● 链路保密通信。无线链路通信应该确保数据的保密性、完整性及数据源的可认证性。

基于上述需求，WLAN 安全机制应该包括实体认证、链路加密和完整保护、数据源认证等，此外应该考虑防止或降低无线设备遭受 DoS 攻击。

WLAN 安全保护有两类方法：一类是采用非密码技术的访问控制机制；另一类是采用基于密码技术的安全机制。首先，看几个典型的非密码技术的访问控制机制。

（1）服务集识别码（Service Set Identifier，SSID）认证。每个 AP 设有一个 SSID，可以把 SSID 作为一群 WLAN 子系统设备所共享的网域识别码。基于 SSID 实现访问控制时，要求使用者（如 STA）必须知道此 SSID 值，此时，SSID 被当作一个秘密值，只有知道 SSID 的用户才能加入网络。这种访问控制机制也称为闭系统认证（Closed System Authentication）。当然，这种访问控制机制是脆弱的，因为 SSID 本身是明文传递的，容易被恶意实体监听获取。

（2）地址过滤机制。如，采用 MAC 地址过滤机制，这种机制多用于有线网络中的访问控制，通过配置网关过滤非法用户访问网络，如交换机配置 MAC 地址访问列表（Access Control List，ACL）。在 WLAN 中，AP 作为网络访问网关，可以在 AP 上设置 ACL，并根据使用者的无线网卡 MAC 地址决定接受或拒绝使用者访问 WLAN 网络。当然，我们知道伪造具有合法 MAC 地址的帧并不难，因此这种访问控制机制对于主动攻击者效果不佳。

此外，还可以采用定向天线或控制传输功率以减少无线通信信号的泄露或控制通信范围，从而提供 WLAN 的安全性。

上面几种非密码技术的访问控制机制的安全强度并不高，而且不能实现链路保密通信的保护。当然我们可以使用现有的高层网络安全协议保护 WLAN 安全通信，如 SSL/TLS、IPSec 等，但高层安全协议无法控制低层网络访问，无法阻止恶意实体非授权连接 WLAN，进而非法使用网络资源或实施进一步攻击。

8.2　有线等同保密协议（WEP）

如何基于共享密钥实现 WLAN 安全机制？

IEEE 802.11 是 WLAN 的系列标准，其在数据链路层的安全设计上考虑以下内容：

（1）力求提供有线网络等同的无线链路保护，使得有线网络中的其他机制可以无需变化继续使用。

（2）数据链路层认证机制应该是快速、简单、低成本的。与高层协议比较，设备处理数据链路层帧的能力较弱，同时要求帧交换延迟小，因此配置的安全机制应该高效快速。同时，数据链路层认证机制对高层应是透明的。

（3）WLAN 中的认证在系统边缘进行，并在会话开始前完成。用户不应该（也不需要）有任何先于认证的网络访问，实现认证前尽量不暴露任何弱点。

基于上述考虑，IEEE 在 1999 年发布的 802.11 中定义了 WLAN 安全机制——有线等同保密协议（Wired Equivalent Privacy，WEP），即试图提供与有线网等同的数据保密性。该机制采用流密码算法 RC4，基于共享密钥实现实体认证（拥有合法共享密钥的实体被视为合法实体）和数据保密通信。

WEP 定义了两种认证机制：一是开放系统认证（Open System Authentication），实际上为空认证；二是共享密钥认证（Shared Key Authentication），实现基于共享密钥的质询-响应握手协议。共享密钥认证 WEP 协议过程如图 8-2 所示。

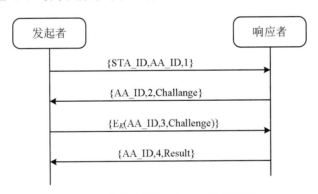

图 8-2　共享密钥认证 WEP 协议过程

共享密钥认证 WEP 协议过程如下所述。发起者一般发送第一帧请求认证，消息内容：无线终端 STA 标识声明 STA_ID；认证算法标识 AA_ID——在本协议各消息中均为字符串"Shared Key"；认证消息序号 1。响应者接收到认证请求，使用伪随机发生器产生一个 1024 比特的"质询"，封装响应消息发送给发起者。发起者接收到响应，将消息 2 中的质询复制到消息 3 中，并使用双方共享密钥，采用 WEP 加密封装方法加密消息 3，发送给响应者。响应者接收到消息 3，解密并验证消息完整性验证码 WEP ICV，并对比解密后的质询与消息 2 中的质询，若验证码正确，质询对比一致，则认证成功，返给发起者认证结果，认证结果 Result 为"成功"，认证不通过则认证结果 Result 为"失败"。

认证通过后，通信双方（STA 与 AP）采用 WEP 加密封装算法加密每个数据帧。WEP 封装流程如图 8-3 所示。

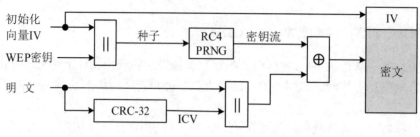

图 8-3　WEP 封装流程图

WEP 以 MAC 协议数据单元（MAC Protocol Data Unit，MPDU）为单位进行加密，并基于 MPDU 使用 CRC-32 计算完整性检验值（Integrity Check Value，ICV），链接在明文后面与密钥流混合加密。密钥流由 WEP 初始密钥和初始化向量 IV 一起使用 RC4 的伪随机数发生器 PRNG 产生。加密后 IV 与密文一起传递给接收方。

WEP 解密遵循 RC4 解密过程，解密后需要验证 ICV 的正确性，确保消息的完整性，WEP 解密过程如图 8-4 所示。

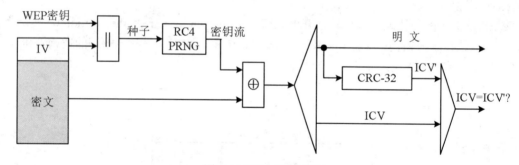

图 8-4　WEP 解密过程

从上述过程可以看出，只有拥有正确的共享密钥的设备才能通过认证，进而使用 WLAN 资源，同时能够正确加密/解密无线数据帧，实现 WLAN 应用中的数据链路层认证与保密服务。

不过，在 WEP 提出之后，许多学者和技术人员对它进行了研究，发现 WEP 存在较大安全弱点，主要表现为：RC4 密码作为一种流密码，其安全程度取决于密钥流的随机程度。流密码的密钥流的随机程度并不高，因此在安全上存在一定的风险。尽管当初 IEEE 802.11 研发小组在选择 RC4 作为 WEP 的加密引擎时认为 RC4 十分安全，而事实证明他们错了。

谈到 WEP 中的 RC4 弱点，最先由 Scott Fluhrer、Itsik Mantin 和 Adi Shamir 在他们的论文 *Weaknesses in the Key Scheduling Algorithm of RC4* 中提出 FMS 攻击方法，RC4 密钥中的各个字符对加密后的输出的影响大小不同，这种现象直接导致了弱 IV 的存在。弱 IV 与密钥的特定字节有着潜在的联系，每个弱 IV 都会泄露密钥特定字节的信息。如，已知部分密钥字节即可大概地计算出其他密钥字节最终获得全部密钥。之后很多学者进一步发展 FMS 攻击方法，发现了更多的 RC4 弱密钥。

而 IEEE 802.11 的帧格式也容易泄露部分密钥，如帧以 SNAP 标头为首，而 SNAP 的第 1

个字节为 0xAA，于是只要将 0xAA 与加密后产生的第 1 个字节进行异或就能够得到密钥的第 1 个字节。继而深入地运用 FMS 攻击方法，就可以获得更多的密钥字节。而且密钥长度对攻击没有太大影响，因为运用该攻击方法破解密钥中的每个字节的速度呈线性上升趋势。

流密码体制固有 IV 重用的弱点。最初的 IEEE 802.11 标准中采用流密码 RC4 体制，并且规定的密钥种子的长度为 64 比特，其中 24 比特为 IV，有效密钥长度为 40 比特。即使后来有些厂家使用 128 比特密钥，IV 长度仍然为 24 比特，所有可能的 IV 值的个数为 2^{24}=16777216，可见 IV 的取值范围并不大，在大量交换无线数据帧的环境中，使得 IV 资源会在几小时内被用尽，导致不同数据包可能重复使用一个 IV，这意味着它们使用的密钥流也是一样的。根据流密码工作原理，已知一个明文，则可以恢复另一个明文，亦称 IV 碰撞攻击。

若攻击者通过上述方法只要获得一组 IV 及对应密钥流，则 WEP 安全性全无，进而可以对 WEP 加密封装和认证过程进行攻击，如信息注入，攻击者截获消息并重放。而当攻击者获得了一个密钥流，就可以任意构造、注入消息，任意构造 STA 与 AP 之间的认证数据包。

8.3　健壮网络安全（RSN）

 如何基于公钥密码及成熟安全机制实现 WLAN 安全需求?

由于众多针对 WEP 的研究指出其存在安全缺陷，不能提供对 WLAN 的有效安全保护，所以 WiFi 企业联盟不断提出修改方案，并最终提出 WEPv2 版本，也称无线保护访问（Wi-Fi Protected Access，WPA）。WPA 仍然基于预共享密钥认证对等实体，并从预共享密钥生成一个 128 比特加密密钥和另一个不同的 64 比特消息认证密钥，后者用于计算消息完整性验证码（Message Integrity Code，MIC）。此外，可选地，WPA 定义可以采用 IEEE 802.1X 和扩展认证协议（Extensible Authentication Protocol，EAP）对每一次关联实现更强的认证，并协商生成一个新鲜的共享密钥，所需的密钥都可以从这个共享密钥向后生成。

WPA 采用临时密钥完整性协议（Temporal Key Integrity Protocol，TKIP）实现数据保密性和完整性保护，且仍然使用 RC4 流密码算法加密数据，但包括一个密钥混合函数和一个扩展的初始向量 IV 空间，用于构造非关联且新鲜的每包密钥。TKIP 数据帧保护机制如图 8-5 所示。

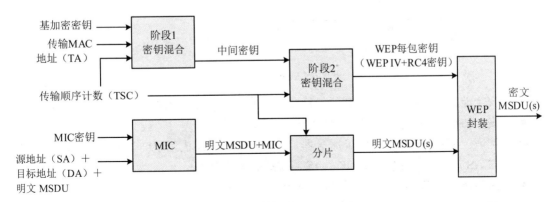

图 8-5　TKIP 数据帧保护机制

WPA 引入了 Michael 算法和消息完整性验证码（MIC）机制，提高数据完整性保护强度，并引入单调递增序号加入数据帧，实现帧顺序管理，防止消息重放攻击。

WPA 定义 TKIP 的目的在于解决已知 WEP 中的弱点，因此安全性有所提高。然而，为了能够重用已有硬件设备，实现向后兼容，WPA 仍然存在弱点。如，攻击者通过攻击 WEP 每包密钥，试图发现 MIC 密钥，进而在算法里重复使用 IV 时打破 WAP 安全性。此外，为了减小对性能的影响，WPA 配置的 Michael 算法仅实现 20 比特的安全，这就意味着一个敌手每 2^{19} 包可以构造一个成功的伪造数据帧。

为了彻底解决 WEP 存在的安全问题，IEEE 于 2004 年推出了 IEEE 802.11 的安全补充标准 IEEE 802.11i，定义了全新的 WLAN 安全基础架构——健壮安全网络（Robust Security Network，RSN），并在 2007 版 IEEE 802.11 标准中补充更新 WLAN 安全架构。标准中保留了向前兼任的 WEP 以及 TKIP 认证与保密通信方式，并定义了健壮安全网络关联（Robust Security Network Association，RSNA）作为全新的认证与保密通信方式。下面简述基础结构模式下 RSNA 的建立与管理。

1. RSNA 的建立

在一个扩展服务集 ESS 中，可以使用两种方式建立 RSNA：一是基于 IEEE 802.1X 实现实体认证与密钥管理；二是基于预共享密钥（Pre-Shared Key，PSK）实现认证与密钥管理。采用 IEEE 802.1X 方式时，具有 RSNA 能力的无线终端 STA 建立 RSNA 的过程如图 8-6 所示。

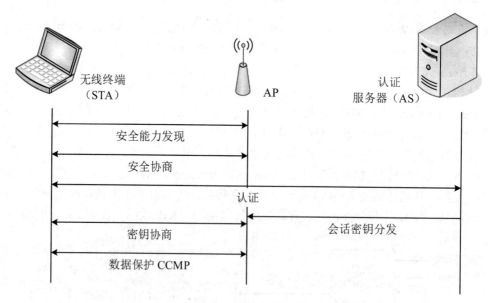

图 8-6　RSNA 建立过程

- 安全能力发现：STA 从 AP 的信标或探测响应帧中识别 AP 具有 RSNA 能力。
- 安全协商：STA 在关联过程中协商密码套件。
- 认证：STA 与 AP 借助认证服务器使用 IEEE 802.1X 进行双向认证，认证之后，STA 与 AS 产生共享主密钥 PMK，AS 将 PMK 分发给 AP。
- 密钥协商：STA 与 AP 基于 PMK 使用密钥管理协议建立临时会话密钥。
- 数据保护：使用协商的密码套件和临时密钥在 MAC 层实施通信保护。

基于预共享密钥（Pre-Shared Key，PSK）建立 RSNA 时，基本过程与上面类似，不同之处是不需要密钥协商，直接使用预共享密钥（PSK）作为初始主密钥（PMK）。

2. 认证

RSNA 建立过程中使用的协议栈如图 8-7 所示。

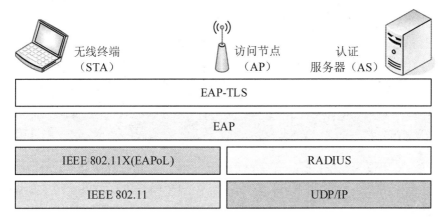

图 8-7　RSNA 无线网络安全协议栈

无线终端（STA）与访问节点（AP）之间基于使用 IEEE 802.11 网络连接，基于 IEEE 802.1X 实现 STA 与 AP 之间相互认证，认证借助认证服务器（AS），使用 EAP 认证框架，具体使用 EAP-TLS 认证方法在 STA 与 AS 之间进行认证。在有线网络部分，RADIUS 作为 AS 的事实标准，使用 RADIUS 传输协议在 IP 网络上封装认证协议（EAP）。从协议栈中可以看出，RSNA 使用了已有的很多标准协议，由于这些协议在有线网络中被长期应用，确保了协议的安全性，其中很多协议（如 IEEE 802.11X 等）针对 WLAN 网络进行了修改和完善。

（1）IEEE 802.1X。IEEE 802.1X 是一种基于端口的网络访问控制协议，提供了一种对希望接入 LAN 或 WLAN 设备的认证机制。IEEE 802.1X 定义了在 IEEE 802 网络上封装扩展认证协议（Extensible Authentication Protocol，EAP），即 EAPoL（EAP over LAN）协议，2004 年修订版 IEEE 802.1X 提供了对 WLAN 的支持。

IEEE 802.1X 认证包括 3 个部分：请求者——希望接入 LAN/WLAN 的客户设备（如笔记本电脑）；认证者——网络设备，如以太网交换机、WLAN 的 AP 等；认证服务器（AS）——如一台运行支持 RADIUS 和 EAP 协议软件的主机。

IEEE 802.1X 限制未经授权的用户/设备访问 LAN/WLAN。在获得访问 LAN/WLAN 提供的各种资源、业务之前，IEEE 802.1X 对连接到交换机/AP 端口上的用户/设备进行认证。在认证通过之前，IEEE 802.1X 只允许 EAPoL（基于局域网的扩展认证协议）数据帧通过交换机/AP 的设备端口；认证通过以后，正常的数据可以顺利地通过交换设备端口。IEEE 802.1X 的工作原理如图 8-8 所示。

为了区别处理认证管理帧和正常业务帧，交换设备的每个物理端口被分为两个逻辑端口：受控端口和非受控端口，从而可以实现业务与认证的分离。RADIUS 服务器和交换设备利用非受控端口完成对用户/设备的认证，即认证与控制消息通过非受控端口交换，通过认证之后，业务报文直接承载在正常的二层报文上通过受控端口交换。这就像一个"逻辑开关"，未通过认证时开关拨向非受控端口，通过认证后开关拨向受控端口。

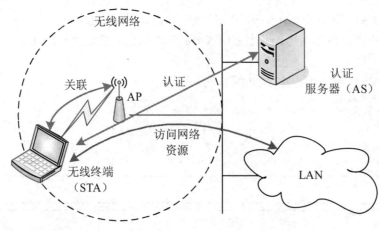

图 8-8　IEEE 802.1X 的工作原理

IEEE 802.1X 协议为二层协议，无需高层协议支持，因此非常适合 WLAN 中无线终端的认证与访问控制。在无线局域网网络环境中 IEEE 802.1X 结合 EAP-TLS，可实现 WLAN 实体认证和密钥协商。

（2）扩展认证协议（EAP）。扩展认证协议（Extensible Authentication Protocol，EAP）是一种认证框架，在 RFC 3748 中定义，支持多种认证方法，通过使用具体的 EAP 方法协商产生密钥及传递参数。在 IETF RFC 中定义了许多具体方法，如 EAP-MD5、EAP-TLS、EAP-IKEv2 等。

EAP-TLS 即为一种具体的认证方法，在 RFC 5216 中定义。它使用强安全认证协议 TLS，采用 EAP 框架交换协议消息，使用 PKI 实现基于公钥证书的请求者与认证者双向认证。如前面章节所述，传输层安全协议 TLS 提供了双向认证、完整性保护的密码套件协商，以及密钥交换。EAP-TLS 包括基于证书的双向认证和密钥产生，TLS 认证和密钥协商协议消息被封装在 EAP 内交换。在 WLAN 认证过程中，双向认证在 STA 与 AS（通常是 RADIUS 服务器）之间完成，AP 在 STA 和 AS 之间转发认证消息，实现 IEEE 802.1X 与 RADIUS 协议消息的格式转换。

（3）RSNA 认证过程。一个典型的基于 IEEE 802.1X/EAP-TLS 的认证过程如图 8-9 所示。

1）准备。AP 的端口被设置为"非授权"状态，即只允许 IEEE 802.1X 流量通过非受控端口，而其他（如 DHCP 和 HTTP 等）协议流量将被阻塞。

2）初始化。AP 周期地向本地网络区域上的特定地址广播 EAP 请求标识帧（EAP-Request Identity），在这一地址上的 STA 监听到请求帧后，响应一个包括用户标识（User ID）的 EAP 响应标识帧（EAP-Response Identity），AP 将这一标识响应封装到 RADIUS 访问请求（RADIUS Access-Request），并将报文转发给 AS。当然，STA 也可以主动向 AP 发送 EAPoL 开始（EAPoL-Start）帧初始化认证或重启初始化。

3）协商。AS 向 AP 发送一个 RADIUS 请求质询（RADIUS Access-Challenge）报文，报文中包含 EAP 请求（EAP Request），定义了期望 STA 使用的认证方法，如 EAP-TLS。AP 将该报文内容——EAP 请求重新封装成 EAPoL 帧，通过 IEEE 802.11 网络转发给 STA。这时，STA 可以接受 AS 建议的认证方法并启动该方法开始工作，也可以拒绝该方法，并响应一个期望使用的 EAP 认证方法。

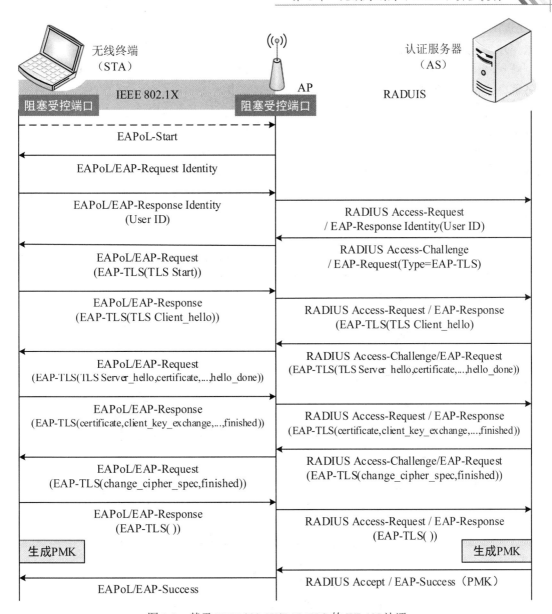

图 8-9　基于 IEEE 802.1X/EAP-TLS 的 WLAN 认证

4）认证。如果 AS 和 STA 同意了一种 EAP 认证方法，在 STA 与 AS 之间（由 AP 转发）反复交换 EAP 请求（EAP-Request）和 EAP 响应（EAP-Response）协议消息，直到 AS 响应一个 EAP 成功（EAP-Success）消息——封装在 RADIUS 访问接受（RADIUS Access-Accept）报文中，或者 AS 响应一个 EAP 失败（EAP-Failure）消息——封装在 RADIUS 访问拒绝（RADIUS Access-Reject）报文中。如果认证成功，AS 设置其通信端口为"授权"状态，此时受控端口开放，允许正常业务流量通过。如果认证不成功，则该端口仍为"非授权"状态，仍然只有控制消息或认证消息可以通过非受控端口。当 STA 注销连接时，STA 发送 EAPoL-Logoff 消息，此时 AP 将该通信端口设置为"非授权"状态，这时又将阻塞所有非 EAP 流量。

需要进一步说明的是，AP 从 STA 接收到的所有 EAP 帧被从 EAPoL 格式解封并转化为标准 EAP 帧，由高层负责针对 AS 认证协议重新封装，如，对于使用 RADIUS 的认证服务器 AS 按 RADIUS 协议格式封装，转发给 AS。反之亦然，AP 从 AS 接收到的 RADIUS 认证消息由高层解封转换为 EAP 格式，再将 EAP 帧转化为 EAPoL 格式，转发给 STA。因此，AP 与 RADIUS 服务器之间反复交换 RADIUS Access-Request 和 RADIUS Access-Challenge 消息，完成认证消息交换。此外，通常 AP 与 RADIUS 服务器拥有共享密钥，用于加密保护 AP 与 AS 之间交换认证消息。

通过 EAP-TLS 方法完成 STA 与 AS 之间的认证之后，根据具体使用的 TLS 方法，在 STA 与 AS 之间协商产生共享主密钥 PMK（Pairwise Master Key），之后 AS 将 PMK 通过加密的 EAP Success 消息安全地传递给 AP，此时完成了 STA 与 AP（通过 AS）之间的相互认证，并拥有共享密钥 PMK。

3. 密钥管理协议

IEEE 802.11 的 RSNA 中定义了密钥管理协议，包括四次握手密钥协商协议——用于 STA 与 AP 之间协商产生、更新共享临时密钥，以及密钥使用方法。四次握手密钥协商协议工作过程如图 8-10 所示，STA 与 AP 使用 EAPoL-Key 帧格式封装交换的协议消息。

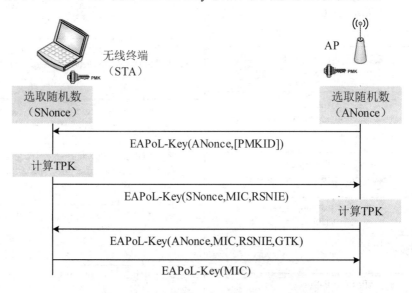

图 8-10　四次握手密钥协商协议工作过程

首先 AP 产生一个随机数 ANonce，发出消息 1，将随机数传递给 STA，可选地包含 PMKID。STA 接收到消息 1 后，本地产生一个随机数 SNonce，使用两个随机数计算临时密钥 PTK，构造并返回给 AP 消息 2，消息 2 中包括 STA 的 RSNIE，与 STA 发送的（重新）管理请求帧中的 RSNIE 一致。AP 接收到消息 2，启用 RSNIE 指明的密码套件及参数，计算 PTK，构造并发送消息 3，其中包括 AP 的 RSNIE，如果此时组密钥 GTK 可用，消息中封装加密的 GTK。STA 接收到消息 3，验证消息完整性后，安装组密钥 GTK，并构造返回消息 4，消息 4 中只包含消息完整性码。

四次握手密钥协商协议实现了 STA 与 AP 之间基于 PMK 交换产生的会话密钥 TPK。通过四次握手密钥协商协议，双方都可确认对方正确持有 PMK，并通过交换随机数产生共享的会话密钥。其中，消息 2、消息 3、消息 4 都使用了消息完整性码（MIC）保护消息，计算 MIC，使用从 PTK 中导出的密钥确认密钥（KCK）。

PTK 是基于伪随机函数，使用 STA 与 AP 交换的随机数 SNonce、ANonce，以及网络地址计算得出的，并分解为三个字密钥使用。如使用伪随机函数产生 256 比特密钥流，顺序分解为：

（1）密钥确认密钥（Key Confirmation Key，KCK）：128 比特，用于计算 MIC 等。

（2）密钥加密密钥（Key Encryption Key，KEK）：128 比特，用于加密其他密钥，如加密组密钥进行组密钥分发。

（3）临时密钥（Temporal Key，TK）：使用 CCMP 时长度为 128 比特，使用 TKIP 时长度为 256 比特，用于数据保密。

此外，RSN 使用一个两次握手协议分发组密钥，AP 使用 KEK 加密组密钥 GTK，分发给合法 STA，STA 验证消息完整性后本地安装组密钥，并返回一个确认消息，其中包括消息完整性码（MIC），确认收到 GTK。

RSN 网络中可以周期地调用四次握手协议或两次组密钥分发协议，重新协商会话密钥或分发组密钥。

4. RSNA 数据保密协议

STA 与 AP 完成相互认证后，即使用数据保密协议保护 IEEE 802.11 数据帧。标准中定义了两类数据保密和完整性协议——TKIP 和 CCMP（Counter mode with Cipher-block chaining Message authentication code Protocol，带计数模式的块链接消息认证码协议）。CCMP 核心加密算法采用 128 比特密钥长度和 128 比特分组长度的 AES 算法，提供了数据保密、认证、完整性保护，以及重放保护。CCMP 保护 MAC 协议数据单元 MPDU 的数据域部分和 IEEE 802.11 帧头部，如图 8-11 所示。

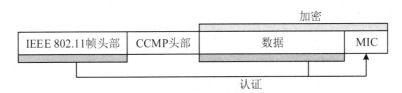

图 8-11　CCMP 数据帧保护

CCM 是使用计数模式提供保密性、使用密文块链接 CBC 消息认证码（CBC-MAC）实现数据源认证的一种对称分组密码模式，在 RFC 3610 中定义。对每个会话，CCM 要求一个新鲜的临时密钥，同时对于一个给定临时密钥，要求对每一个帧使用一个唯一的随机数 Nonce，CCMP 使用一个 48 比特包顺序号（PN）作为随机数，因此对于一个临时密钥，PN 不能重复使用。

CCMP 加密封装过程如图 8-12 所示。

从图中可以看出，CCMP 加密封装包括以下步骤。

（1）递增 PN，使得每一个 MAC 协议数据单元 MPDU 获得一个新鲜的 PN。

（2）使用 MPDU 头中的数据项构造附加认证数据（Additional Authentication Data，AAD），CCM 提供了对 AAD 内部数据项的保护，对 MPDU 头部中的在传输过程中可能改变的数据项进行构造时加以屏蔽。

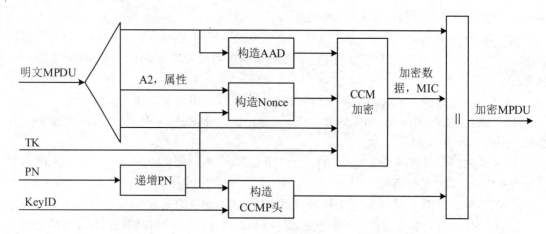

图 8-12　CCMP 加密封装过程

（3）使用 PN、MPDU 中的地址 2（A2）、属性数据项构造 CCM 随机数 Nonce。

（4）将新的 PN 和密钥标识（KeyID）放置到 CCMP 头部。

（5）使用临时密钥、AAD、Nonce 和 MPDU 数据生成密文和 MIC。

（6）连接原始 MPDU 头部、CCMP 头部、加密后的数据和 MIC 构成加密后的 MPDU。

解密时同样构造 AAD、Nonce 并使用临时密钥解密密文，并进行重放检测。

8.4　WLAN 鉴别与保密基础结构（WAPI）

 我国自主知识产权的 WLAN 安全机制。

　　2003 年，我国正式颁布了无线局域网国家标准 GB 15629.11—2003 和 GB 15629.1102—2003。该标准为我国无线局域网领域首批颁布实施的国家标准。国家将无线局域网产品同步纳入中国强制认证（CCC）管理。标准 GB 15629.11—2003 中定义的 WLAN 鉴别与保密基础结构（WLAN Authentication and Privacy Infrastructure，WAPI）具有独立的自主知识产权，政府对 WAPI 给予了政策上的大力支持，该标准也一度与 IEEE 802.11i 一起竞争申请 ISO 在 WLAN 安全领域的国际标准。2006 年，宽带无线 IP 标准工作组对原 WAPI 标准进行了较大的修改与完善（GB 15629.11—2003/XG1—2006、GB 15629.1101—2006、GB 15629.1103—2006、GB 15629.1104—2006），形成了全面采用 WAPI 技术的 WLAN 国家标准体系。

　　WAPI 由 WLAN 鉴别基础结构（WLAN Authentication Infrastructure，WAI）和 WLAN 保密基础结构（WLAN Privacy Infrastructure，WPI）两部分组成。标准中使用椭圆曲线 ECC 公钥密码算法，以及国家密码办指定的商用对称密码算法，分别实现对 WLAN 实体的鉴别（与前面使用的"认证"含义一致，这里沿用标准中用词）和传输数据加密保护。

　　WAI 认证结构采用公钥密码体制，独立定义了数字证书结构，实现实体身份与公钥的绑定，数字证书格式与 X.509 证书格式不兼容。WAI 机制实现了 WLAN 实体间的认证和密钥协商，具体协议执行过程如图 8-13 所示。

　　首先 AP 向 STA 发出鉴别激活消息，STA 返回接入鉴别请求，包含 STA 的证书和时间戳等数据项，AP 在 STA 发来的接入鉴别请求基础上添加自己的证书，构造并签名证书鉴别请求，发送给 AS，AS 验证 STA 和 AP 证书的有效性，以及 AP 发送的证书鉴别请求消息的有效性，将鉴别结果经签名后构造"证书鉴别响应"消息返回给 AP，AP 转发给 STA。至此，基于公钥证书机制，STA、AP 和 AS 相互鉴别有效性，完成实体间认证。

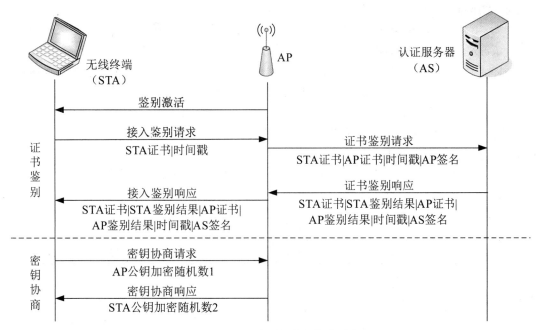

图 8-13　WAI 鉴别与密钥协商过程

进一步，STA 与 AP 之间使用公钥算法加密并交换随机数，基于交换的随机数构造双方共享密钥，为之后数据保密通信提供会话密钥以及完整性保护密钥。

WAPI 中自定义了数字证书格式，如图 8-14 所示。图中各数据项后括号内的数字代表数据项长度（字节）。由于 WAPI 中数字证书与 X.509 并不兼容，因此标准中定义 AS 除了具有鉴别功能之外，还负责管理证书的产生、颁发和吊销等。

版本号（2）
序列号（4）
证书签名算法（2）
颁发者名称（6～256）
颁发者公钥信息（41～256）
有效期（8）
证书持有者名称（6～256）
证书持有者公钥信息（41～256）
证书类型（2）
扩展（2）
颁发者对证书签名（41～256）

图 8-14　WAPI 中的数字证书格式

从 WAI 协议执行过程可以看出，WAPI 定义了一种全新的 WLAN 实体鉴别和密钥协商机制，协议简单易用，而不是像 IEEE 802.11i 中定义的 RSNA 采用了众多有线网中已经成熟应用的安全机制。从标准成熟度上讲，RSNA 更完备成熟，而独立定义的 WAI 更简单。

通过对 WAI 的协议过程分析，我们可以看出，鉴别阶段 AS 并不能显性认证 STA 的合法性，而密钥协商过程容易遭受中间人攻击。读者可自行分析。

2006 年修订的新标准中，WAI 协议在保证原标准简洁性的基础上，对原标准中的 WAI 在身份认证阶段和密钥协商阶段存在的不足进行了修正和完善，主要包括以下 4 个方面。

（1）强调并加重了密钥管理，确定了会话密钥协商阶段的发起者必须为 AP，避免了由 STA 发起的会话密钥协商造成的 STA 端重放攻击，防止 STA 端消耗网络资源。同时也增加了会话密钥确认的数据分组。在 STA 和 AP 之间相互交换的数据分组中添加了消息认证码，使 WAI 可以大大提高对数据完整性的防护，防止攻击者篡改数据信息，并且可以通过计算消息鉴别码的方法来判断 STA 和 AP 两端产生的密钥是否一致。

（2）新标准中的 WAI 部分对身份认证和会话密钥协商中分组内容进行了较大的修改，具体见表 8-1。

表 8-1 WAI 分组数据的改变

分组数据	原 WAPI 标准	新实施的 WAPI 标准
鉴别激活	无任何身份信息	加入 AP 证书
接入鉴别请求	无 STA 签名	加入 STA 签名，临时公钥
证书鉴别请求	AP 签名	无 AP 签名，加入随机数
密钥协商请求	信息采用 ECC 加密	明文传送
密钥协商响应	信息采用 ECC 加密，无消息鉴别码	含消息鉴别码
密钥协商确认	无此分组	密钥确认

（3）重新定义了密钥应用框架。在身份认证阶段，生成了基密钥（BK）。如果身份认证成功，STA 端和 AP 接入点需要各自生成密钥种子，然后使用扩展算法对密钥种子展开计算，从而计算得到 BK。通过产生 BK 的方法来关联证书鉴别阶段和密钥协商阶段，而原 WAI 的身份认证和会话密钥协商阶段是相互无关的，会话密钥协商阶段并不能从身份认证阶段中获取任何与密钥有关的数据。

（4）规定只能是 AP 端发起会话密钥协商请求（以此预防攻击者伪装成 STA 不断发送数据给 AP 来侵蚀 AP 有限的资源），会话密钥协商阶段数据交互轮数由先前的 2 轮变为了 3 轮。同时，STA 端和接入点 AP 利用各自产生的随机数通过扩展算法计算密钥。

新标准中的 WAI 部分对原标准中 WAI 存在的安全问题给出了相应的解决方案，与原标准相比，具有如下安全属性：

● 身份认证阶段产生基密钥（BK），STA 和 AP 利用 BK 在接下来的密钥协商阶段生成所需的密钥，从而使密钥协商阶段和产生的密钥更加安全，并且增强了身份认证阶段与会话密钥协商阶段的相关性。

● 在鉴别激活分组中添加了 AP 的公钥证书，方便 STA 获得 AP 的公钥信息。

- 在接入鉴别请求分组数据中增加了 STA 的签名信息，弥补了原协议中仅仅是对 STA 公钥证书认证的缺陷，通过对签名的验证完成了 AS 对 STA 身份信息的确认。
- 密钥协商阶段将原来由 STA 激活密钥协商阶段改为由 AP 激活整个密钥协商阶段，可以防止伪 STA 伪造数据分组信息发给 AP，从而导致拒绝服务攻击，消耗有限的 AP 资源。
- 会话密钥协商阶段增加了密钥确认的数据，可以通过对 MIC 的推算判断双方是否产生了一样的密钥。

WAPI 中的 WPI 是对 MAC 子层的 MPDU 数据采取的加/解密操作，使用的对数据的加密算法是我国局域网产品加密使用的 SMS4 密码算法，对信息的完整性校验算法使用的是 CBC-MAC 方式，而对信息保密方面使用的加/解密算法是 OFB 方式。

本章小结

本章介绍了无线局域网（WLAN）的特点及其面临的安全威胁，由于 WLAN 的开放性使得 WLAN 更容易遭受非授权访问、窃听等。本章介绍了 IEEE 802.11 中早期定义的有线等同保密协议（WEP），分析了其存在的安全缺陷，详细介绍了 IEEE 802.11 后期改进安全架构——健壮安全网络（RSN），以及健壮安全网络管理（RSNA）的建立、认证、密钥管理及数据保密协议等，最后介绍了我国自主知识产权的 WLAN 安全基础结构 WAPI。

习题 8

1. 为什么说 WLAN 比有线网络更容易遭受网络攻击？
2. WLAN 面临哪些更突出的安全威胁？在网络分层结构中，在哪一层保护无线通信更合适？
3. WEP 是如何实现实体认证的？
4. WEP 在保护数据帧时采用什么加密算法？是否提供数据帧完整性保护？
5. RSNA 采用了哪些已有的协议？其协议栈包括哪些内容？
6. 请描述 IEEE 802.1X 认证机制的工作过程。它在 RSNA 安全架构中起到什么作用？
7. EAP 的作用是什么？EAP-TLS 可实现什么功能？
8. RSNA 安全架构中是如何实现数据加密的？
9. 简述 WAI 的鉴别过程，并分析其实现的安全目标。
10. 请比较 RSNA 与 WAPI 在安全架构上的实现特点，对比它们的优缺点。
11. 如果让你来设计 WLAN 安全机制，请论述你将考虑哪些方面以及设计思路。

第9章 网络安全技术

本章学习目标

本章主要讲解网络环境下的安全防范技术。通过本章的学习，读者应该掌握以下内容：

- 网络安全包括哪些常用的技术和手段。
- 网络扫描技术的作用和实施。
- 网络防火墙的作用和工作机理。
- 入侵检测系统的作用和工作机理。
- 使用蜜罐技术有效发现网络入侵行为。

9.1 网络安全技术概述

 如何保护网络免遭入侵？

信息安全的一个重要方面就是网络的安全，这里的"网络"指承担数据通信的计算机网络。网络技术的飞速发展和网络规模的迅猛增长，使得信息安全问题更为突出。由于网络的存在，攻击者更容易通过网络非法入侵他人的网络系统、计算机系统，非法访问网络上的资源，非法窃取终端系统中的数据。此外，病毒在网络环境下更容易传播。因此，计算机网络的安全防范技术是信息安全的重要方面之一，网络安全防范更加关注对网络的人为主动攻击。

网络通常分为内部网络和外部网络（也称公共网络，如 Internet），内部网络是一个单位或组织构建的承载内部应用的网络，通常通过路由器与外部网络相连，此时内部网络与外部网络成为安全边界，对安全边界的监控是网络安全的重要内容。2.2 节中讨论的信息安全防御模型也适合网络安全防御构建。通过网络风险评估确定网络面临哪些安全威胁、存在哪些安全风险；根据评估结果制定网络安全策略，安全策略应该是全面的、动态的，能够涵盖网络通信节点、通信协议、终端系统等各个环节；根据安全策略对网络实施全面保护，运用防火墙、认证系统等隔离内外网，对网络访问者进行认证等；同时，防范和保护并不能消除威胁和攻击，尤其是人为的攻击，因此需要实时监测手段，监控检查网络安全状态，发现网络入侵、攻击等行为；针对网络攻击等安全事件，应能够及时做出响应，切断入侵连接，隔离非法行为；对于由于攻击遭到损坏的系统，能够进行快速有效的恢复，保持系统正常工作。

具体实施和构建上述网络安全防御体系，除了必要的人、制度、机制、管理等方面的保障，还要依赖于各种网络安全技术。常用的网络安全技术如下所述。

（1）扫描技术：发现内部网络安全薄弱环节，以便进行完善保护。

（2）防火墙技术：通常在内部网络与外部网络衔接处，阻止外部网络对内部网络的访问，限制内部网络对外部网络的访问等。

（3）隔离网闸技术：在物理隔离的两个网络之间安全地进行数据交换和资源共享。

（4）入侵检测技术：发现非正常的外部网络对内部网络的入侵行为，报警并阻止入侵行为，阻止影响的进一步扩大。

（5）蜜罐技术：通过部署一些作为诱饵的主机、网络服务或信息，诱使入侵者或攻击者对诱饵设施实施攻击，从而对攻击行为进行捕获和分析，了解攻击者使用的工具与方法，推测攻击意图和动机。

9.2　网络扫描技术

 如何探测网络拓扑结构及网络中系统存在的安全弱点？

网络扫描是发现网络中设备及系统是否存在漏洞的技术。它利用网络通信协议的工作机理，在网络环境下检查网络终端设备的系统是否存在漏洞或弱点。由于网络通信协议的自身特点、主机操作系统的推陈出新，以及系统管理员的疏忽或缺乏经验，网络环境下的各类系统会存在这样那样的漏洞。使用特定的网络扫描软件，如网络漏洞扫描器，可以对网络进行扫描监控。当然，网络扫描器既可以被网络管理员使用，也可能被攻击者利用。攻击者利用扫描软件探测目标网络的拓扑结构，发现目标系统的漏洞；而管理员利用扫描软件发现自身的系统漏洞以便进行修补和防范。典型的网络扫描技术包括主机扫描、端口扫描、系统指纹识别等。

1. 主机扫描

主机扫描的目的是确定在目标网络上的主机是否可达，常用的扫描手段有 ICMP Echo 扫描、Broadcast ICMP 扫描等。ICMP Echo 扫描利用 Ping 命令向目标主机发送 ICMP Echo Request（ICMP 回应请求）数据包，等待回复的 ICMP Echo Reply（ICMP 回应应答）数据包，如果能收到应答，则表明目标系统是可达的，否则表明目标系统已经不可达或发送的数据包被中间设备（如防火墙）过滤掉。Broadcast ICMP 扫描是将 ICMP 请求包的目标地址设为广播地址或网络地址，则可以探测广播域或整个网络范围内的主机。

防火墙和网络过滤设备常导致传统的探测手段变得无效。为了突破这种限制，攻击者通常利用 ICMP 协议提供的错误消息机制，例如发送异常的 IP 包头、在 IP 头中设置无效的字段值、错误的数据分片，以及通过超长包探测内部路由器并反向映射探测等。向目标主机发送包头错误的 IP 包，如伪造错误的 Header Length 数据项和 IP Options 数据项，目标主机或过滤设备会反馈 ICMP Parameter Problem Error 报文；向目标主机发送的 IP 包中填充错误的字段值，目标主机或过滤设备会反馈 ICMP Destination Unreachable 报文；当目标主机接收到错误的数据分片，并且在规定的时间间隔内得不到更正时，将丢弃这些错误数据包，并向发送主机反馈 ICMP Fragment Reassembly Time Exceeded 错误报文。利用上述方法可以检测到目标主机和网络过滤设备的 ACL（访问控制列表）。若构造的数据包长度超过目标系统所在路由器的 PMTU，且设置禁止分片标志，则路由器会反馈 Fragmentation Needed and Don't Fragment Bit was Set 差错报文，从而获得目标系统的网络拓扑结构。

2. 端口扫描

当确定了目标主机可达后，就可以使用端口扫描技术发现目标主机的开放端口，包括网络协议和各种应用监听的端口。端口扫描技术主要包括开放扫描、隐蔽扫描和半开放扫描等。在开放扫描过程中会产生大量的审计数据，容易被对方发现，但其可靠性高。下面介绍一些典型的端口扫描方法。

TCP Connect 扫描和 TCP 反向 ident 扫描，这是两种开放扫描。TCP Connect 扫描调用 socket 函数 connect 连接到目标计算机上，完成一次完整的三次握手过程。如果端口处于侦听状态，那么 connect 函数就能成功返回，否则表示这个端口不可用，即该端口没有提供服务。这种扫描的优点是稳定可靠、不需要特殊的权限，缺点是扫描方式不隐蔽，服务器日志会记录大量密集的连接和错误记录，容易被防火墙发现和屏蔽。TCP 反向 ident 扫描利用 ident 协议允许看到通过 TCP 连接的任何进程（即使这个连接不是由这个进程开始的）的拥有者的用户名。比如，连接到 HTTP 端口，然后用 ident 来发现服务器是否正在以 root 权限运行。

TCP Xmas 扫描和 TCP Null 扫描是 FIN 扫描的两个变种。TCP Xmas 扫描打开 TCP 报文头部 FIN、URG 和 PUSH 标记，而 TCP Null 扫描关闭所有标记。TCP Xmas 扫描和 TCP Null 扫描组合用于发现对 FIN 标记数据包的过滤，当这种数据包到达一个关闭的端口，数据包会被丢掉，并且返回一个 RST 数据包；若到达一个打开的端口，数据包只是简单地被丢掉，而不返回 RST。这类扫描的优点是隐蔽性好，缺点是要自己构造数据包，要求有超级用户或授权用户权限，通常适用于 UNIX 目标主机，Windows 系统不支持。

TCP FTP 代理扫描利用 FTP 代理连接选项，该选项允许一个客户端同时跟两个 FTP 服务器建立连接，然后在服务器之间直接传输数据。TCP FTP 代理扫描不但难以跟踪，而且可以穿越防火墙，不过，一些 FTP 服务器禁止这种特性。

分段扫描，即不直接发送 TCP 探测数据包，而是将数据包分为两个较小的 IP 段。这样就将一个 TCP 头分成几个数据包，从而使包过滤设备很难探测到这类扫描。这种扫描隐蔽性好，可穿越防火墙，但有时某些程序在处理这些小数据包时会出现异常，数据包可能被丢弃。

TCP SYN 扫描和 TCP 间接扫描是两种半开放扫描，这类扫描隐蔽性和可靠性介于开放扫描和隐蔽扫描之间。TCP SYN 扫描向目标主机端口发送 SYN 包，如果应答是 RST 包，那么说明端口是关闭的；如果应答中包含 SYN 包和 ACK 包，则说明目标端口处于监听状态，此时再传送一个 RST 包给目标机，从而停止建立连接。由于在 TCP SYN 扫描时，全连接尚未建立，所以这种技术通常被称为半连接扫描。其优点是隐蔽性比全连接扫描好，一般系统对这种半连接扫描很少记录；其缺点是构造 SYN 包需要超级用户或授权用户访问专门的系统调用。TCP 间接扫描利用第三方的 IP（欺骗主机）隐藏真正扫描者的 IP，由于扫描主机会对欺骗主机发送回应信息，所以必须监控欺骗主机的 IP 行为，从而获得原始扫描的结果。扫描主机通过伪造第三方主机 IP 地址向目标主机发起 TCP SYN 扫描，并通过观察其 IP 序列号的增长规律获取端口的状态，这种扫描隐蔽性好，但对第三方主机的要求较高。

网络扫描可以使用一些操作系统内置的命令或第三方工具软件，如 Nmap 是一个网络探测工具和安全扫描器，也称为"操作系统指纹"扫描器。使用 Nmap 可以快速扫描互联网上的主机，识别它们使用的操作系统和正在提供的服务。

综上所述，网络扫描器能够扫描目标主机，识别其工作状态（开机/关机），识别目标主机端口的状态（监听/关闭），识别目标主机系统及服务程序的类型和版本，基于此，根据已知漏洞信息分析系统脆弱点。因此，对于整个网络而言，只有充分利用网络扫描器，采取综合的防护措施，构筑全方位的安全保护系统，才能实现全面的网络安全。

9.3 网络防火墙技术

 如何隔离内部网络与外部网络？

9.3.1 防火墙的概念和功能

防火墙概念源于古代人们建造房屋之间的隔墙，发生火灾时这道墙可以防止火灾的蔓延。借此概念，计算机网络中的"防火墙"在内部网（Intranet）和外部网（Extranet）之间建立起一个安全网关（Security Gateway），从而保护内部网免受外部网非法用户的侵入，如图 9-1 所示。通常，防火墙是一个软件和硬件组合而成的设备。

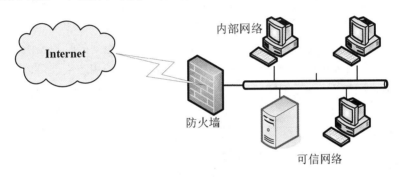

图 9-1 网络防火墙部署

1．防火墙的特性

（1）内部网络和外部网络之间的所有网络数据流都必须经过防火墙。这是由防火墙所处的网络位置决定的，同时也是发挥防火墙作用的一个前提。防火墙属于用户网络边界的安全保护设备，只有当防火墙是内外部网络之间通信的唯一通路时，才可以全面、有效地保护企业内部网络不受侵害。防火墙的目的就是在网络连接之间建立一个安全控制点，通过允许、拒绝或重新定向经过防火墙的数据流实现对进出内部网络的数据和访问的审计与控制。

（2）只有符合安全策略的数据流才能通过防火墙。防火墙最基本的功能是确保网络流量的合法性，通过设置规则过滤通过防火墙的数据流，实现规划的网络安全策略，并在此前提下将网络的流量快速地从一条链路转发到另外的链路。

（3）防火墙自身应具有非常强的抗攻击免疫力。这是防火墙担当企业内部网络安全防护重任的先决条件。防火墙处于网络边缘，它就像一个边界卫士一样，每时每刻都要面对攻击者、非法用户的入侵，面对外来的网络攻击，防火墙自身要具有非常强的抗击入侵能力。

2．防火墙的功能

（1）防火墙是网络安全的屏障。一个防火墙（作为阻塞点、控制点）可以根据协议数据类型过滤不安全的服务而降低风险，由于只有经过精心选择的应用协议才能通过防火墙，所以能够使内部网络变得更安全。例如，防火墙可以禁止不安全的 NFS 协议进出受保护网络，这样外部的攻击者就不可能利用这些脆弱的协议来攻击内部网络；同时，防火墙还可以保护网络免受基于路由的攻击，如 IP 选项中的源路由攻击和 ICMP 重定向路径攻击。

（2）防火墙可以强化网络安全策略。目前防火墙产品能够支持多种安全服务，能够将安全服务（如口令、加密、身份认证、审计等）配置在防火墙上，形成集中式安全管理，与将网络安全问题分散到各个主机上分别管理相比，防火墙的集中安全管理更经济，也更有利于管理维护。

（3）对网络存取和访问进行监控审计。由于防火墙处于网络的边界处，充当"关卡"，所以所有的网络访问都要经过防火墙，那么，防火墙就能记录这些访问并做出日志记录，同时也能提供网络使用情况的统计数据。当发生可疑行为、事件时，防火墙能进行报警，并提供网络流量的详细信息。通过防火墙收集一个网络的使用和误用情况是非常有价值的，可以了解防火墙是否能够抵挡攻击者的探测和攻击，了解防火墙控制是否充足；此外，对网络使用的统计、对网络安全需求的分析和威胁分析等也是非常重要的。

（4）防止内部信息的外泄。可以利用防火墙对内部网络进行划分，实现内部网络重点网段的隔离，限制局部重点或敏感网络安全问题对全局网络造成影响。此外，确保内部网络的隐私也是非常重要的，一个内部网络中不引人注意的细节，可能包含外部攻击者感兴趣的内部网络安全的线索，甚至可能由此暴露内部网络的某些安全漏洞。使用防火墙可以隐蔽内部网络及提供服务的细节，例如 Finger、DNS 等服务。我们知道，使用 Finger 命令可以获得支持该服务的远程主机上用户的注册名、最后登录时间和使用 shell 的类型等信息，依此信息攻击者可以知道一个系统使用的频繁程度，这个系统是否有用户正在连线上网，这个系统是否在被攻击时引起注意等；利用 DNS 服务可以获得主机域名和 IP 地址的对应列表。使用防火墙可以屏蔽对外网提供这些服务，从而最大限度地隐藏内部网络隐私。

除了上述隔离、屏蔽安全作用，很多防火墙集成了虚拟专用网 VPN 功能，并提供远程安全连接服务。

9.3.2 防火墙的工作原理

根据实现技术，防火墙可以分为 3 大类：包过滤、应用代理和状态监视。

1. 包过滤技术

包过滤是最早使用的一种防火墙技术。它的第一代模型是静态包过滤（Static Packet Filtering）。使用包过滤技术的防火墙工作在网络分层体系模型中的网络层，后来发展更新的动态包过滤技术增加了传输层上的过滤功能。简单地讲，包过滤即对通过防火墙的每个 IP 数据报文（简称"数据包"）的头部、协议、地址、端口、类型等信息进行检查，与预先设定好的防火墙过滤规则进行匹配，一旦发现某个数据包的某个或多个部分与过滤规则匹配并且条件为"阻止"的时候，这个数据包就会被丢弃。因此，这种类型的防火墙的规则设置尤为重要，过滤规则设置合理可以使防火墙工作更安全、更有效。

下面具体看一个包过滤防火墙工作实例。首先，根据组织的网络安全策略，在防火墙中事先设置包过滤规则，表 9-1 给出了一个包过滤规则实例。

表 9-1　一个分组过滤规则集实例

规则	方向	源 IP 地址	目的 IP 地址	协议类型	源端口	目的端口	操作
1	出	119.100.79.0	202.100.50.7	TCP	>1023	23	拒绝
2	入	202.100.50.7	119.100.79.0	TCP	23	>1023	拒绝
3	出	119.100.79.2	任意	TCP	>1023	25	允许
4	入	任意	119.100.79.2	TCP	25	>1023	允许
5	出	192.100.50.0	119.100.79.4	TCP	>1023	80	允许
6	入	119.100.79.4	192.100.50.0	TCP	80	>1023	允许
7	双向	任意	任意	任意	任意	任意	拒绝

防火墙工作时，根据包过滤规则对进入防火墙的分组流进行检查，通常需要检查下列分组字段：

- 源 IP 地址和目的 IP 地址。
- TCP、UDP 和 ICMP 等协议类型。
- 源 TCP 端口和目的 TCP 端口。
- 源 UDP 端口和目的 UDP 端口。
- ICMP 消息类型。
- 输出分组的网络接口。

设置包过滤规则时需要按一定顺序排列。当一个分组到达时，按规则的排列顺序依次地运用每个规则对分组进行检查，一旦分组与一个规则相匹配，则不再向下检查其他规则。因此，规则设置顺序影响工作效率。匹配结果分为以下 3 种情况。

（1）如果一个分组与一个拒绝转发的规则相匹配，则该分组将被禁止通过。

（2）如果一个分组与一个允许转发的规则相匹配，则该分组将被允许通过。

（3）如果一个分组没有与任何的规则相匹配，则该分组将被禁止通过。这里遵循了"一切未被允许的都是禁止的"的原则。

在表 9-1 中，规则 1 和规则 2 用于禁止内部网络 119.100.79.0 网段用户使用 Telnet 服务（默认端口 23）链接地址为 202.100.50.7 的主机；规则 3 和规则 4 用于允许内部网用户使用 SMTP（E-mail）服务与 119.100.79.2 通信；规则 5 和规则 6 用于允许内部网络 192.100.50.0 网段用户访问 119.100.79.4 的 Web 服务；规则 7 是默认规则，遵循"一切未被允许的都是禁止的"原则。

包过滤型防火墙的优点是网络性能损失小、可扩展性好和易于实现；但同时，由于这种防火墙基于网络层的分组头信息进行检查并实现过滤机制，对封装在分组中的数据内容一般不进行解释和检查，也就不会感知具体的应用内容，容易受到 IP 欺骗等攻击。

从上面的例子可以看出，静态包过滤技术只能根据预先设置的过滤规则进行判断过滤，一旦出现一个没有在设计人员意料之中的有害数据包请求，防火墙就无法发挥保护作用。为了解决这一问题，人们对包过滤技术进行了改进，设计了"动态包过滤"技术，与静态包过滤相比，动态包过滤功能在保持原有静态包过滤技术和过滤规则的基础上，对已经成功与计算机连接的报文传输进行跟踪，并且判断该连接发送的数据包是否会对系统构成威胁，一旦触发其判断机制，防火墙就会自动产生新的临时过滤规则，或者把已经存在的过滤规则进行修改更新，从而阻止该"有害数据"的继续传输。由于动态包过滤需要消耗额外的资源和时间来提取数据包内容进行判断处理，所以与静态包过滤机制相比，动态包过滤机制运行效率低，但为了获得更高的安全性，这是值得的。

采用包过滤技术的防火墙，基于过滤规则实施网络保护，但是实际应用中规则不可能定义得过于精细，因为规则数量和防火墙性能成反比，而且它只能工作于网络层和传输层，并不能识别更高层协议中的"有害数据"，所以它有一定的局限性。但是由于包过滤防火墙产品廉价且容易实现，所以仍能适应众多网络的应用需求。

2. 应用代理技术

由于包过滤技术无法提供完善的数据保护措施，而且一些特殊的报文攻击仅仅使用过滤的方法并不能消除危害（如 SYN 攻击、ICMP 洪水等），因此出现了应用代理（Application Proxy）技术的防火墙。这种防火墙实际上就是一台小型的带有数据检测过滤功能的透明代理服务器（Transparent Proxy），但是它并不是单纯地在一个代理设备中嵌入包过滤技术，而是具有应用协议分析（Application Protocol Analysis）能力。

应用协议分析技术工作在 OSI 模型的最高层——应用层，在这一层防火墙能"看到"应用数据的最终形式，因而可以实现更高级、更全面的数据检测。代理防火墙把自身映射为一条透明线路，从用户和外部线路角度来看，它们之间的连接并没有任何阻碍，但是这个连接的数据收发实际上是经过了代理防火墙转发的，当外界数据进入代理防火墙的客户端时，应用协议分析模块便根据应用层协议处理这个数据，通过预置的处理规则检查这个数据是否带有危害。由于这一层面能够获得完整的应用层数据，所以防火墙不仅能根据数据层提供的信息判断数据，更能像管理员分析服务器日志那样"看"内容辨危害。而且由于工作在应用层，该类防火墙还可以实现双向限制，在过滤外部网络有害数据的同时也可以监控内部网络流出的数据，防止内部网络重要信息的泄漏。

由于应用代理防火墙采取代理机制进行工作，即内外部网络之间的通信都需要先经过代理服务器审核，内外部网络的计算机不能直接连接会话，这样就可以避免攻击者使用"数据驱动"网络攻击。"数据驱动"攻击指可以顺利通过包过滤技术防火墙规则的数据报文，当它进入到内部网络计算机后，组合成的应用层数据却变成能够修改系统设置和用户数据的恶意代码。因此，应用代理防火墙可以有效阻止这种渗透攻击内部的网络行为。

当然，应用代理防火墙的工作机制也成为它性能上的缺点。基于代理技术，防火墙为每个通过它的连接都建立一个代理程序进程，而代理进程自身要消耗一定时间，代理进程运行一套复杂的协议分析机制还原应用层数据，因此，数据在通过代理防火墙时不可避免地产生延迟。应用代理防火墙是以牺牲速度为代价换取了比包过滤防火墙更高的安全性能，在网络吞吐量不是很大的情况下，用户也许不会察觉到延迟，然而当数据交换频繁时，应用代理防火墙就可能成为整个网络的瓶颈，甚至出现阻塞而造成整个网络瘫痪。所以，应根据应用需求决定是否选择应用代理防火墙。

3. 状态监视技术

状态监视（Stateful Inspection）技术是 CheckPoint 技术公司在动态包过滤技术基础上发展提出的，类似的也有其他厂商联合开发的深度包检测（Deep Packet Inspection）技术。这种防火墙技术通过一种被称为状态监视的模块，在不影响网络正常工作的前提下采用抽取相关数据的方法，对网络通信的各个层次实行监测，并根据各种过滤规则作出安全决策。

状态监视技术在支持对每个数据包的头部、协议、地址、端口、类型等信息进行分析的基础上，进一步发展了会话过滤（Session Filtering）功能。在每个连接建立时，该防火墙会为这个连接构造一个会话状态，包含了这个连接数据包的所有信息，之后基于连接状态信息对每个数据包的内容进行分析和监视。

状态监视技术结合了包过滤技术和应用代理技术，因此实现相对复杂，相对于传统包过滤防火墙也会占用更多的资源。

9.3.3　基于 DMZ 的防火墙部署

通常，防火墙作为边界设备将内部网络与外部网络隔离开来，没有特殊需求时，禁止一切外部对内部的访问，有限制地允许内部网络内的主机访问外部服务，这样可以最大限度地防范外来非法入侵。但是我们知道，一个企业或组织往往需要设置一些服务器对外提供服务，如提供 Web 服务器对外宣传，或提供 FTP 服务器提供一些资源下载，即要求提供有限的内部资源访问服务，此时，可以在内部网络与 Internet 之间设置一个独立的屏蔽子网，在内部网与屏蔽子网之间和屏蔽子网与 Internet 之间各设置一个屏蔽路由器（防火墙），如图 9-2 所示。

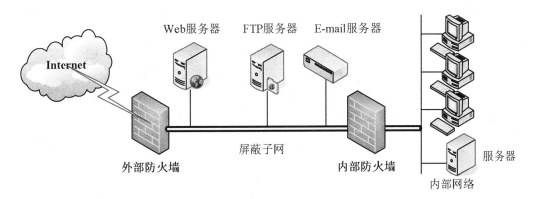

图 9-2　屏蔽子网防火墙部署

这种防火墙部署也称 DMZ 部署方式，现在一般防火墙产品都支持这种部署模式，即提供至少 3 个网络接口：一个用于连接外部网络——通常是 Internet，一个用于连接内部网络，一个用于连接提供对外服务的屏蔽子网。DMZ（demilitarized zone，隔离区，也称非军事化区）是一个非安全系统与安全系统之间的缓冲区，这个缓冲区位于企业内部网络和外部网络之间，用于放置一些必须公开的服务器设施，如企业 Web 服务器、FTP 服务器和论坛等。通过这样一个 DMZ 区域，既便于内部用户访问又便于外部网络访问，同时更加有效地保护了内部网络。

企业防火墙与个人防火墙

前面介绍的防火墙设置在网络边界，用于隔离内部网络与外部网络，通常称为企业防火墙，这类防火墙多以硬件作为产品形态。个人用户安装在个人计算机或服务器上的是个人防火墙软件，用于保护本地计算机或服务器的安全网络应用，有些产品还与防病毒软件集成在一起，保护终端计算机免遭恶意软件及人为攻击。常见的个人防火墙产品有 360 安全卫士、金山网镖、江民黑客防火墙、瑞星个人防火墙、天网防火墙、诺顿个人防火墙等。个人防火墙通常可以设置不同的安全级别、应用程序访问规则限制应用程序访问网络以及对外允许提供的网络连接，并能够监听应用程序的网络连接，为安全审计提供安全日志。

9.4　隔离网闸技术

 如何实现内外网络的物理隔离?

基于传统防火墙为核心的网络边界防御体系，在应用中只能够满足一般性安全需求。国家保密局在《计算机信息系统国际联网保密管理规定》第二章第六条中规定，"涉及国家秘密的计算机信息系统，不得直接或间接地与国际互联网或其他公共信息网络相联接，必须实行物理隔离"。例如一个单位办公网络可以连接互联网，而同时存在另一个涉密的内部网络，按照要求这两个网络必须物理隔离，即不能有直接的网络联接，这时如果需要在两个网络间交换数据，可以使用隔离网闸技术。

9.4.1　隔离网闸概述

传统的防火墙基于策略控制机制，通过定义规则和约束的方式进行数据包的转发，实现端到端的连接，保障网络的安全，但只起到了安全验证的作用，没有物理隔离效果。而隔离网闸则是在数据安全交换过程中，在保证物理链路断开的前提下，实现数据的安全交换和资源共享，从而把网络中的安全威胁隔离。简言之，防火墙的原理是在保证网络互联互通的基础下为了安全而安装，而隔离网闸则是在确保安全的基础上再进行互联互通。

隔离网闸技术是使用带有多种控制功能的固态开关读写介质连接两个独立主机系统的信息安全设备。由于隔离网闸所连接的两个独立主机系统之间，不存在通信的物理连接、逻辑连接、信息传输命令、信息传输协议，不存在依据协议的信息包转发，只有数据文件的无协议"摆渡"，且对固态存储介质只有"读"和"写"两个命令，所以，隔离网闸从物理上隔离、阻断了具有潜在攻击可能的一切连接。隔离网闸采用独特的硬件设计并集成多种软件防护策略，一般具备通道隔离控制和协议净化控制功能，在保证两个网络安全隔离的基础上能够实现安全信息交换和资源共享，并抵御各种已知和未知的攻击，显著提高内网的安全强度。

9.4.2　隔离网闸的工作原理

隔离网闸的技术思想源于轮渡的工作机理，采用协议的剥离和重建技术，对协议数据包进行"摆渡"，即通过隔离的方式，中断网络两边的连接，把原来数据中的网络协议剥离出来并把数据还原为应用数据，通过安全审查和全面分析后再在内部进行重新封装，从而实现数据的安全交换。典型的隔离网闸采用"开关+存储"技术，始终保持连接的单向性，即一个时刻隔离网闸设备只与一个网络连接，同时，只能进行静态数据交换，因此保证了两个网络之间没有网络连接。更完善的隔离网闸设备还可以检测过滤病毒、木马等恶意代码。

隔离网闸主要包括了3大处理单元，即内网处理单元、外网处理单元和隔离硬件单元。其中，内、外网处理单元分别用于完成与内网、外网端接入网络的硬件和软件接口等功能，还可以分别作为内网和外网的服务器，用于对内网用户、外网用户和交换文件进行管理；隔离硬件单元不仅具有隔离模块和电路控制模块，还能够保护读写逻辑和主控模块等，用于实现内外网的安全隔离与信息交换，是隔离网闸的核心模块。隔离网闸的数据交换原理如图9-3所示。

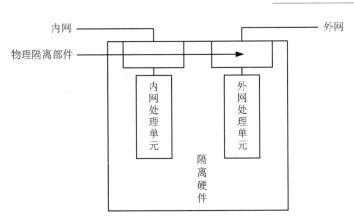

图 9-3　隔离网闸的数据交换原理图

隔离网闸的内网处理单元、外网处理单元和隔离硬件三者之间没有任何空间和时间上的连接，完全可以隔断两个接入网络之间的链路连接、通信连接、网络连接和应用连接，在保证两个网络完全断开、协议中止和禁止 IP 操作的前提下，提供非 TCP/IP 网络的数据通道。隔离网闸在网络的应用层将数据还原为原始数据文件，通过隔离硬件上的存储芯片读写，以"摆渡文件"的形式来完成原始数据交换，任何形式的数据包、信息传输命令和 TCP/IP 协议都不能穿透隔离网闸。隔离网闸中各处理单元的组成和功能如下所述。

- 内网处理单元。其由内网处理计算机、内网接口和内网数据存储器等组成，用于完成与内网端接入网络的硬件和软件接口等功能。按照私有的数据重组格式、解析格式和"摆渡"协议，对从内网接收的信息进行防病毒管理、数据解析、数据重组、原始数据提取、数据过滤等，确保从内网中接收的原始数据安全后待隔离硬件转发，或将隔离硬件转发来的原始数据重组后发向内网。

- 外网处理单元。其由外网处理计算机、外网接口和外网数据存储器等组成，用于完成与外网端接入网络的硬件和软件接口等功能。按照私有的数据重组格式、解析格式和"摆渡"协议，对从外网接收的信息进行防病毒管理、数据解析、数据重组、原始数据提取、数据过滤等，确保从外网中接收的原始数据安全后待隔离硬件转发，或将隔离硬件转发来的原始数据重组后发向外网。

- 隔离硬件。其由隔离控制计算机、转发数据存储器和数据通道等组成，用于完成内、外网处理单元原始数据的接收或发送请求、管理控制数据通道和数据通道开关的状态，以硬件译码方式确保从内、外网处理单元中解析出来的原始数据在交换过程中以分时、分段和分步方式流动；对经过隔离硬件的原始数据进行逐字节的强制格式变换，使内网和外网之间既没有直通的控制总线、地址总线和数据总线，也没有信息上的关联；来自两个接入网络任一端企图通过隔离网闸的时序流、IP 流和控制流都被完全隔断，经过严格审查的原始数据在隔离硬件的控制下以分时、分段、分步方式被转发到对方网络。

在很多情况下，隔离网闸对网络的安全隔离不是把内网和外网直接断开，而是通过隔离硬件上的第三方存储介质和控制电路来实现调度。例如，若有外网访问请求时，通过外网服务器向隔离硬件上的第三方存储介质发起非开放式互联协议的访问请求，设备对所有的开放式协议进行剥离，将原始的数据写入隔离硬件上的第三方存储介质中，并对数据的安全性和完整性进行检查。待数据写入完成后立即中断网络连接，开始对网络的另一端进行非 TCP/IP 的开放式数据连接，并通过隔离硬件上的第三方处理系统将经过安全审查验证的数据推向内网。内网对数据进行重新封装，并交给相应的应用系统。每次数据交换完成后，隔离硬件上的控制台会收到一个信号，从而使第三方的隔离系统立即切断与内网的直接连接。

在数据的交换过程中，隔离网闸主要是通过开关技术来实现对链路的通和断。目前的隔离网闸开关技术主要有 SCSI 技术、双端口 RAM 技术和物理单向传输技术，其中 SCSI 技术是典型的拷盘交换技术，双端口 RAM 技术是模拟拷盘技术，物理单向传输技术则是二极管单向技术。

（1）SCSI 技术是目前最主流的隔离网闸开关技术。SCSI 是一种智能的通用接口标准，而不是开放式通信协议。它是各种计算机与外部设备之间的接口标准，是一个用于主机向存储外设进行读写的协议。外设协议是一个主从的单向协议，外设设备仅仅是一个介质目标，不具备任何逻辑执行能力。主机写入数据，但并不知道是否正确，需要读出写入的数据，通过比较来确认写入的数据是否正确。因此，SCSI 本身已经断开了 OSI 模型中的数据链路，没有通信协议。但 SCSI 本身有一套外设读写机制，这些读写机制保证了读写数据的正确性和可靠性。SCSI 主要是通过电气控制（不通过编程接口）来实现开关技术，能够很好地断开网络中的开放式协议，有很高的可靠性和稳定性。

（2）双端口 RAM 技术采用一种叫作双端口的静态存储器（Dual Port SRAM），双端口各自通过开关连接到独立的计算机主机上，配合基于独立的复杂可编程逻辑器件（CPLD）的控制电路，实现在两个端口上的开关。CPLD 作为独立的控制电路，确保双端口静态存储器的每一个端口上存在一个开关，两个开关不能同时闭合。尽管双端口 RAM 可以进行 IP 包的存储和转发，但也存在结构缺陷，因而必须确保实现了 TCP/IP 协议和应用协议的剥离，确保是应用输出或输入的文件数据被转发，而不是 IP 包。同时，必须有机制来保证双端口 RAM 不会被黑客用来转发 IP 包。否则，尽管 OSI 模型的物理层是断开的，链路层也是断开的，但由于 TCP/IP 协议的第 3 层和第 4 层没有断开，因而也不是网络隔离。

（3）物理单向传输技术是相对于通信的双向而言的，采用的是单向传输，不需要开关。

隔离网闸中无论采用哪种开关技术，实际就是物理链路的倒换，在内、外网之间提供一个安全的、功能视同隔离的交换区，像码头的摆渡一样，把我们认为是真实的数据"摆渡"过去。

9.4.3 隔离网闸的部署

典型的隔离网闸部署方式如图 9-4 所示。

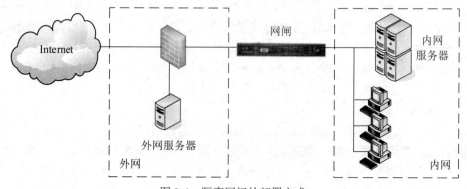

图 9-4　隔离网闸的部署方式

在企业内网和外网之间的通信过程中，为保证内网用户与外网用户之间的正常安全访问，在内、外网之间部署了一个安全隔离网闸，通过安全隔离网闸先进的安全隔离功能和内容检查技术使用户的网络访问得到安全保证。同时，安全隔离网闸还可以提供强大的审计功能，使管理员能够及时发现网络出现的异常情况并及时进行处理，提高网络的可靠性。

9.5　入侵检测技术

 如何检测非法入侵网络行为？

防火墙就像一道门，它可以阻止非授权用户进入内部网络，但无法阻止内部的破坏分子；访问控制系统可以阻止低级权限用户越权访问,但无法保证彻底阻止高级权限用户进行破坏性工作，也无法保证低级权限的人通过非法行为获得高级权限；漏洞扫描系统可以发现系统存在的漏洞，但无法对系统进行实时扫描。为了解决上述安全技术的局限性，出现了入侵检测技术——通过数据和行为模式判断安全系统是否有效。

入侵检测系统（Intrusion Detection System，IDS）目前已成为常见的网络安全产品，得到了非常广泛的应用。随着产品内涵的扩展，其又被称为入侵防御系统（Intrusion Prevention System，IPS）。

9.5.1　入侵检测系统概述

入侵检测（Intrusion Detection），顾名思义，是对入侵行为的检测。它通过收集和分析计算机网络或计算机系统中若干关键点的信息,检查网络或系统中是否存在违反安全策略的行为和被攻击的迹象，实现这一功能的软件与硬件组合即构成入侵检测系统（Intrusion Detection System，IDS）。具体说来，一个入侵检测系统应包括以下主要功能。

（1）监测、记录并分析用户和系统的活动。

（2）核查系统的配置和漏洞。

（3）评估系统关键资源和数据文件的完整性。

（4）识别已知的攻击行为。

（5）统计分析异常行为。

（6）管理操作系统日志，识别违反安全策略的用户活动。

入侵检测系统分为主机型和网络型两种：主机 IDS 是安装在服务器或 PC 机上的软件，监测到达主机的网络信息流；网络 IDS 一般配置在网络入口处（路由器）或网络核心交换处（核心交换路由），通过旁路技术监测网络上的信息流。

一个入侵检测系统一般包括以下组件：

● 事件产生器（Event Generators）。

● 事件分析器（Event Analyzers）。

● 响应单元（Response Units）。

● 事件数据库（Event Databases）。

IDS 需要分析的数据通常称为事件（Event），它可以是网络中的数据包，也可以是从系统日志等其他途径得到的信息。事件产生器（也称采集部件）从整个计算或网络环境中获取事件；

事件分析器分析得到的数据，并产生分析结果；响应单元（也称控制台）则是对分析结果作出反应，可以作出如切断连接、改变文件属性等强烈反应，也可以只是简单的报警；事件数据库用于存放各种中间和最终数据。

使用 IDS 系统的优点是可以实时监测主机系统和网络系统中可能存在的非法行为；优秀的网络 IDS 系统可以不占用网络系统的任何资源，且可以做到对黑客是透明的；IDS 既是实时监测系统，也是记录审计系统，既可以做到实时保护，也可以进行事后分析取证；当 IDS 与其他系统（如防火墙）联动时，可以更有效地阻止非法入侵和破坏。

当然，IDS 系统不是万能的，当网络结构过于复杂时，IDS 可能无法部署在所有关键节点，可能失去对全部网络的控制；网络 IDS 可能因为处理速度慢而丢失重要的网络数据；主机 IDS 也不可避免地会占用一定的主机系统资源。

9.5.2　IDS 类型与部署

1. 网络 IDS

网络 IDS 是网络上的一个监听设备（或一个专用主机），通过监听网络上传递的所有报文，按照协议对报文进行分析，并报告网络中可能存在的入侵或非法使用者信息。

形象地说，网络 IDS 是网络智能摄像机，能够捕获并记录网络上的所有数据，分析网络数据并提炼出可疑的、异常的网络数据；它还是 X 光摄像机，能够穿透一些巧妙的伪装，抓住实际的内容；同时，网络 IDS 能够对入侵行为自动地进行反击，如阻断连接、关闭通道（与防火墙联动）等。网络 IDS 的部署如图 9-5 所示。

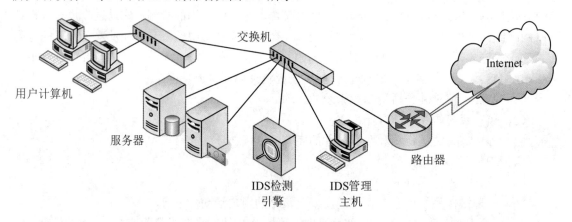

图 9-5　网络 IDS 部署

网络 IDS 通常通过旁路技术实时采集网络通信流量，例如，采用总线式的集线器将监听线路与网络 IDS 直接相连；对于交换式以太网，则需要特殊处理。一般交换机的核心芯片上有一个用于调试的端口（Span Port），任何其他端口的进出数据都可以通过此端口获得。如果交换机厂商开放此端口，用户可将 IDS 系统接到此端口上。此外，就是采用分接器，在所要监测的线路上安装分接器，并联 IDS。

图 9-5 描述了部署在网络通信关键点（核心交换机）的 IDS 系统，可以在网络中多处部署 IDS 数据收集器（也称探测器、传感器），收集网络流量提交分析引擎进行分析。网络 IDS 工作原理逻辑图如图 9-6 所示。

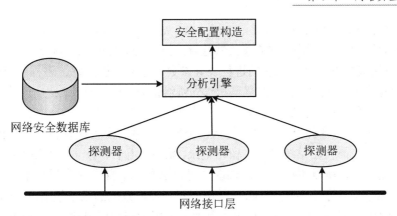

图 9-6　网络 IDS 工作原理逻辑图

网络 IDS 系统可以承担两大职责：一是实时监测，即实时地监视、分析网络中所有的数据报文，发现并实时处理非法入侵行为；二是安全审计，即对记录的网络事件进行统计分析，发现其中的异常现象，得出系统的安全状态，查找安全事件所需要的证据。

网络 IDS 常用的分析方法有两类：基于知识的数据模式判断方法和基于行为准则的判断方法。

基于知识的数据模式判断的 IDS，通过分析建立网络中非法使用者（入侵者）的工作方法——数据模型，在实时检测网络流量时，将网络中读取的数据与数据模型比对，匹配成功则报告事件。如图 9-6 所示，分析引擎把网络数据按照协议定义进行分解，如 IP 数据报文可以分解出源 IP 地址、目的 IP 地址等，按照 TCP 协议分解出源端口、目的端口等，按照 HTTP 协议分解出 URL、HTTP 命令等数据。而匹配数据模型则是非法使用者采用的非正常的各个协议数据，如源 IP 地址等于目的 IP 地址、源端口等于目的端口、HTTP 的 URL 包含 ".." 和 "..%c0%af.." 等非法字符串等，匹配成功时，则说明可能发生了网络非法事件，此时，IDS 上报并处理这些事件。

基于行为准则判断的 IDS，又可细分为统计行为判断和异常行为判断两种。统计行为判断是根据上述模式匹配的事件，在进行事后统计分析时，根据已知非法行为的规则，判断出非法行为。如一次 ping 事件很正常，但如果单位时间内出现大量 ping 事件，则说明可能是一个 ping 泛洪事件，即可能是一个典型的拒绝服务攻击；又如一次口令登录验证失败是正常的，但如果连续多次的口令验证失败，则很可能是一次暴力口令破解行为。异常行为判断是根据平时统计的各种信息，得出正常网络行为准则，当遇到违背这种准则的事件发生时，报告非法行为事件。显然，异常行为判断方法能够发现未知的网络非法行为，但系统必须具有正常规则统计和自我学习功能。

2．主机 IDS

主机 IDS 往往以主机系统日志、应用程序日志等作为数据源，当然也可以包括其他资源（如网络、文件、进程），从所在的主机上收集信息并进行分析，通过查询、监听当前系统的各种资源的使用、运行状态，发现系统资源中被非法使用或修改的事件，并进行上报和处理。主机 IDS 保护其所在的主机系统，通常可以完成以下工作。

（1）通过截获本地主机系统的网络数据，进行如同网络 IDS 的分析，查找针对本系统的网络非法行为。

（2）通过扫描、监听本地磁盘文件操作，检查文件的操作状态和内容，对文件进行保护、恢复等操作。如果只对文件的操作进行记录和上报，则是一个标准的文件 IDS 系统；如果同时能够对文件的操作进行控制，或者通过查询方式检查并恢复被修改的文件，则是一个文件保护系统。

（3）通过轮询等方式监听系统的进程及其参数，包括进程名称、进程的所有者、进程的起始状态和当前状态、进程的资源占有率和优先级等信息，检查出非法进程，并根据系统要求采取上报和杀死进程等相应措施。

（4）通过查询系统各种日志文件，包括检查日志文件的内容和状态，报告非法的入侵者。因为一般的非法行为都会在系统日志中留下记录、痕迹。由于高级非法入侵者会试图删除系统日志以抹去现场痕迹，所以主机 IDS 应该能够对日志文件本身进行检测、保护和备份。

主机 IDS 由于运行于主机之上，可以是面向不同操作系统的系统级 IDS，如微软 Windows 系统的 IDS、UNIX 系统的 IDS 等，也可以是面向应用的应用级 IDS，如 Oracle 数据库 IDS、Web IDS 等。由于主机 IDS 运行于被保护的主机之上，会占用系统的资源。

9.5.3　IDS 工作原理

无论是分布式网络 IDS 还是单机上的主机 IDS，从工作原理上可以包含两大部分——引擎和控制中心，前者用于读取原始数据和产生事件，后者用于显示和分析事件以及定制策略，二者的关系如图 9-7 所示。

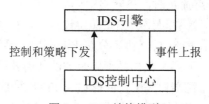

图 9-7　IDS 结构模型

IDS 引擎的主要功能和工作过程如图 9-8 所示。IDS 引擎通过读取、分析原始数据，比对事件规则库对异常数据产生事件，根据定义的安全策略规则库匹配响应策略，按照策略处理相应事件，并与控制中心以及联动设备（如防火墙）进行通信。

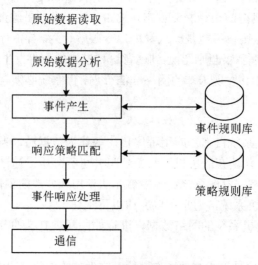

图 9-8　IDS 引擎工作流程

　　IDS 控制中心与 IDS 引擎之间进行通信，可以读取引擎事件，将其存入控制中心事件数据库中，并可以把接收的事件以各种形式实时显示在屏幕上，便于用户浏览；通过 IDS 控制中心可以修改事件规则库和响应策略规则库并下发给引擎部件；此外，IDS 控制中心具有日志分析功能，通过读取事件数据库中的事件数据，按照用户的要求生成各种图形和表格，便于用户事后对过去一段时间内的工作状态进行分析、浏览。

　　为了实现全网安全的统一管理，分布式 IDS 部署具有明显优势。分布式 IDS 的引擎和控制中心部署在不同系统之上，而且可以是多级的，即顶级控制中心可以控制其他子控制中心，每个子控制中心又可以控制多个引擎，通过网络通信实现分级管理和控制。

9.5.4　典型入侵检测系统的规划与配置

　　一个企业网络架构通常包含连接 Internet 的网关、对外发布信息的 Web 服务器、邮件服务器、内部不同业务网段和关键业务服务器等。通过使用防火墙构建网络屏障，隔离内部网络和外部网络，而根据全网安全规划，IDS 可以部署在关键点，图 9-9 所示为一个典型的企业 IDS 部署。

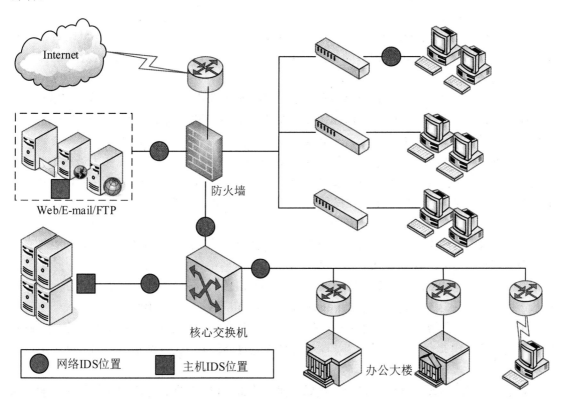

图 9-9　典型的企业 IDS 部署

　　如图 9-9 所示，在网络的关键网络节点处部署 IDS，如核心交换机所连接的内部服务器、内部终端用户网络、访问外网的防火墙，对这些链路进行监听，由于 DMZ 区对外提供服务，也需要对流量进行监测。而对于 DMZ 的服务器，以及内部网络应用服务器应该部署主机 IDS，以监测这些重要主机的活动。

根据 IDS 的工作原理，基于 IDS 部署的网络安全系统包括以下主要内容。

（1）网络传感器（Network Sensor），也称网络引擎，对网络进行监听，并自动对可疑行为进行响应，最大限度地保护网络安全。网络传感器监听并解析所有的网络数据流，及时发现具有攻击特征的数据包，并对发现的入侵做出及时的响应，如发出报警/通知（向控制台报警、向安全管理员发短信、E-mail 等）、记录现场（记录事件日志及整个会话）、采取安全响应行动（终止入侵连接、调整防火墙等网络设备配置、执行特定的用户响应程序）。

（2）服务器传感器（Server Sensor），也称服务器代理，安装在各个服务器上，对主机的核心级事件、系统日志以及网络活动进行实时入侵检测。服务器传感器具有包拦截、智能报警以及阻塞通信的能力，能够在入侵到达操作系统或应用之前主动阻止入侵；与网络安全设备同步，如自动重新配置网络引擎和通知防火墙阻止入侵者的进一步攻击。

（3）控制台，对多台网络传感器和服务器传感器进行管理；对被管理的传感器进行远程的配置和控制；收集各个传感器发现的安全事件。

入侵防御系统

虽然入侵检测系统能够检测到来自网络内部和外部发起的攻击和网络异常行为，但是入侵检测系统存在误/漏报率高、没有主动防御能力、缺乏准确定位和处理机制等问题。而入侵防御系统（Intrusion Prevention System，IPS）则是一种主动、积极的深层防护阻止系统。IPS 技术可以深度感知并检测流经网络的数据流量，对恶意报文进行丢弃以阻断攻击，保护网络资源的信息安全。

入侵防御系统（IPS）是由入侵检测系统（IDS）发展而来的，兼有防火墙的一部分功能。IPS 本质上是由入侵检测系统和访问控制（防火墙/路由器）构成的综合体，具有 IDS 实时检测的技术与功能，但采用了防火墙式的串联安装，所有进出网络的数据必须通过其安全检测才能通过。IPS 的设计宗旨是预先对入侵活动和攻击性网络流量进行拦截，实施主动防御，避免其造成损失，而不是简单地在恶意流量传送时或传送后才发出警报。IPS 部署在数据转发路径上，直接嵌入到网络流量中，可以根据预先设定的安全策略，对流经的每个报文进行深度检测（协议分析跟踪、特征匹配、流量统计分析、事件关联分析等），一旦发现隐藏于其中的网络攻击，便可以根据攻击的威胁级别立即采取相应的抵御措施。按照处理力度不同，这些措施包括：向管理中心告警、丢弃报文、切断应用会话、切断网络连接等。

与 IDS 类似，IPS 分为基于主机的入侵防御系统（Host Intrusion Prevention System，HIPS）和基于网络的入侵防御系统（Network Intrusion Prevention System，NIPS）。

IPS 设备的很多功能与防火墙相似，但是二者所采用的基本思想却有着本质的区别；防火墙采用的策略是阻止所有的通信流量，除了有理由通过的；而 IPS 系统所采用的策略则是通过所有的通信流量，除了有理由阻止的。

与 IDS 相比，IPS 不仅能够识别，更能够阻断攻击。IPS 具有较完善的检测策略和响应策略，既能通过多种检测方式检测出入侵和攻击行为，又能根据不同的攻击行为给予响应处理。而且这种检测是在网络关口处进行的，攻击一经发现便会立即被阻断，而不是等到攻击已经发生后才觉察，从而大大提高了安全性。此外，由于 IPS 集成了检测和阻断两大功能，因此只需要在网络关口处部署就可以了，不需要和防火墙或 IDS 等系统联动，可以减少繁复的连接和设置操作。IPS 与 IDS 的区别主要体现在以下几方面。

（1）使用方式不同。IPS 是串联接入网络的，是网关控制类产品，关注的是串行线路上的入侵防御。而 IDS 是旁路接入的，是安全检测、监控分析类产品，检测与关联的面更广。其侧重点是发现、了解、统计、分析入侵威胁状况。

（2）设计思路不同。由于 IPS 在线工作，相比 IDS 而言，IPS 增加了数据转发环节，这对系统资源来说是一个新消耗，因此 IPS 对系统速度的影响显然比 IDS 要大，但与之相对应的是 IPS 事件响应机制要比 IDS 更精确、更迅速。

（3）侧重点不同。IPS 重在深层防御，追求精确阻断，弥补了防火墙和 IDS 对入侵数据实时阻断效果的不足。而 IDS 重在全面检测，追求有效呈现，有利于进行安全审计和事后追踪，对于追溯和阻止拒绝服务攻击能够提供有价值的线索。IDS 注重的是对整个网络安全情况的监控，而 IPS 更关注对不同入侵行为的处理，前者重管理，后者重控制。

因此，IPS 与 IDS 虽然来源于同样的检测技术基础，但二者各有所长。IPS 既不是 IDS 的替代品，也不是 IDS 的延伸者。它们在网络安全中的地位是不可相互取代的，如果仅有 IDS 就无法做到实时阻断入侵，仅有 IPS 就无法全面了解入侵防御改善的状况。

与传统的防火墙和入侵检测系统相比，入侵防御系统更为先进，功能更强大。但是，入侵防御系统也存在以下问题。

（1）单点故障和拒绝服务。IPS 必须以嵌入模式在网络中工作，若 IPS 设备出现问题，就会严重影响网络的正常运转。如果 IPS 出现故障（因失效而关闭），就会造成网络中断，形成单点故障，用户就会面对由 IPS 造成的"拒绝服务"。

（2）工作效率和性能瓶颈。由于 IPS 串联在网络中，对进出网络的数据一一进行监控，必须与数千兆或者更大容量的网络流量保持同步，因此是一个潜在的网络瓶颈，不仅会增加滞后时间，而且会降低网络的效率，尤其是当加载了数量庞大的检测特征库时，如果没有高效的处理方法，势必会影响网络性能。

（3）误报和漏报。如果入侵特征检测不完善，那么误报就会导致某些合法流量被当成攻击流量被拦截，影响正常的网络应用；如果发生漏报，则会放过非法的网络流量，导致攻击事件发生，给网络系统的安全造成威胁。

9.6　蜜罐技术

 如何更有效地检测非法入侵网络行为？

安全问题始终是"魔高一尺，道高一丈"，在攻击者与安全管理专家之间的博弈中，时而蓝军占上风，时而红军占上风。对于已知的安全威胁往往容易防范，而对于未知的安全漏洞及威胁，往往难以抵御。前面介绍的防火墙和入侵检测系统都是根据人定义的规则及模式阻止非授权访问或入侵网络资源的行为，其前提即已知非法访问规则和入侵模式，否则容易产生误判。如何在不确定攻击者手段和方法的前提下发现攻击、发现自身系统已知（但未修补）未知（未意识到）的漏洞和弱点呢？蜜罐（Honeypot）技术提供了一种有效的手段。

蜜罐技术可以看成一种诱导技术，目的是发现恶意攻击和入侵。通过设置一个"希望被探测、攻击甚至攻陷"系统，模拟正常的计算机系统或网络环境，引诱攻击者入侵蜜罐系统，从而发现甚至定位入侵者，发现攻击模式、手段和方法，进而发现配置系统的缺陷和漏洞，以便完善安全配置管理，消除安全隐患。

蜜罐可以运行任何的操作系统和任意数量的服务，蜜罐上配置的服务决定了攻击者可用的损害和探测系统的媒介。根据蜜罐实现机制的不同，以及配置蜜罐环境的不同，蜜罐可以分为高交互蜜罐（High-interaction Honeypots）和低交互蜜罐（Low-interaction Honeypots）两种。

（1）高交互蜜罐。一个高交互蜜罐是一个常规的计算机系统，如一台标准计算机、路由器等，即高交互蜜罐实际上是一个配置了真实操作系统和服务的系统，为攻击者提供一个可以交互的真实系统。而这一系统在网络中没有常规任务，也没有固定的活动用户，因此，系统上只运行正常守护进程或服务，不应该有任何不正常的进程，也不产生任何网络流量。这一假设是检测攻击的基础：每一个与高交互蜜罐的交互都是可疑的（因为它不提供任何服务，不应主动访问网络也不应被访问），可以指向一个可能的恶意行为。因此，所有出入蜜罐的网络流量、系统的活动都被记录下来，以备日后分析。

高交互蜜罐可以完全被攻陷，它们运行真实的操作系统，可能带有所有已知和未知的安全漏洞，攻击者与真实的系统和真实的服务交互，使得我们能够捕获大量的威胁信息。当攻击者获得对蜜罐的非授权访问时，我们可以捕捉他们对漏洞的利用，监视他们的按键，找到他们的工具，搞清他们的动机。因此，即使攻击者使用了我们尚不知道的未知漏洞，通过分析其入侵过程和行为，也可以发现其使用的方法和手段，即所谓发现"零日攻击"。

高交互蜜罐的缺点是增加了系统风险，由于攻击者可能完全地访问操作系统，他们就有可能利用其进一步损害其他非蜜罐系统。此外，高交互蜜罐维护量大，必须小心监视，并密切观察所发生的事情，此外分析威胁往往还需要一定的时间（可能数小时甚至数天）和人力。

（2）低交互蜜罐。低交互蜜罐则是使用特定软件工具模拟操作系统、网络堆栈或某些特殊应用程序的一部分功能，例如具有网络堆栈、提供 TCP 连接、提供 HTTP 模拟服务等。低交互蜜罐允许攻击者与目标系统有限交互，允许管理员了解关于攻击的主要的定量信息。例如，一个模拟的 HTTP 服务器可以只响应对某个特定文件的请求，只实现整个 HTTP 规范的一个子集。低交互蜜罐提供的交互程度应该是"刚好够用"欺骗攻击者或自动化工具——如一个寻找特定文件而危害服务器的蠕虫。

低交互蜜罐的优点是简单、易安装、易维护，通常只需要安装和配置一个工具软件即可。典型的低交互蜜罐工具软件如 Tiny Honypot、Honeyd、Nepentbes 等，以及用于 Web 欺骗的 Google 入侵蜜罐 GHH（Google Hack Honeypot）、PHP.HoP 等，它们都可以用于收集恶意代码，收集的数据可以是正在传播的网络蠕虫，或者是垃圾邮件发送者对开放式网络中继的扫描等信息。因此，低交互蜜罐可以主要用于收集统计数据和关于攻击模式的高级别信息。进一步地，它们可以作为一种提供预警的入侵检测系统，即对攻击提供自动报警。另外，低交互蜜罐还可用于检测蠕虫、干扰攻击者，或者了解正在进行的网络攻击。低交互蜜罐也可以组成一个网络，形成一个低交互蜜网。

由于低交互蜜罐只为攻击者提供一个模拟交互系统，这一系统不会完全被攻陷，因此，低交互蜜罐构造了一个可控环境，风险有限，不必担心攻击者会滥用低交互蜜罐实施进一步攻击。

因为蜜罐没有生产价值，任何连接蜜罐的尝试都被认为是可疑的。因此，分析蜜罐收集的数据所产生的误报比从入侵检测系统收集到的数据导致的误报少。在蜜罐的帮助下，所收集的大部分数据可以帮助我们了解攻击。蜜罐技术能比入侵检测系统更有效地发现入侵行为。对于高交互蜜罐而言，其重要价值还在于可以发现系统未知漏洞，从而快速定位"零日攻击"。

根据蜜罐系统载体的不同，蜜罐又可分为物理蜜罐和虚拟蜜罐。物理蜜罐意味着蜜罐运行在一个物理计算机上，"物理"通常暗指高交互，允许系统被完全攻陷。但物理蜜罐的安装和维护成本高，对于拥有一个大地址空间的组织，为每个空闲 IP 地址（空闲即被用于监听入侵）部署一个物理蜜罐是不切实际的。虚拟蜜罐是在一台物理计算机上部署多个虚拟机作为蜜罐，可以是低交互蜜罐也可以是高交互蜜罐。虚拟蜜罐配置资源少、成本低、易于维护。可以使用如 VMware、Virtual PC 虚拟机软件，或者使用用户模式 Linux（UML）建立虚拟蜜罐，即在一台物理机器上并发运行多个操作系统实例以及需要的应用程序，便于收集数据。

我们也可以将几个蜜罐组合成为一个蜜罐网络，称为蜜网（Honeynet）。通常，一个蜜网由多个不同类型的蜜罐组成（不同的平台和/或操作系统），使得我们能够同时收集不同类型攻击的数据，了解更全面的攻击信息，并因此得到攻击者行为的定性结论。

蜜网创建了一个"玻璃鱼缸"的环境，允许攻击者与系统交互，同时给管理员捕捉攻击者所有活动的能力。"鱼缸"限制了攻击者的行动，减少了他们破坏蜜罐系统的风险。隔离蜜网与其他网络部分（正常工作网络）的关键部件称为蜜墙（Honeywall）。任何出入蜜罐的流量必须通过蜜墙，通过配置蜜墙设备控制、捕获和分析数据，从而降低蜜网风险。

本章小结

本章介绍了典型的网络安全防范技术。全面的网络安全防御体系应该包括风险评估、安全策略定义、部署网络安全产品、检测网络安全状态、响应处理网络安全事件、恢复遭受损坏的系统。常用的网络安全技术和产品包括用于隔离内部网络与外部网络的防火墙，其通过设置规则过滤进出内部网络流量；用于监测并发现网络入侵行为的入侵检测系统（IDS），根据监测对象不同，分为主机 IDS 和网络 IDS，其可通过传感器收集通信信息、通过日志跟踪操作、依据定义的模式判定是否存在入侵行为；蜜罐技术提供了一种更有效的发现入侵行为的手段，通过设置低交互蜜罐可定量发现入侵行为或恶意代码，通过高交互蜜罐可以更全面地跟踪入侵行为，发现"零日攻击"。

习题 9

1. 全面的网络防御体系应包括哪些环节？
2. 网络扫描的目的是什么？什么是主机扫描和端口扫描？它们的目的是什么？
3. 查阅并使用 Nmap 工具，尝试扫描你所处网络中的其他主机信息。
4. 网络防火墙的作用是什么？
5. 网络防火墙是如何控制进、出内部网络流量的？
6. 若一个单位需要对外提供 Web 和 E-mail 服务，则其部署防火墙时应如何部署相关服务器？

7．应用代理防火墙与包过滤防火墙的工作原理有什么不同？

8．个人主机上安装的防火墙与网络防火墙有何区别？

9．什么是入侵检测系统？如何分类？

10．网络入侵检测系统是如何工作的？

11．入侵检测系统为什么会产生误报？能否消除或减少误报？

12．什么是蜜罐？蜜罐技术有什么作用？

13．什么是高交互蜜罐？它有什么特点？

14．什么是低交互蜜罐？它有什么特点？

15．入侵检测技术和蜜罐技术都是用于检测网络入侵行为的，它们有什么不同？

16．如果你是一个单位的网络安全管理员，如何规划部署网络安全产品？

17．下载一款主机入侵检测系统软件，尝试安装配置，并检查你所处网络内是否存在网络攻击行为。

第 10 章　信息隐藏与数字水印技术

本章学习目标

本章主要讲解信息隐藏技术和数字水印技术，介绍信息隐藏和数字水印的相关概念、应用、实现方法。通过本章的学习，读者应该掌握以下内容：

● 信息隐藏的工作原理及实现方法。

● 数字水印的应用及实现方法。

10.1　信息隐藏技术

 如何建立隐秘信道传输秘密信息？

前面已经提到，密码技术可以实现数据的变换，使得没有持有正确密钥的用户无法获得明文。因此，简单地讲，密码变换即将数据从一种编码变换到另一种编码，加密后的数据或文档通常是"乱码"，其他人不能从中获得有用信息。随着互联网的发展，很多人在网络中传递秘密信息时，将信息嵌入到某些其他文档或媒体介质中，如图片或视频，对于其他人来讲，很难发现其中是否携带"秘密信息"，即使知道其中嵌入了"秘密信息"，也很难正确提取这些信息，这就是信息隐藏（也称"数字隐藏"）技术。因此，信息隐藏就是利用特定载体中具有随机特性的冗余部分，将有特别意义的或重要的信息嵌入其中掩饰其存在，嵌入的秘密信息称为隐藏信息，嵌入秘密信息后的载体称为隐藏载体。

信息隐藏并不是一个新的概念，它的基本思想源于古代的隐写术。古希腊的斯巴达人曾将军事情报刻在普通的木板上，用石蜡填平，收信方只要用火烤热木板，融化石蜡后就可以看到木板上刻写的密信。

再看一个"囚犯问题"，关押在两地的两个囚犯 Alice 和 Bob，他们可以通过监狱看守进行正常的书信交流，而监狱看守者 Willie 则作为书信审核者（隐藏信息分析者），查看书信中是否有商议越狱等信息存在。此时 Alice 和 Bob 的目的是利用隐写系统（书信中隐藏秘密信息）传输越狱计划，并使得看守者 Willie 无法轻易发现通信中的秘密，同时为防止因 Willie 对通信消息的轻微修改而导致隐藏信息的不可提取，隐写系统要求对小的变形具备一定的稳健性。这就是一个典型的信息隐藏应用模型。

现代信息隐藏通常把要传输的秘密信息写到数字媒介中，如图像、声音、视频信号等，其目的在于将信息隐藏得足够好，以使非法用户在截获到媒介物时不会怀疑媒介中含有隐藏信息。当然，这种技术被非法分子使用，也会给国家政治稳定、军事安全带来威胁。

信息隐藏可利用不同的媒体进行，且面向不同应用有不同的特点，但信息隐藏一般具备以下基本特征。

（1）隐蔽性：也称透明性、不可见性（Invisibility），在特定载体中嵌入秘密信息后，在不引起所嵌入信息质量下降的前提下，不显著改变隐藏载体的外部特征，即不引起人们感官上对隐藏载体变化的察觉，以使非法拦截者无法轻易判断是否有隐藏信息存在。

（2）不可检测性：指嵌入秘密信息后载体与原始载体具有一致的特性，即其他信息截获者要检测出嵌入秘密信息的存在并提取出来是相当困难的，至少在秘密信息的有效期内是不可能的。

（3）鲁棒性：指不因隐藏载体（如图像）的某种改动而导致隐藏信息丢失的能力。这里的"改动"包括传输过程中对载体进行的一般信号处理（如滤波、增强、重采样、有损压缩等）、一般几何变换（如平移、旋转、缩放、分割等）、恶意攻击等，即隐藏载体不会因为这些操作而丢失了隐藏的秘密信息。

（4）自恢复性：指经过了一些操作和变换后，可能使隐蔽载体受到较大的破坏，如果只留下部分数据，在不需要宿主信号的情况下，却仍然能恢复隐藏信息的特征。

（5）安全性：指隐藏算法有较强的抗攻击能力，即隐藏算法必须能够承受一定程度的人为攻击，保证隐藏信息不会被破坏。

典型的信息隐藏系统模型如图 10-1 所示。

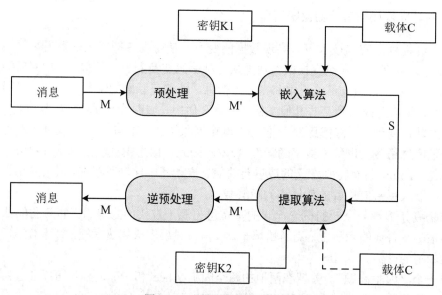

图 10-1　信息隐藏系统模型图

从图 10-1 中可以看出，需隐藏的消息 M 经过预处理，获得 M'，使用嵌入算法将 M'隐藏于载体 C 中，为了实现更好的保密性，还要混合密钥。信息提取是逆过程，有时需要使用原始载体，无需原始载体时称盲提取。

下面我们以静止图像作为隐藏载体为例，看看如何将信息隐藏到图像中。

图像中嵌入信息的方法一般分为空域（或时域）法和变换域法。空域法是用需隐藏的信息替换载体信息中的冗余部分。一种简单的替换方法就是用隐藏信息位替换载体中最不重要的位，将秘密数据转换成 0、1 比特流，然后将其藏入到图像时域数据的最低比特位上，例如把一个灰度图像的某个像点的灰度值由 190 变成 191，但人的肉眼是看不出来的。信息嵌入过程，即选择一个载体元素子集，例如每个元素代表一个像点的灰度，然后在子集上执行替换操作，即把子集元素的最不重要位（如最低位）替换为隐藏信息位，提取过程为直接提取隐藏载体集合元素对应的位。这种方法只对载体图像作很小的改动，隐藏效果较好，且具有盲提取（无需原始载体图像）特性，但由于在传输过程中极易因压缩或处理几何图像而丢失秘密数据，通常被认为鲁棒性差、安全性低。这种信息嵌入能否被识别呢？实际应用中，由于嵌入的信息很少，可能只用到载体的一部分，通常从前向后嵌入，这样嵌入信息的载体部分与后面没有嵌入信息的部分具有不同的统计特性，因此，可以被攻击者利用分析，即存在安全问题。解决办法为引入伪随机发生器，随机产生嵌入信息位置，当然这样需要嵌入方和提取方使用相同的伪随机函数。

由于空域法鲁棒性较差，目前信息隐藏方法多采用变换域法，即在载体图像的显著区域隐藏信息。在伪装系统中，在信号频域中嵌入信息比在空域中嵌入信息具有更好的健壮性，能够更好地抵御攻击，如压缩、裁剪和进行一些图像处理。典型的变换方法如使用离散余弦变换（DCT）、小波变换等方法在图像中嵌入信息，变换可以在整个图像上进行，也可以对整个图像分块后进行操作。当然图像中能够隐藏的信息数量和可以获得的健壮性之间存在着矛盾。例如，使用 DCT 变换隐藏信息，DCT 变换是著名的有损数字图像压缩系统 JPEG 系统中使用的方法，JPEG 首先将要压缩的图像转换为 YCbCr 颜色空间，并把每一个颜色平面分割成 8×8 的像素块，然后对所有块进行 DCT 变换。利用 JPEG 压缩过程隐藏信息时，每一块精确编码一个秘密信息位，如使用 DCT 变换中的两个系数，确定系数在图像块中的位置后，利用两个系数的大小关系编码秘密比特位，若第一个系数大于第二个系数编码 1，否则编码 0，若系数关系不满足编码位要求，则交换两个系数。这两个系数应该对应余弦变换的中频，确保信息保存在信号的重要部位，即嵌入信息不会因 JPEG 压缩而丢失。

还有一些其他的信息隐藏方法，如可视密码技术，该技术是 Naor 和 Shamir 于 1994 年首次提出的，其主要特点是恢复秘密图像时不需要任何复杂的密码学计算，而是以人的视觉即可将秘密图像辨别出来。其做法是产生 n 张不具有任何意义的胶片，任取其中 t 张胶片叠合在一起即可还原出隐藏在其中的秘密信息。其后，人们又对该方法进行了改进和发展。主要的改进有：使产生的 n 张胶片都有一定的意义，这样做更具有迷惑性；改进了相关集合的构造方法；将针对黑白图像的可视秘密共享扩展到基于灰度和彩色图像的可视秘密共享等。

10.2　数字水印技术

 如何保护数字媒体版权？

在现代社会生活中，随着网络和数字技术的快速发展与普及，通过网络向人们提供的数字服务也越来越多，如数字图书馆、数字图书出版、数字电视、数字音频、数字新闻等，这些服务提供的都是数字产品。数字产品具有易修改、易复制、易窃取的特点，因此，数字知识产权保护就成为基于网络数字产品应用迫切需要解决的实际问题。

传统的加密技术无法有效地解决数字产品的盗版问题，若采用传统的加密技术，密文只存在于通信信道或送达最终用户之前，当密文形式的数字产品送达用户后，必须授权用户解密并使用，一旦被解密，数字产品就完全变成明文，此时媒体提供者就无法制约合法用户的非法拷贝与再次分发。

数字水印（Digital Watermark）是指嵌入在数字产品中的、不可见的、不易移除的数字信号，可以是图像、符号、数字等一切可以作为标识和标记的信息，其目的是进行版权保护、所有权证明、指纹（追踪发布多份拷贝）和完整性保护等。版权保护数字水印包含数字产品的出处和版权所有者标识等，能够为版权拥有者提供版权证明，在版权纠纷中维护版权所有者的合法权益。这就像给视频信号、音频信号或数字图像贴上了不可见的标签，用以防止非法拷贝和数据跟踪服务，提供商在向用户发送产品的同时，将双方的信息代码以水印的形式隐藏在作品中，从理论上讲这种水印应该是不能被破坏的。当发现数字产品在非法传播时，可以通过提取出的水印代码追究非法传播者的法律责任。

数字水印除了应用于版权保护，其应用范围还包括标题与注释（将与多媒体产品有关的辅助信息作为数字水印嵌入以方便对多媒体进行有效分类、处理和存储）、宿主数据的完整性保护（一旦宿主数据被非法改动，其中的数字水印也不可逆地遭到破坏）、使用控制（将水印信息加入多媒体数据中，播放设备对数字水印标识进行判别达到复制控制作用）、安全通信（通信双方约定好数字水印的嵌入算法和可能用到的密钥即可将多媒体作为载体进行秘密通信）等。

注：数字水印技术与信息隐藏技术具有很多共同的特点，都是采用信息嵌入的方法，可以理解为信息隐藏概念更大，数字水印技术是信息隐藏技术的一种，但通常讲到的信息隐藏（狭义上）是隐秘和保护一些信息传递，而数字水印是提供版权证明和知识保护，二者目的不同，因此在本书中加以区别讲解。

数字水印能够证明和鉴别版权所有者身份，具有较强的证明能力和说服力。数字水印应具有以下特点。

（1）鲁棒性：指嵌入数字水印的媒体在受到无意损害或蓄意攻击后，仍然能够提取出数字水印，如加入图像中的水印必须能够承受施加于图像的变换操作（如加入噪声、滤波、有损压缩、重采样、D/A 或 A/D 转换等），不会因变换处理而出现丢失，水印信息经检验提取后应清晰可辨。

（2）不可见性（透明性）：数字水印不应影响宿主媒体的主观质量，如嵌入水印的图像不应有视觉质量下降，与原始图像对比，很难发现二者的区别。

（3）安全性：数字水印应能抵御各种攻击，必须能够唯一地标识原始图像的相关信息，任何第三方都不能伪造他人的水印信息。

实现数字水印的有效应用需要解决一些问题，如消除在视频保护中数字水印与视频的相互影响，在版权保护系统中建立合理的数字水印协议等。此外，数字水印技术更注重嵌入信息与载体的完整性和鲁棒性。数字水印的抗攻击能力是其关键性能指标，某些攻击（如几何变换攻击、灰度直方图调整等）对数字水印攻击还是非常有效的。

数字水印技术将一些标识信息（即数字水印）直接嵌入数字载体（包括多媒体、文档、软件等）当中，但不影响原载体的功能或使用，也不容易被人的知觉系统（如视觉或听觉系统）觉察或注意到。数字水印的嵌入和检测模型如图 10-2 所示。

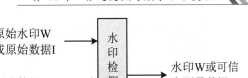
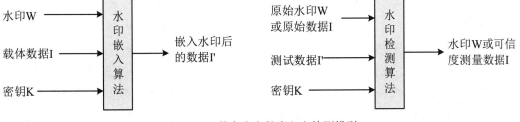

图 10-2　数字水印的嵌入和检测模型

嵌入数字水印：按照特定的嵌入算法将数字水印嵌入宿主（图像、音频、视频等）中，输入水印、要保护的载体数据，以及密钥（对称密钥或公钥），输出嵌入水印的数据。数字水印的提取（检测）：在需要时将数字水印提取出来，以证明媒体的版权归属或识别版权所有者身份。检测水印：输入原始水印或原始数据、测试数据、对应密钥，输出水印或可信度测量值。

数字水印有多种分类方法，如下所述。

（1）按照数字水印提取过程是否需要原始宿主的参与，可以分为秘密水印——检测水印时需要输入原始数据或原始水印，半秘密水印（半盲化水印）——不使用原始数据而使用水印拷贝检测水印，公开水印（盲化水印）——检测水印时不需要原始数据也不需要原始水印。盲化水印更加便于应用，安全性高且节约存储空间。

（2）按照水印的用途或载体类型的不同，可以分为文本水印、图像水印、音频水印和视频水印。

（3）按照数字水印自身类型，分为有意义数字水印（数字水印本身为有特定意义的图像）和无意义数字水印（数字水印本身为序列）。在版权保护领域，有意义数字水印更具有版权证明能力。

（4）按照水印的特性分为鲁棒水印和易损水印。鲁棒水印主要用于在数字作品中标识著作权信息，它要求嵌入的水印能够经受各种常见的编辑处理和各种恶意攻击；易损水印主要用于真实性和完整性保护。与鲁棒水印的要求相反，易损水印要求对信号的变动很敏感，根据水印的状态即可判断数据是否被篡改过。

（5）按照水印是否可以被感知分为可感知水印和不可感知水印。

（6）按照数字水印嵌入方法不同，可以分为空域算法、时域算法、变换域算法和压缩域算法。

- 空域算法适用于图像、视频、文本、三维模型等载体。它将水印信息直接嵌入到图像的像素、视频的帧、文本的字符特征及字符间隙、三维模型的空间尺寸中。其中，图像数字水印（包括视频的帧）的空域算法研究最为成熟，常见的有加性、乘性、位平面、统计特征、替换、量化、关系、自适应、混沌、几何扭曲、角度嵌入等方法。空间数字水印的典型代表是最低有效位（Least Significant Bit，LSB）算法，以图像水印为例，通过修改表示数字图像的颜色或颜色分量的位平面，调整数字图像中感知不重要的像素来表达水印的信息，以达到嵌入水印的目的。

- 时域算法主要适用于音频数字水印，它将水印信息嵌入到音频时域采样中。如果将时间序列看成一个普通的维度，时域算法可以等价于一维空域算法。

- 变换域算法将水印信息嵌入到音频、图像、视频等数字载体的变换域系数中。在变换域算法中，首先需要将数字产品载体进行特定的数学变换，对变换后得到的变换域中的系数加载水印，最后通过上述变换方法的逆变换将加载了水印的变换域中的载体变换为原域。与空/时域算法相比较，变换域算法具有不可见性、鲁棒性好、抗攻击能力强等突出的优点。常见的变换域算法包括：基于离散余弦变换域（DCT）的嵌入方法、基于小波变换域（DWT）的嵌入方法、基于离散傅里叶变换域（DFT）的嵌入方法、离散分数傅里叶变换域的嵌入方法以及其他众多的变换域方法。以图像水印为例，根据扩展频谱特性，在数字图像的频率域上选择那些对视觉最敏感的部分，使得修改后的系数隐含数字水印的信息。
- 压缩域算法主要针对音频、图像、视频等数字载体，它利用 JPEG、MPEG 等图像、视频压缩技术的结构与特点，将水印嵌入到压缩过程中的各种变量值域中。基于 JPEG 压缩域嵌入技术在嵌入过程中充分考虑 JPEG 压缩框架，提供如 DCT 变换、8×8 分块、量化表、霍夫曼编码等技术特征中的各种冗余性嵌入水印。基于 MPEG 数字视频与声音通用压缩标准的水印嵌入算法大体分为：修改部分帧 DCT 系数的鲁棒嵌入算法、修改所有帧 DCT 系数的鲁棒嵌入算法、修改运动矢量的鲁棒嵌入算法、认证算法等。

如何评价数字水印技术的优劣呢？在版权保护应用领域，数字水印技术的评价指标通常包括两个主要方面：一是鲁棒性，数字水印算法的鲁棒性基于攻击测试评价，常见的对数字水印的攻击包括低通滤波、添加噪声、去噪处理、量化、几何变换（缩放、旋转、平移、错切等）、一般图像处理（灰度直方图调整、对比度调整、平滑处理、锐化处理等）、剪切、JPEG 压缩、小波压缩等，通常通过计算归一化相关度来度量提取出数字水印和原始数字水印的相似程度，以此衡量数字水印的鲁棒性；二是不可见性，数字水印的不可见性有两个方面的含义，一方面指数字水印的不可察觉性，另一方面指数字水印不影响宿主媒体的主观质量。数字水印的隐蔽性一般用峰值信噪比 PSNR 来衡量。

对数字水印的攻击。盗版者攻击数字水印的目的是通过对数字产品的少量处理，在不影响数字产品使用价值的前提下，破坏作为版权标识的数字水印，使版权所有者失去维护自己合法权益的依据，从而牟取利益。所以盗版者对数字水印的攻击一般会力求不影响数字产品的质量，否则盗版者也无法获得利益。

水印的检测技术。水印检测狭义上是指检测器通过一定的方法判断载体数字产品中是否含有数字水印，而水印提取是指检测器通过一定的方法将数字产品中的数字水印信息提取出来。水印提取追求尽可能地获得原始的水印信息，而水印检测的目的是判断水印的有无，或判断水印符合度。从广义上讲，这两种技术都可以称为水印的检测技术。一般意义上，检测技术应考虑以下问题：水印信号本身的特性，水印信号的类型、安全参数等确定性参数，及强度、冗余度、概率分布等各种统计特性；水印传输、使用过程中遭受的噪声等无意攻击对原水印信号的影响，以及非法篡改、去除等恶意攻击对原水印信号的影响；水印信息与载体文件的叠加方式，即特定的水印嵌入技术。

本章小结

　　本章介绍了信息隐藏技术和数字水印技术。信息隐藏技术用于在特定载体数据中嵌入秘密的隐藏信息，以求保密传输嵌入信息。数字水印技术也采用信息隐藏类似的技术，但目的是数字出版物版权保护。这两种技术都要求嵌入信息，且具有良好的鲁棒性、透明性和安全性。信息的嵌入技术主要包括空域算法、时域算法、变换域算法和压缩算法等。

习题 10

1．什么是信息隐藏？信息隐藏的意义是什么？

2．信息隐藏与传统数据加密有什么区别？信息隐藏过程中加入加密算法的优缺点是什么？

3．信息隐藏的主要特点包括哪些主要方面？

4．查阅资料，详细描述变换域技术实现信息隐藏的过程。

5．什么是数字水印？数字水印技术与信息隐藏技术有什么联系和区别？

6．数字水印有哪些嵌入算法？空域算法如何实现数字水印的嵌入，这种方法有什么优缺点？

7．如何评价数字水印技术的优劣？重点考核哪个指标？

8．如何对数字水印进行攻击？

第 11 章　可信计算

本章学习目标

本章主要讲解可信计算的基本概念和技术。通过本章的学习，读者应该掌握以下内容:

● 如何建立可信计算环境。

● 什么是可信与信任。

● 如何构建可信计算平台，如何构建相应的软件支撑与网络应用支撑。

11.1　可信计算概述

 如何建立可信计算环境?

信息系统中硬件系统和操作系统的安全是基础，只有从信息系统的硬件和软件底层做起，到应用、再到网络，才能有效地确保信息系统的全面安全。

在长期实践中，人们已经认识到，绝大多数不安全因素源于终端设备，即主机系统，只有从主机芯片、主板、BIOS、操作系统做起，采取综合措施提高主机系统的安全性，才能支撑整个信息系统的安全。正是这一技术思想推动了可信计算的产生和发展。

在人类社会中，信任是人们相互合作和交往的基础。然而，在如 Internet 这样开放的网络空间中，交互实体往往互不了解，网络上两个实体未经任何事先认证和审查就可以进行交互，与你交互的实体可能是破坏我们数据的恶意程序，也可能是一个已经被黑客控制了的计算平台，还可能是企图诈取我们钱财的人或者组织等。可见，如果我们无法判断交互的实体身份及其真实性，很可能受到威胁并造成损失。那么在网络空间中如何建立信任呢?

在网络空间中建立信任，首先应该在资源节点、信息的载体——计算机系统中建立一个信任根，信任根的可信性由物理安全、技术安全与管理安全共同确立。在此基础上，构建一条信任链，从信任根开始到硬件平台，到操作系统，再到应用程序，一级测量一级、认证一级、信任一级，把这种信任扩展到整个计算机系统和网络系统中，从而确保整个计算系统的可信，这就是可信计算的基本思想。可信计算工作组（Trusted Computing Group，TCG）提出的信任链构造及工作流程如图 11-1 所示。

信任链形成包括可信测量、存储、报告机制，可信计算平台对请求访问的实体进行可信测量，存储测量结果，并向询问实体报告测量结果。

可信计算概念是从容错计算、安全操作系统和网络安全等技术拓展和延伸而来的，从侧重于硬件的可靠性、可用性，到针对硬件平台、软件系统服务的综合可信，可信计算是为适应 Internet 应用系统拓展应用发展起来的。

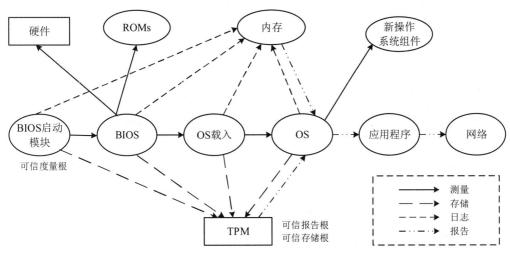

图 11-1　TCG 信任链构造及工作流程

1983 年，美国国防部制定颁布了《可信计算机系统评价准则（TCSEC）》，第一次提出可信计算机（Trusted Computer）和可信计算基（Trusted Computing Base，TCB）的概念，并把TCB 作为系统安全的基础。之后，美国国防部又相继推出了可信网络解释（TNI）和可信数据库解释（TDI）等规范，从而形成了一套可信计算技术规范文件。

1999 年，IBM、HP、Intel 和微软等企业联合发起成立了可信计算平台联盟（TCPA），2003年 TCPA 更改为可信计算工作组（TCG）。TCG 是一个非盈利组织，旨在研究制定可信计算的工业标准，目前已经制定了一系列的可信计算技术规范，如可信 PC、可信平台模块（TPM）、可信软件栈（TSS）、可信网络连接（TNC）、可信手机模块等规范，这些技术规范不断被修改完善和版本升级。

欧洲于 2006 年 1 月启动了名为"开放式可信计算（Open Trusted Computing）"的可信计算研究计划。该计划基于可信计算平台的统一安全体系结构，在异构平台上已经实现了个人安全电子交易、家庭协同计算以及虚拟数据中心等多个应用。

我国在可信计算技术领域研究和商业应用起步也比较早，从 1992 年起正式立项研究并规模应用。国家在战略规划制定中高度重视可信计算，《国家中长期科学和技术发展规划纲要（2006－2020 年）》明确提出"以发展高可信网络为重点，开发网络安全技术及相关产品，建立网络安全技术保障体系"；"十二五"规划有关工程项目都把可信计算列为发展重点；2014 年4 月 16 日正式成立中关村可信计算产业联盟；2016 年 12 月 27 日发布的《国家网络空间安全战略》提出"夯实网络安全基础"的战略任务，强调"尽快在核心技术上取得突破，加快安全可信的产品推广应用"；2017 年 6 月 1 日实施的《中华人民共和国网络安全法》第十六条规定"加大投入，扶持重点网络安全技术产业和项目，支持网络安全技术的研究开发和应用，推广安全可信的网络产品和服务"。在国家重大项目的支持下，我国的可信计算标准系列逐步制定，核心技术设备形成体系，可信计算研究与应用已经处于国际前列。

目前，可信计算技术已经成熟运用于商业领域，许多芯片厂商推出了自己的可信平台模块 TPM 芯片。如联想、HP 等品牌的笔记本电脑和台式机都配备了 TPM 芯片；HP 公司推出了可信服务器；日本研制出可信 PDA；微软推出支持可信计算的 Vista、Windows 7 操作系统；众多网络企业产品也支持 TNC 体系结构。

11.2 可信与信任

 什么是可信性？

如何定义可信性呢？1990 年，国际标准化组织与国际电子技术委员会 ISO/IEC 发布的目录服务系列标准中，基于行为预期性定义了可信性：如果第二个实体完全按照第一个实体的预期行动时，则第一个实体认为第二个实体是可信的。

1999 年，ISO/IEC 15408 标准中将可信定义为：参与计算的组件、操作或过程在任意的条件下是可预测的，并能够抵御病毒和一定程度的物理干扰。

2002 年，TCG 对可信的定义：一个实体是可信的，如果它的行为总是以预期的方式，朝着预期的目标进行。

IEEE 计算机协会可信计算技术委员会对可信的定义：指计算机系统所提供的服务是可以论证其是可信赖的。也就是指，不仅计算机系统所提供的服务是可信赖的，而且这种可信赖还是可论证的。而这里的可信赖主要是指系统的可靠性和可用性。

从上述几种不同的可信定义可以看出一个共同特性，就是强调实体行为的预期性，强调系统的安全与可靠，而安全和可靠是建立在可预期定义上的。可信表现为一个实体对另一个实体的信任关系，信任是一种二元关系，具有以下属性。

（1）信任关系可以是一对一、一对多（个体对群体）、多对一（群体对个体）或多对多（群体对群体）的。

（2）信任关系是非对称性的，即 A 信任 B 不一定就有 B 信任 A。

（3）信任关系可以是可传递的，但不绝对，而且在传递过程中信任等级可能发生变化。

（4）信任具有二重性，既具有主观性又具有客观性。

（5）信任是可度量的，即信任的程度可划分等级。

（6）信任具有动态性，即信任与环境和时间因素相关。

获得信任可以是直接的也可以是间接的。若实体 A 和实体 B 以前有过交往，则 A 对 B 的可信度可以通过考察 B 以往的表现来确定，这种通过直接交往得到的信任值称为直接信任值。若 A 和 B 以前没有任何交往，A 可以去询问一个与 B 比较熟悉的实体 C 来获得 B 的信任值，并且要求 C 与 B 有过直接的交往经验，我们称这种信任值为间接信任值，或者说是 C 向 A 的推荐信任值。有时还可能出现多级推荐的情况，这时便产生了信任链。

信任是可以度量的，常用的信任度量方法包括：基于概率统计信任模型、基于模糊数学信任模型、基于主观逻辑和证据理论的信任模型，以及基于软件行为学的信任模型等。例如，基于概率统计信任模型认为，主体的可信性是历史记录反映出来的主体行为是否违规、越权以及超过范围等方面的统计特性。主体的可信性可以定义为其行为的预期性，软件的行为可信性可以通过划分级别来标识。

11.3　可信计算技术

 可信计算包括哪些技术？

11.3.1　可信计算平台

信任链是可信计算的关键技术，通过建立信任链建立计算环境中各个实体间的信任。信任链的源头当然是终端计算设备的核心——处理器。在工业界，Intel、AMD 等 CPU 厂商都致力于通过改进 CPU 的体系结构来增强计算平台的安全性。例如，Intel 实施了 LaGrande 计划，AMD 实施了 Presidio 计划。

LaGrande 计划的体系结构包含了很多安全特性，如它具有可信执行 TXT（Trusted Execution Technology）特性的 CPU 和 TCG 可信平台模块 TPM。为了实现反复的系统完整性校验，Intel 的 CPU 中增加了一条新指令 SENTER。这条指令能够创建可控的和可认证的执行环境，该环境不受系统中任何组件的影响，因此可以确保执行这条指令所加载的程序的执行不会被篡改。

LaGrande 计划的体系结构的主要保护目标如下所述。

（1）保护执行：在 CPU 芯片中提供一个安全的区域来运行一些敏感的应用程序，以使得用户即使处于可能被攻击的环境中，仍然能够相信这个区域的安全性。

（2）密封存储：采用密码保护用户的数据，使用户即使处于可能被攻击的环境中，仍能够相信数据的机密性和完整性。

（3）远程证明：提供一种机制，使用户能够相信一个远程平台是可信的。

（4）I/O 保护：对平台的 I/O 进行保护，使用户和应用程序之间的交互路径是可信路径。

2005 年，AMD 宣布了包含虚拟机和安全扩展的下一代 CPU 规范。在其扩展指令中有一条 SKINIT 指令，用以支持反复进行系统完整性校验。SKINIT 指令对 CPU 进行初始化，为程序建立一个安全的执行环境。在这个环境里，屏蔽了所有中断，关闭了虚拟内存，禁止 DMA，除了正在执行的这条指令的处理器外，其他的处理器都不工作。用于加载虚拟机管理器（VMM）的程序被封装到一个安全的加载程序块中。在 CPU 执行安全加载程序前，这个程序要被度量，其度量值被写进特定程序寄存器（PCR）中。这个 PCR 只能通过特殊的 LPC（Low Pin Count）总线周期才能读取，而软件无法模拟这个 LPC 总线周期，这就保证了只有 CPU 能够读取这个特定的 PCR。为了防止 SKINIT 指令被攻击，前面所述的所有步骤和条件都是以原子形式来执行的。

在上述技术支持下，TCG 提出了可信计算平台（Trusted Computing Platform，TCP）的概念，并具体化到可信 PC、可信服务器、可信 PDA 和可信手机等应用，制定了相应的技术规范。国内外在可信计算 PC 平台领域已经产业化，并走向实际应用。例如，2003 年瑞达公司与武汉大学合作研制出具有我国自主权的第一款可信计算平台，推出了符合我国技术规范的 TCM 芯片，之后联想、长城等公司都相继推出了可信计算机产品。可信计算机遵循 TCG 技术规范，内置密码运算，基于信任链实现从硬件底层到应用的安全层次化信任体系，通常采用如智能卡、指纹等技术实现用户身份认证和安全管理，以及基于控制计算平台 TCM 的 I/O 接口。

TCG 于 2005 年发布了通用服务器规范，由于服务器应用的特殊需求，要求处理速度比普通 PC 高，因此要求服务器的 TPM 具有高处理速度，包括提供高速的密码运算。TPM 应能支持并发控制，当多用户同时访问可信服务器时，TPM 应该可以并发地处理访问请求，并确保数据的正确性与操作的原子性。为此，服务器常采用多 TPM 机制（物理 TPM 和虚拟 TPM），单个 TPM 的改变不应影响其他 TPM 的安全性。此外，可信服务器还应具有对保密数据迁移、备份与恢复的能力。由于服务器通常具有多个处理器，而且支持虚拟化机制，因此它的启动方式与普通 PC 不同，所以其信任链也应与普通 PC 不同。由于服务器开机后长时间不关机，因此需要能够多次反复执行的可信度量机制。

随着智能终端、手机等微型终端产品的发展，可信技术也向智能 PDA、手机等终端领域延伸，包括可信 PDA、可信手机等技术。针对手持设备易丢失、易冒用，可能受到病毒、木马等恶意软件的攻击，无线通信信息易泄露等问题，提供用户身份认证、数据恢复、安全增强的操作系统、无线通信加密与认证、可信网络连接等可信安全应用。

这里要区别可信计算基（TCB）与可信平台模块（TPM）的概念。所谓可信计算基，即系统安全的"根基"或"基础"，是指系统内安全保护装置的总体，包括硬件、固件、软件和负责执行安全策略的组合体。可信平台模块（TPM）是可信计算的信任根。TPM 是一个可信硬件模块，通常是一个片上系统（System On Chip，SOC），是物理可信的。TPM 结构如图 11-2 所示，由执行引擎、存储器、I/O、密码引擎、随机数生成器等部件组成，主要完成加密、签名、认证、密钥产生等安全功能。TPM 提供可信的度量、度量的存储和度量的报告。

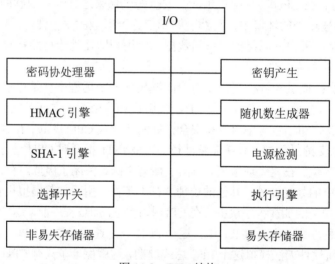

图 11-2　TPM 结构

安全操作系统是通过可信计算基（TCB）实现安全功能的。TPM 可作为安全操作系统 TCB 的一个重要组成部分，其物理可信和一致性验证功能为安全操作系统提供了可信基础。

11.3.2　可信支撑软件

可信软件栈（TCG Software Stack，TSS）是可信计算平台上 TPM 的支撑软件。TSS 的主要作用是为操作系统和应用软件提供使用 TPM 的接口，有了 TSS 的支持，不同的应用都可以方便地使用 TPM 所提供的可信计算功能。TSS 的结构可分为内核层、系统服务层和用户程序层。

内核层的核心软件是可信设备驱动（TDD）模块，它是直接驱动 TPM 的软件模块，由其嵌入式操作系统所确定。系统服务层的核心软件包括可信设备驱动库（TDDL）和可信计算核心服务模块（TCS）。其中，TDDL 提供用户模式下的接口，TCS 对平台上的所有应用提供一组通用的服务。用户程序层的核心软件是可信服务提供模块（TSP）。TSP 为应用提供最高层的 API 函数，使应用程序可以方便地使用 TPM。

三部分组件工作流程如下：应用程序将数据和命令发给应用 API 函数 TSP，TSP 处理后通过 TCS 再传给 TDDL，TDDL 处理后传给 TDD，TDD 处理并驱动 TPM，TPM 给出响应，反向经 TDD、TDDL、TCS、TSP 传给应用。

"软件可信性"问题的产生和"可信软件"问题的提出是软件技术应用发展和演化的必然结果。一方面，软件的规模越来越大，导致软件的开发、集成和持续演化变得越来越复杂，而相关的可信软件构造、评测、确保等技术严重滞后，使得软件产品在推出时总是会包含缺陷，这些缺陷对软件系统的安全、可靠的运行构成了严重的威胁；另一方面，软件的运行环境和开发环境已经从传统的封闭静态环境延伸到了开放动态的分布式与网络环境中，其中计算实体的行为存在不可控性和不确定性，这既对传统的软件开发方法和技术提出了挑战，也对运行时刻的可信保障提出了严峻的挑战。

传统的软件开发模式是"面向正确性的软件理论+工程化"，然而现代软件系统处于开放的环境中，需要建立一整套软件可信机理和度量理论及技术，全面解决软件需求分析、设计、构造、评测、维护、演化等活动和运行支撑等方面的可信问题。

需要强调的是，可信性事实上贯穿于软件的构造、验证、运行、演化等生命周期各部分，从管理和技术层面上建立包含明确可信性、设计可信性、保证可信性、演化可信性等各方面的软件技术增强体系。从构造与验证技术看，需要可信性需求分析、可信算法与软件设计、可信程序设计语言、编译和操作系统，以及测试与验证技术。从演化与控制技术来看，不应局限在传统的事后维护，而应注重事前设计主动的可信性监控，并针对软件与环境动态的演化，通过合适的维护与重构控制可信性演化，有效提高软件可信演化的收敛速度与效果。

11.3.3　可信网络连接

面对各种安全风险与威胁，建立终端计算环境的可信性是至关重要的，但还是不够的。现代计算环境是开放的网络环境，因此应该把可信扩展到网络，使得网络成为一个可信的计算环境。

2004 年 5 月，TCG 成立了可信网络连接小组（Trusted Network Connection Subgroup），负责研究和制定可信网络连接（Trusted Network Connection，TNC）框架及相关的标准。可信网络连接是将可信计算机制延伸到网络的一种技术，其基本思路是在终端接入网络之前，依次对用户身份、终端平台身份进行认证，最后对终端平台的可信状态进行度量，如果度量结果满足网络接入的安全策略，则允许终端接入网络；否则将终端连接到指定的隔离区域，对其进行安全性修补和升级。

TNC 是网络接入控制的一种实现方式，是一种主动性的网络防御技术，能够将大部分的潜在攻击和威胁抑制在发生之前。其目的是确保网络访问者的完整性，其结构如图 11-3 所示。TNC 通过网络访问请求搜集和验证请求者的完整性信息，依据一定的安全策略对这些信息进行评估，决定是否允许请求者与网络连接，从而确保网络连接的可信性。

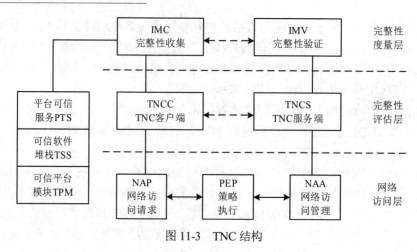

图 11-3　TNC 结构

综上所述，可信计算强调行为的可预测性，可信技术涵盖从终端设备的可信性到应用的可信性，到网络的可信性实现以及信任链的构造，重点强调实体（硬件、软件、用户）的认证性，即对实体的身份及完整性进行验证，形成基于可信计算基的信任体系，实现从单一计算环境（终端设备）到开放式计算环境（网络）全面的安全保障体系。

11.4　主动免疫可信计算

 我国在可信计算领域发展现状如何？

当前，网络空间已经成为继陆、海、空、天之后的第五大主权领域空间。网络安全是国际战略在军事领域的演进，没有网络安全就没有国家安全，而构建网络安全的"铜墙铁壁"离不开核心技术的支撑。只有研究国产可信计算体系，建立自我防护、主动免疫保护框架，构建纵深防御的信息安全保障体系的核心技术，才能筑牢我国的网络安全防线。发展可信计算技术是构建国家关键信息基础设施，确保整个网络空间安全的基本保障。

11.4.1　主动免疫可信计算架构

以我国沈昌祥院士为代表的科研人员提出了一种"宿主+可信"的双节点主动免疫可信计算架构，在安全可信策略管控下的运算和防护并存，可信节点在宿主节点运行的同时对其进行监控和验证，主动免疫可信计算体系结构如图 11-4 所示。

主动免疫可信计算采用我国自主创新的对称与非对称相结合的密码体制作为免疫基因；通过主动可信度量控制芯片（TPCM）植入可信源根，在可信密码模块（TCM）基础上加以信任根控制功能，实现密码与控制相结合，将可信平台控制模块设计为可信计算控制节点，实现了 TPCM 对整个平台的主动控制；通过在可信平台主板中增加可信度量控制节点，实现了计算和可信双节点融合；软件基础层实现宿主操作系统和可信软件基的双重系统核心，通过在操作系统核心层并接一个可信的控制软件接管系统调用，在不改变应用软件的前提下实施对应执行点的可信验证；网络层采用三元三层对等的可信连接架构，在访问请求者、访问连接者和管控者（即策略仲裁者）之间进行三重控制和鉴别，管控者对访问请求者和访问连接者实现统一的策略验证，解决了合谋攻击的难题，提高了系统整体的可信性；该体系结构对应用程序未作干预处理，确保了能正确和完整地完成计算任务逻辑。通过对现有计算资源的冗余扩展，增加芯片和软件，即可实现主动免疫的可信计算架构。

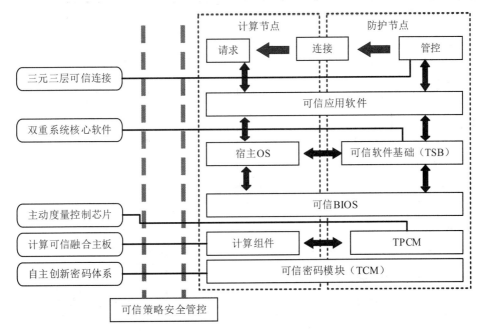

图 11-4　主动免疫可信计算体系结构

主动免疫可信计算架构中，在安全管理中心的支持下，可信节点监控计算节点，及时保障计算资源不被干扰和破坏，提高计算节点自我免疫能力，如图 11-5 所示。在计算节点可信架构中，可信链以物理可信根和密码固件为平台，实施可信基础软件为核心的可信验证过程，以此支撑可信应用。可信基础软件由基本信任基、可信基准库、支撑机制和主动监控机制组成。主动监控机制又包括了控制机制、判定机制和度量机制，控制机制通过监视接口接管操作系统的调用命令解释过程，验证主体、客体、操作和执行环境的可信，根据此执行点的策略要求（策略库表达的度量机制），调用支撑机制进行度量验证，与可信基准库比对，由判定机制决定处置办法。可信基础软件通过主动监控机制，监控应用进程行为可信，监控宿主节点的安全机制和资源可信，实现计算节点的主动安全免疫防护。可信协作机制实现本地可信基础软件与其他节点可信基础软件之间的可信互联，实现了信任机制的进一步扩展。安全管理中心管理各计算节点的可信基准库，并对各个计算节点的安全机制进行总体调度。

主动免疫的可信计算架构能够为信息系统构建主动、完整的信任体系，如图 11-6 所示，使其能够在运算的同时进行安全防护，及时识别"自己"和"非己"成分，计算全程可测可控，不被干扰，从而保证计算结果总是与预期一样，防止已知病毒、未知病毒及木马入侵。

基于主动免疫可信计算架构不仅能够为单机设备构建完整的信任链，还可以利用可信连接机制对网络中的其他设备进行验证，实现计算节点之间的可信互联，从而实现信任机制的进一步扩展，为构建可信的信息系统奠定基础。

基于主动免疫可信计算，可以构建安全可信的系统架构，确保体系结构可信、资源配置可信、操作行为可信、数据存储可信和策略管理可信，从而达到积极主动防御的目的。

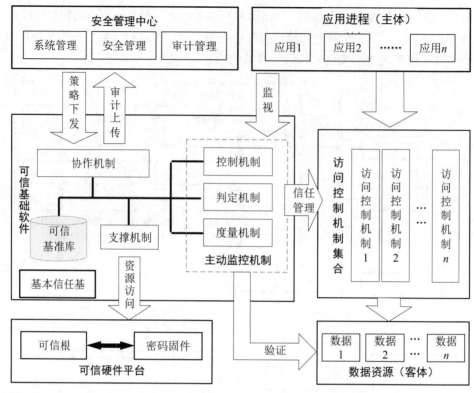

图 11-5　计算节点可信架构

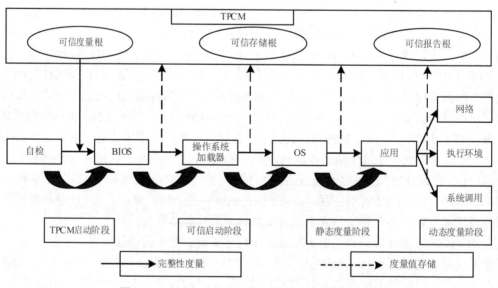

图 11-6　主动免疫可信计算架构信任链传递示意图

在主动免疫可信计算架构下，将信息系统安全防护体系划分为安全计算环境、安全边界、安全通信网络 3 层，结合主动免疫的主动防御思想和等级保护的防御体系，以主动免疫的可信计算为基础，以访问控制为核心，从技术和管理两个方面进行安全设计，建立安全可信管理中心支持下的主动免疫三重防护框架，如图 11-7 所示。

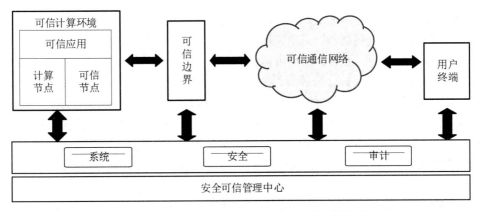

图 11-7　安全可信管理中心支持下的主动免疫三重防护框架

该框架围绕安全可信管理中心形成由可信计算环境、安全区域边界和可信通信网络组成的纵深积极防御体系，在防御体系的各层面建立保护机制、响应机制和审计机制之间的策略联动，达到攻击者进不去、非授权者拿不到重要信息、窃取者看不懂保密信息、系统和信息篡改不了、系统工作不瘫痪和攻击行为赖不掉的防护效果，实现了国家等级保护标准要求（GB/T 25070—2010），能够做到可信、可控、可管。

11.4.2　我国可信计算领域的自主创新成果

以主动免疫可信计算体系为代表，我国在可信计算领域的研究已取得很多具有自主知识产权的创新成果，形成了自主可控的可信体系。

（1）可信计算标准体系。相对于国外可信计算被动调用的外挂式体系结构，我国可信计算革命性地开创了自主密码为基础、控制芯片为支柱、双融主板为平台、可信软件为核心、可信连接为纽带、策略管控成体系、安全可信保应用的全新的可信计算体系结构框架，如图 11-8 所示。

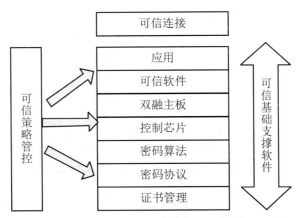

图 11-8　全新的可信计算体系结构框架

在该体系结构框架指引下，我国在 2010 年前完成了核心的 9 部国家标准和 5 部国军标（国家军用标准的简称）的研究起草工作。

我国可信计算标准体系的创新性体现在 4 个方面：一是打基础，具有自主的密码体系；

二是构主体，确定了 4 个主体标准，包括可信平台控制模块、可信平台主板功能接口、可信基础支撑软件及可信网络连接架构；三是搞配套，提出了 4 个配套标准，分别是可信计算规范体系结构、可信服务器平台、可信存储及可信计算机可信性测评指南；四是成体系，包括了管控应用相关标准，涉及等级保护、云计算、大数据、物联网、工控系统等各个方面。

（2）可信计算体系结构。在体系结构方面，TCG 没有改变原有计算机体系结构，而是采用外挂形式把可信平台模块（TPM）作为外部设备挂接在外部总线上。在软件层面，可信软件栈（TSS）是可信平台软件 TPS 的子程序库，被动调用，无法动态主动度量。而上面提到的"宿主+可信"的双节点主动免疫可信计算架构，变被动模式为主动模式，使主动免疫防御成为可能。

（3）可信密码体系。在密码体制方面，TCG 原版本只采用了公钥密码算法（RSA），杂凑算法只支持 SHA1 系列，回避了对称密码。由此导致密钥管理、密钥迁移和授权协议的设计复杂化（包括 5 类证书、7 类密钥），也直接威胁着密码的安全。TPM2.0 采用了我国提出的对称与公钥结合的密码体制，并申报成为了国际标准。

我国可信计算平台密码方案中采用自主算法、机制和证书结构。在密码算法上，全部采用我国自主设计的算法，公钥密码采用椭圆曲线密码算法（SM2），对称密码采用 SM4 算法，完整性校验采用 SM3 算法，定义了可信计算密码模块（TCM）；在密码机制上，采用对称密码与公钥密码相结合体制，提高了安全性和效率；在证书结构上，采用双证书结构，简化了证书管理，提高了可用性和可管理性。密码算法与可信功能的关系如图 11-9 所示。

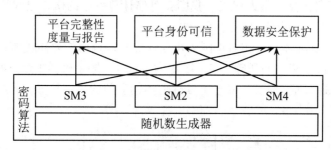

图 11-9 密码算法与可信功能的关系

（4）开创可信计算 3.0 新时代。主动免疫体系结构是我国自主研发提出的可信计算解决方案，开创了以系统免疫性为特性的可信计算 3.0 新时代。我们可以把可信计算发展分为 3 个阶段，具体见表 11-1。

表 11-1 可信计算发展阶段及特点

项目	可信 1.0（主机）	可信 2.0（PC）	可信 3.0（网络）
特性	主机可靠性	节点安全性	系统免疫性
对象	计算机部件	PC 单机为主	节点虚拟动态链
结构	冗余备份	功能模块	"宿主+可信"双节点
机理	故障诊查	被动度量	主动免疫
形态	容错算法	TPM+TSS	可信免疫架构
依托	容错组织	TCSEC→TCG	中国可信计算创新

可信计算 1.0 以世界容错组织为代表，主要特征是主机可靠性，通过容错算法和故障诊查实现计算机部件的冗余备份和故障切换。可信计算 2.0 以 TCG 为代表，主要特征是包含 PC 节点安全性，通过主程序调用外部挂接的可信芯片实现被动度量。可信计算 3.0 的主要特征是系统免疫性，其保护对象是以系统节点为中心的网络动态链，构成"宿主+可信"双节点可信免疫架构，宿主机运算的同时由可信机制进行安全监控，实现对网络信息系统的主动免疫防护。

可信计算 3.0 的理论基础为基于密码的计算复杂性理论以及可信验证。对已知流程的应用系统，其可根据系统的安全需求，通过"量体裁衣"的方式，针对应用和流程制定策略，以适应实际安全需要，不需修改应用程序，特别适合为重要生产信息系统提供安全保障。可信计算 3.0 防御特性见表 11-2。

表 11-2　可信计算 3.0 防御特性

分项	特性
理论基础	计算复杂性，可信验证
应用适应面	适用于服务器、存储系统、终端、嵌入式系统
安全强度	强，可抵御未知病毒、未知漏洞的攻击，具有智能感知功能
保护目标	统一管理平台策略支撑下的数据信息处理可信和系统服务资源可信
技术手段	以密码为基因，具有主动识别、主动度量、主动保密存储功能
防范位置	行为的源头，网络平台自动管理
成本	低，可在多核处理器内部实现可信节点
实施难度	易实施，既可适用于新系统建设也可进行旧系统改造
对业务的影响	不需要修改原应用，通过制定策略进行主动实时防护，业务性能影响在 3%以下

可信计算 3.0 是传统访问控制机制在新型信息系统环境下的创新发展，在传统的大型机简化成串行 PC 结构后又增加了免疫的防护部件，解决了大型资源多用户共享访问安全可信问题，符合事物的否定之否定螺旋式上升发展规律。它以密码为基因，通过主动识别、主动度量、主动保密存储，实现统一管理平台策略支撑下的数据信息处理可信和系统服务资源可信。可信计算 3.0 在攻击行为的源头判断异常行为并进行防范。其安全强度较高，可抵御未知病毒、未知漏洞的攻击，能够智能感知系统运行过程中出现的规律性的安全问题，实现真正的态势感知。

可信计算 3.0 通过独特的可信架构实现主动免疫，对现有系统只增加芯片和软件即可，对现有硬/软件架构影响小，可以利用现有计算资源的冗余进行扩展，也可在多核处理器内部实现可信节点，实现成本低、可靠性高。可信计算 3.0 可以提供可信 UKey 接入、可信插卡以及可信主板改造等不同的方式进行老产品改造，使新老产品融合，构成统一的可信系统；系统通过对应用程序操作环节安全需求进行分析，制定安全策略，由操作系统透明的主动可信监控机制保障应用可信运行，不需要修改原应用程序代码。这种防护机制不仅对业务性能影响很小，而且克服了因打补丁而产生新漏洞的问题。

本章小结

本章介绍了可信计算的基本概念和技术，介绍了可信性、信任、可信计算基的基本概念，重点介绍了可信计算平台实现技术，对于一个可信计算机，可信平台模块 TPM 是信任根，是实现信任链的基础；此外，还介绍了支持可信计算应用的可信软件栈，以及支持可信网络应用的可信网络连接相关技术；构建从终端硬件平台到应用，再到网络的信任链是建立可信计算环境的根本。

习题 11

1. 如何构建计算信任链？
2. 什么是可信性、信任？信任具有哪些属性？
3. CPU 如何支持可信计算？
4. 什么是可信平台模块？TPM 具有什么功能？
5. 什么是可信软件栈？它有什么作用？
6. 可信网络连接 TNC 实现什么功能？描述其结构及工作原理。
7. 论述可信计算技术与信息安全的关系。

第 12 章　区块链技术

本章学习目标

本章主要讲解区块链的基本概念和技术。通过本章的学习，读者应该掌握以下内容：
- 区块链的基本概念。
- 区块链的核心技术。
- 比特币的本质和实现机理。
- 区块链系统基础架构。

12.1　区块链技术概述

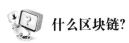 **什么区块链?**

12.1.1　区块链的定义与特性

区块链是一种按照时间顺序将数据区块组合形成的一种链式数据结构，是一种在密码学技术保证下的不可篡改和不可伪造的分布式账本，能够安全存储简单的、有时序关系的、在系统内可验证的数据。广义地讲，区块链技术是利用加密链式区块结构来验证与存储数据，利用分布式节点共识算法来生成和更新数据，利用密码学技术保证数据传输和访问的安全性，利用出自动化脚本代码组成的智能合约来编程和操作数据的一种分布式基础架构与计算方式。

区块链技术有以下几个特性。

（1）去中心化（Decentralized）。区块链技术基于分布式系统验证、记账、存储、维护和传输数据，采用特定数学方法而不是中心机构来建立分布式节点间的信任关系，形成了去中心化的可信任的分布式系统，产生的区块链是一种分布式的公共账本。传统的中心式账本（图12-1）是通过中心式数据库存储数据，账本具有唯一性，依赖权威中心（例如 CA、银行等机构）做信任担保。而区块链生成的分布式账本（图 12-2）是指当交易发生时，链上所有参与方都会在自己的账本上记录交易信息，交易记录是完全公开的，通过密码技术保证交易记录不可篡改，交易是点对点传输的，无需可信中心，实现了去中心化的信任。

从数据角度来看，区块链是一种特殊的分布式数据库，实现系统内数据分布式存储，即数据存储在所有参与记录数据的节点中，而非集中存储于中心化的机构节点中。

（2）时序数据。区块链采用带有时间戳（Time Stamp）的链式区块结构存储数据，实现了时序性、可验证性和可追溯性等安全属性。

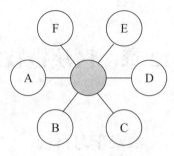

图 12-1　中心记账

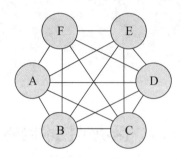

图 12-2　分布式共享记账

（3）集体维护（Collectively Maintain）。区块链系统采用特定的经济激励机制，保证分布式系统中所有节点均可参与数据区块的验证过程，并通过共识算法来选择特定的节点将新区块添加到区块链中。

（4）可编程。区块链技术可提供灵活的脚本代码系统，支持用户创建高级的智能合约、货币或其他去中心化应用。例如，以太坊（Ethereum）平台提供了图灵完备的脚本语言，以供用户来构建任何可以精确定义的智能合约或交易类型。

（5）安全可信。区块链技术采用公钥密码技术对数据进行加密，并借助分布式系统各节点的工作量证明等共识算法形成的强大算力来抵御外部攻击，保证区块链数据不可篡改和不可伪造，从而建立了所有参与者对全网交易记录的事件顺序和当前状态的共识。

12.1.2　区块链应用分类及发展阶段

（1）从应用范围来看，区块链应用可分为以下 3 类。

1）公有链。无官方组织及管理机构，无中心服务器，参与的节点按照系统规则自由接入网络、不受控制，节点间基于共识机制开展工作。如比特币系统就是一种典型的公有链应用。

2）私有链。建立在某个企业内部，系统的运行规则根据企业要求进行设定，对区块链的修改甚至是读取权限仅限于少数节点，同时保留区块链部分去中心化等特性。

3）联盟链。由若干机构联合发起，介于公有链和私有链之间，兼具部分去中心化特性。

（2）从发展历程来看，区块链可分为以下 3 个阶段。

1）区块链 1.0——"虚拟数字货币"。2008 年，中本聪（Satoshi Nakamoto）发表的论文

《比特币：一种点对点的电子现金系统》，提出可以创建一套"基于密码学原理而不基于信用，使得任何达成一致的双方能够直接进行支付，不需要第三方中介参与"的电子支付系统，一种新的电子货币体系——"比特币"，被认为是区块链技术实用化的重要里程碑。区块链技术作为实现比特币系统的基础逐步得到完善，标志着区块链技术 1.0 时代的到来。

2009 年 1 月，以区块链技术为基础的比特币发行交易系统正式开始运行，随着比特币区块链中第一个区块生成，比特币诞生。比特币最初只在技术工程师之间以娱乐为目进行流通，到逐渐具备了与实物、法币兑换的能力，比特币也就开始有了"价格"（比特币与法币间的公允汇率）。

2010 年起，世界上多个国家陆续出现比特币交易平台，大量投资者将比特币作为一种投资品竞相买卖，比特币价格开始在剧烈波动中上涨，并逐步在全世界范围内被认知。而关于比特币技术的安全性和可控性、比特币交易的监管以及比特币的法律地位等问题，各国政府在过去几年中展开了持续的讨论，态度不尽相同，但对于比特币的底层技术——区块链的研究和应用热情却不断高涨。之后，狗狗币、莱特币之类的"山寨"虚拟数字货币也开始大量涌现。

2）区块链 2.0——智能合约。随着比特币和其他山寨币在应用中暴露出的资源消耗严重、无法处理复杂逻辑等弊端，业界逐渐将关注点转移到了比特币的底层支撑技术区块链上，产生了运行在区块链上的模块化、可重用、自动执行脚本的智能合约应用，区块链技术应用范围延伸到金融交易、证券清算结算、智能资产、档案登记、司法认证等领域，进入 2.0 时代。

以太坊是这一阶段的代表性平台。它是一个以区块链技术为基础的开发平台，提供了图灵完备的智能合约系统。通过以太坊，用户可以自己编写智能合约，构建诸如投票、域名、金融交易、众筹、知识产权和智能财产等去中心化应用。以太坊平台既支持包括"数字货币"、金融衍生品、对冲合约、储蓄钱包等涉及金融交易和价值传递的金融应用，也支持如在线投票和去中心化自治组织等非金融应用。

在区块链 2.0 阶段，以智能合约为主导，越来越多的金融机构、初创公司和研究团体加入了区块链技术的探索队列，推动了区块链技术和市场的迅猛发展。

3）区块链 3.0——超越货币、经济和市场。随着区块链技术的不断发展，区块链技术的低成本信用创造、分布式结构和公开透明等特性的价值逐渐受到全社会的关注，在物联网、医疗、供应链管理、社会公益等各行各业中不断有新应用出现。区块链技术的发展进入到了区块链 3.0 阶段。在这一阶段，区块链的潜在作用并不仅仅体现在货币、经济和市场方面，更延伸到了政治、人道主义、社交和科学领域，区块链技术方面的能力已经可以让特殊的团体来处理现实中的问题。随着区块链的发展，其有可能广泛而深刻地改变人们的生活方式，甚至重构社会，重铸信用价值。

12.2　区块链系统核心技术

 区块链如何工作？

区块链技术在本质上是一种互联网协议。利用区块链技术在互联网上建立一种能够存储海量数据、具备完整性且可信赖的分布式数据库，涉及三种核心技术：区块+链、P2P 网络（Peer-to-peer network）技术、公钥密码算法，此外，为了保证技术的可进化性与可扩展性，区块链需要具有"脚本"技术，实现区块链数据库的可编程性。

12.2.1 区块+链

"区块+链"是将数据分成不同的区块，在电子交易中交易记录文件形成一个"区块"，每个区块通过特定的信息链接到上一区块，区块按产生时间顺序链接起来，形成一套完整的数据，即构成"区块链"。

每一个区块由区块头和区块体两部分组成。区块头用于链接到前面的区块，并为区块链数据库提供完整性保证；区块体则包含了经过验证的、区块创建过程中发生的价值交换的所有记录。区块是按时间顺序一个一个生成的，每一个区块都记录了其在被创建期间发生的所有价值交换活动，所有区块汇总起来形成一个记录合集。区块链构成了系统内所有节点共享的交易数据库，这些节点基于价值交换协议参与到区块链的网络中来。

在区块链中，每一个区块的区块头哈希值放入到其后续区块的区块头中，使区块间建立起了关联，从而形成了一条数据长链。区块链系统中的第一个区块称为创世块。"区块+链"的数据存储结构如图 12-3 所示。

图 12-3 "区块+链"数据存储结构

"区块+链"的结构为我们提供了一个数据库的完整历史。这种结构具有以下重要特点。

（1）保证数据库完整性：每一个区块都记录了从上一个区块形成之后到该区块被创建之前发生的所有价值交换活动。

（2）保证数据库严谨性：在绝大多数情况下，一旦新区块完成后被加入到区块链的最后，则此区块的数据记录就再也不能被改变或删除，即无法被篡改。

（3）保证可追溯性：从第一个区块开始，到最新产生的区块为止，区块链上存储了系统全部的历史数据。区块链上的每一条交易数据，都可以通过"区块链"的结构追本溯源，一笔一笔进行验证。

区块链数据库中每一个区块都加盖上一个时间戳来记账，表示这个信息是这个时间写入的，形成了一个不可篡改、不可伪造的数据库。

12.2.2　P2P 网络技术——分布式结构

如何记录并存储下这个严谨的数据库，使得即便参与数据记录的某些节点崩溃，仍然能保证整个数据库系统的正常运行与信息完备？区块链通过自愿原则来建立一套人人都可以参与记录信息的分布式记账体系，从而将传统会计责任分散化，由整个网络的所有参与者来共同完成记录。区块链实现的一个核心技术，即分布式、开源的、去中心化的 P2P 协议。其构建了一个分布式结构体系，让价值交换的信息通过分布式传播发送给全网，通过分布式记账确定信息数据内容，加上时间戳后生成区块数据，再通过分布式传播发送给各个节点，实现分布式存储。

通过构建这样一整套协议机制，让全网每一个节点在参与记录的同时，也来验证其他节点记录结果的正确性。只有当全网大部分节点（或甚至所有节点）都同时认为这个记录正确时，或者所有参与记录的节点比对结果都一致通过后，记录的真实性才能得到全网认可，记录数据才允许被写入区块中。

从硬件的角度讲，区块链的背后是大量的信息记录储存器（如计算机等）组成的网络。根据 P2P 网络层协议，区块链中每一笔新交易由单个节点被直接发送给全网其他所有的节点，数据库中的所有数据都实时更新并存放于所有参与记录的网络节点中，这样即使部分节点损坏或被黑客攻击，也不会影响整个数据库的数据记录与信息更新。

区块链系统采用分布式记账、分布式传播、分布式存储，使得该系统不可能被任何人、任何组织、任何国家所控制。系统内的数据存储、交易验证、信息传输过程全部都是去中心化的，在没有中心机构的情况下，众多的参与者达成共识，共同构建了区块链数据库。只要不是网络中的所有参与节点在同一时间集体崩溃，数据库系统就可以一直运转下去。

12.2.3　公钥密码算法

如何使这个严谨且完整存储下来的数据库变得可信赖，使得我们可以在互联网无实名背景下成功防止诈骗？区块链采用另一项核心技术，即公钥密码算法。前面章节介绍过，公钥算法分别使用"公钥"和"私钥"实现信息的"加密"和"解密"，使用"公钥"加密信息，保证信息的真实性，只有拥有相应"私钥"的人才能解密被加密过的信息，保证信息的安全性。在区块链系统内，所有权验证机制的基础是公钥密码算法，常见的公钥密码算法包括 RSA、ElGamal、D-H、ECC（椭圆曲线加密算法）等。在区块链系统的交易中，消息发送方使用接收方的公钥对交易信息加密，消息接收方使用自己的私钥对交易信息解密，私钥持有人解密后，可以使用收到的价值。此外，基于公钥密码算法实现数字前面，即消息发送方使用自己的私钥对信息进行签名，消息接收方使用发送方的公钥验证签名，确认消息的真实性和完整性。

从信任的角度来看，区块链实际上是数学方法解决信任问题的产物。区块链技术中，所有的规则事先都以算法程序的形式表述出来，人们完全不需要知道交易的对方是"君子"还是"小人"，更不需要求助中心化的第三方机构来进行交易背书，而只需要信任数学算法就可以建立互信。区块链技术的背后，实质上是算法在为人们创造信用，达成共识背书。

12.2.4　脚本

如何使区块链系统能够处理无法预见的交易模式？区块链应用另一个核心技术——"脚本"解决了这一问题。脚本可以理解为一种可编程的智能合约。一般来讲，一个区块链系统可以直接针对特定的交易，定义完成价值交换活动需要满足的条件，这时，不需要在区块链中嵌入脚本。然而，由于在去中心化的环境下，所有的协议都需要提前取得共识，那么，针对无法预见的交易，则需要在区块链中引入脚本，保证区块链系统有机会处理无法预见的交易模式，增加技术的实用性。

一个脚本本质上是众多指令的列表，这些指令记录包括以下内容：

（1）在每一次的价值交换活动中，价值交换活动的接收者（价值的持有人）如何获得这些价值。

（2）花费掉自己曾收到的留存价值需要满足哪些附加条件等。通常，发送价值到目标地址的脚本，要求价值的持有人提供一个公钥和一个签名（证明价值的持有者拥有与上述公钥相对应的私钥），才能使用自己之前收到的价值。

脚本的特性在于具有可编程性，具体如下所述。

（1）它可以灵活改变花费掉留存价值的条件，例如脚本系统可能同时要求两个私钥、或几个私钥、或无需任何私钥等。

（2）它可以灵活地在发送价值时附加一些价值再转移的条件，例如脚本系统可以约定，这一笔发送出去的价值只能用于支付指定的费用或支付给指定的对象。

12.3　比特币

 如何实现去中心化电子货币？

比特币（BitCoin）是区块链技术实用化的一个典型案例，2009 年开始走向实用。2021 年 9 月 24 日，中国人民银行、中央网信办、最高人民法院、最高人民检察院等十部门联合发布《关于进一步防范和处置虚拟货币交易炒作风险的通知》，将虚拟货币相关业务定性为非法金融活动，因此，在我国，比特币及类似的虚拟货币是被明令禁止的，是禁止在金融业务中使用的。本书仅从技术角度介绍比特币的实现与应用，解释其如何应用区块链技术实现分布式管理，帮助读者认识其技术和社会属性。

比特币在本质上是由分布式网络系统生成的数字加密货币，其发行过程不依赖特定的中心化机构，而是依赖于分布式网络节点共同参与工作量证明（PoW）的共识过程，以完成比特币交易的验证与记录。PoW 共识过程（俗称"挖矿"，每个节点称为"矿工"）通常是各节点贡献自己的计算资源，竞争解决一个难度可动态调整的数学问题，成功解决该数学问题的矿工将获得区块的记账权，并将当前时间段的所有比特币交易打包记入一个新的区块，按照时间顺序链接到比特币主链上。同时，比特币系统会发行一定数量的比特币以奖励该矿工，并激励其他矿工继续贡献算力。比特币的流通过程依靠密码学方法保障安全。每一次比特币交易都会经过特殊算法处理和全体矿工验证后记入区块链,同时可以附带具有一定灵活性的脚本代码(智能合约)以实现可编程的自动化货币流通。归纳地讲,比特币具备如下 5 个关键要素,即公共的区块链账本、分布式的点对点网络系统、去中心化的共识算法、适度的经济激励机制以及可编程的脚本代码。

区块链技术作为比特币的核心底层技术,解决了数字加密货币领域长期以来面临的双重支付问题和拜占庭将军问题。双重支付问题是指利用货币的数字特性两次或多次使用"同一笔钱"完成支付。在传统金融和货币体系中,由于现金(法定货币)是物理实体,能够自然地避免双重支付;而其他数字形式的货币则需要可信的第三方中心机构(如银行)来保证。使用区块链技术的比特币系统在没有第三方机构的情况下,通过分布式节点的验证和共识机制解决了去中心化系统的双重支付问题,在信息传输的同时完成了价值转移。区块链通过数字加密技术和分布式共识算法,实现了在无须信任单个节点的情况下构建一个去中心化的可信任系统,解决了拜占庭将军问题。与传统中心机构(如中央银行)的信用背书机制不同的是,比特币区块链形成的是软件定义的信用,这标志着中心化权威机构信用向去中心化算法信用的根本性变革。

比特币的交易过程如图 12-4 所示。

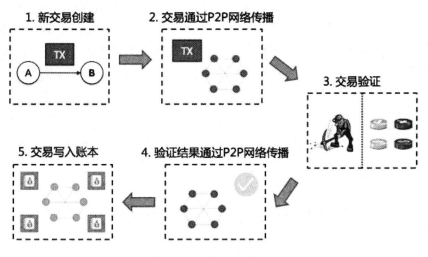

图 12-4　比特币交易过程

第 1 步:所有者 A 利用他的私钥对前一次交易(比特币来源)与下一位所有者 B 签署一个数字签名,并将这个签名附加在这枚货币的末尾,制作成交易单。这里 B 以公钥作为接收方地址。

第 2 步:A 将交易单广播至全网,比特币就发送给了 B,每个节点都将收到的交易信息纳入一个区块中。对 B 而言,该枚比特币会即时显示在比特币钱包中,但必须等到区块确认成功后才可使用。目前一笔比特币从支付到最终确认成功,须在 6 个区块确认之后才能真正确认到账。

第 3 步:每个节点通过解一道数学难题,从而去获得创建新区块权利,并争取得到比特币的奖励(新比特币会在此过程中产生)。比特币系统中解决数学难题的过程,是节点(矿工)

反复尝试寻找一个数值，组成一个由该数值、区块链中最后一个区块的 Hash 值以及交易单这 3 部分组成的输入，使用 SHA256 算法计算出散列值 X，直到 X 满足一定条件（比如前 20 位均为 0），即找到数学难题的解。

第 4 步：当一个节点找到解时，它就向全网广播该区块记录的所有盖有时间戳的交易，并由全网其他节点核对。这里的时间戳用来证实特定区块在某特定时间是确存在的。比特币网络采取从 5 个以上节点获取时间，然后再取中间值的方式作为时间戳。

第 5 步：全网其他节点核对该区块记账的正确性，在确认无误后，它们将在该合法区块之后竞争下一个区块，这样就形成了一个合法记账的区块链。由于算法的困难性，通常每个区块的创建时间间隔大约在 10 分钟。随着全网算力的不断变化，每个区块的产生时间会随算力的增强而缩短，或随算力的减弱而延长。其原理是，根据最近产生的区块的时间差（约两周时间）自动调整每个区块的生成难度（比如减少或增加目标值中 0 的个数），使得每个区块的生成时间大约为 10 分钟。

比特币凭借其先发优势，已经形成体系完备的涵盖发行、流通和金融衍生市场的生态圈与产业链，这也是其长期占据绝大多数数字加密货币市场份额的主要原因。比特币的开源特性吸引了大量开发者持续性地贡献其创新技术、方法和机制；比特币各网络节点（矿工）提供算力以保证比特币的稳定共识和安全性，其算力大多来自于设备商销售的专门用于 PoW 共识算法的专业设备（矿机）。比特币网络为每个新发现的区块发行一定数量的比特币以奖励矿工，部分矿工可能相互合作建立收益共享的矿池，以便汇集算力来提高获得比特币的概率。比特币经发行进入流通环节后，持币人可以通过特定的软件平台（如比特币钱包）向商家支付比特币来购买商品或服务，这体现了比特币的货币属性；同时由于比特币价格的涨跌机制使其完全具备金融衍生品的所有属性，因此出现了比特币交易平台以方便持币人投资或者投机比特币。在流通环节和金融市场中，每一笔比特币交易都会由比特币网络的全体矿工验证并记入区块链。

12.4　区块链系统基础架构模型

 如何让区块链系统完整地工作？

本节结合比特币应用介绍区块链系统的基础架构模型（图 12-5）。一般说来，区块链系统由数据层、网络层、共识层、激励层、合约层和应用层组成。其中，数据层封装了底层数据区块以及相关的数据加密和时间戳等技术；网络层则包括分布式组网机制、数据传播机制和数据验证机制等；共识层主要封装网络节点的各类共识算法；激励层将经济因素集成到区块链技术体系中来，主要包括经济激励的发行机制和分配机制等；合约层主要封装各类脚本代码、算法机制和智能合约，是区块链可编程特性的基础；应用层则封装了区块链的各种应用场景和案例。

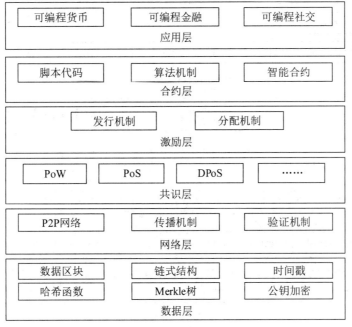

图 12-5　区块链系统的基础架构模型

12.4.1　数据层

狭义的区块链是指去中心化系统各节点共享的数据账本。每个分布式节点都可以通过特定的哈希算法和 Merkle 树数据结构，将一段时间内接收到的交易数据和代码封装到一个带有时间戳的数据区块中，并链接到当前最长的主区块链上，形成最新的区块。该过程涉及数据区块、链式结构、哈希算法、Merkle 树和时间戳等技术要素。

1. 数据区块

数据区块中包含区块头（Block Head）和区块体（Block Body）两部分，如图 12-6 所示。区块头封装了当前版本号（Version）、前一区块地址（Prev-block）、当前区块的目标哈希值（Bits）、当前区块 PoW 共识过程的解随机数（Nonce）、Merkle 根（Merkle-root）以及时间戳（Time Stamp）等信息。如比特币网络可以动态调整 PoW 共识过程的难度值，最先找到正确的解随机数 Nonce 并经过全体矿工验证的矿工将会获得当前区块的记账权。区块体则包括当前区块的交易数量以及经过验证的、区块创建过程中生成的所有交易记录。这些记录通过 Merkle 树的哈希过程生成唯一的 Merkle 根并记入区块头。

2. 链式结构

取得记账权的矿工将当前区块链接到前一区块，形成最新的区块主链。各个区块依次环环相接，形成从创世区块到当前区块的一条最长主链，从而记录了区块链数据的完整历史，能够提供区块链数据的溯源和定位功能，任意数据都可以通过此链式结构顺藤摸瓜、追本溯源。需要说明的是，如果短时间内有两个矿工同时"挖出"两个新的区块加以链接的话，区块主链可能出现暂时的"分叉"现象，其解决方法是约定矿工总是选择延长累计工作量证明最大的区块链。因此，当主链分叉后，后续区块的矿工将通过计算和比较，将其区块链接到当前累计工作量证明最大化的备选链上，形成更长的新主链，从而解决分叉问题。

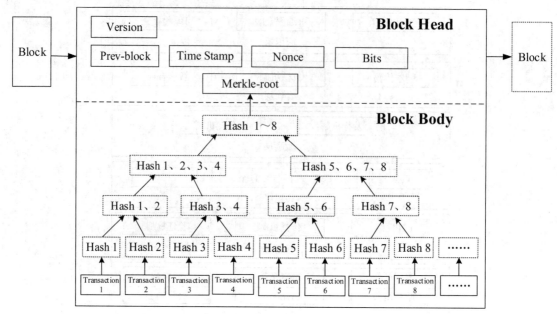

图 12-6 区块结构

3. 时间戳

时间戳被用来加盖在区块头中，确定了区块的写入时间，同时也使区块链具有时序的性质。时间戳可以作为区块数据的存在性证明，有助于形成不可篡改不可伪造的分布式账本。更为重要的是，时间戳为未来基于区块链技术的互联网和大数据增加了时间维度，使通过区块数据和时间戳重现历史成为可能。

4. 散列算法（哈希算法）

区块链不会直接保存明文的原始交易记录，只是将原始交易记录经过散列运算，得到一定长度的散列值，并将这串字母与数字组成的定长字符串记录进区块。如，比特币使用双SHA256 散列算法，将任意长度的原始交易记录经过两次 SHA256 散列运算，得到一串 256bits 的散列值，便于存储和查找。散列算法具有单向性、定时性、定长性和随机性的优点。单向性指由散列值无法反推得到原来的输入数据（理论上可以，实际上几乎不可能）；定时性指不同长度的数据计算散列值所需要的时间基本一样；定长性指输出的散列值都是相同长度；随机性指两个相似的输入却有截然不同的输出。同时，SHA256 算法也应用于比特币所使用的算力证明，矿工们寻找一个随机数，使新区块头的双 SHA256 散列值小于或等于一个目标散列值，并且加入难度值，使这个数学问题的解决时间平均为 10 分钟，也就是平均每 10 分钟产生一个新的区块。

5. Merkle 树

Merkle 树是区块链技术的重要组成部分。它可将已经运算为散列值的交易信息按照二叉树形结构组织起来，保存在区块的块体之中。比特币采用经典的二叉 Merkle 树，将区块数据分组两两进行散列运算，一直递归下去，直到剩下唯一的"Merkle 根"。而以太坊采用了改进的 Merkle Patricia 树。Merkle 树的优点：良好的扩展性，不管交易数据怎么样，都可以生成一颗 Merkle 树；查找算法的时间复杂度很低，从底层溯源查找到 Merkle 根部来验证一笔交易是否存在或合法，时间复杂度低，运行占用资源少。这也使得轻节点成为可能，轻节点不用保存全部的区块链数据，仅需要保存包含 Merkle 根的区块头就可以验证交易的合法性。

6. 公钥加密

为了实现区块链安全性和所有权验证需求，区块链技术中集成了公钥加密技术，实现信息加密、数字签名和登录认证等功能。在比特币系统中，采用椭圆曲线公钥密码体制，交易信息中必须要有正确的数字签名才能验证交易有效性。比特币系统一般通过调用操作系统底层的随机数生成器来生成 256 位随机数作为私钥，公钥是由私钥首先经过 Secp256k1 椭圆曲线算法生成 65 字节长度的随机数。该公钥可用于产生比特币交易时使用的地址。依据公钥密码体制特性，通过公钥不能反推出私钥。比特币的公钥和私钥通常保存于比特币钱包文件，其中私钥最为重要，丢失私钥就意味着丢失了对应地址的全部比特币资产。现有的比特币和区块链系统中，根据实际应用需求已经衍生出多私钥加密技术，以满足多重签名等更为灵活和复杂的场景。

12.4.2 网络层

网络层封装了区块链系统的组网方式、消息传播协议和数据验证机制等要素。结合实际应用需求，通过设计特定的传播协议和数据验证机制，可使得区块链系统中每一个节点都能参与区块数据的校验和记账过程，仅当区块数据通过全网大部分节点验证后，才能记入区块链。

1. 组网方式

区块链系统的节点具有分布式、自治性、开放可自由进出等特性，通常采用对等式网络（即 P2P 网络）组织散布全球的参与数据验证和记账的节点。P2P 网络中的每个节点均地位对等且以扁平式拓扑结构相互连通和交互，不存在任何中心化的特殊节点和层级结构，每个节点均具有承担网络路由、验证区块数据、传播区块数据、发现新节点等功能。按照节点存储数据量的不同，其可以分为全节点和轻量级节点。全节点的优势在于不依赖任何其他节点而能够独立地实现任意区块数据的校验、查询和更新，劣势则是维护全节点的空间成本较高；与之相比，轻量级节点则仅保存一部分区块链数据，并通过简易支付验证方式向其相邻节点请求所需的数据来完成数据校验。

2. 数据传播协议

任一区块数据生成后，将由生成该数据的节点广播到全网其他所有的节点来加以验证。现有的区块链系统一般根据实际应用需求设计比特币传播协议的变种，例如以太坊区块链集成了所谓的"幽灵协议"以解决因区块数据确认速度快而导致的高区块作废率和随之而来的安全性风险。

3. 数据验证机制

P2P 网络中的每个节点都时刻监听比特币网络中广播的数据与新区块。节点接收到邻近节点发来的数据后，将首先验证该数据的有效性。如果数据有效，则按照接收顺序为新数据建立存储池以暂存尚未记入区块的有效数据，同时继续向邻近节点转发；如果数据无效，则立即废弃该数据，从而保证无效数据不会在区块链网络继续传播。以比特币为例，矿工节点会收集和验证 P2P 网络中广播的尚未确认的交易数据，并对照预定义的标准清单，从数据结构、语法规范性、输入输出和数字签名等各方面校验交易数据的有效性，并将有效交易数据整合到当前区块中。同理，当某矿工"挖"到新区块后，其他矿工节点也会按照预定义标准来校验该区块是否包含足够工作量证明、时间戳是否有效等；如确认有效，其他矿工节点会将该区块链接到主区块链上，并开始竞争下一个新区块。

12.4.3 共识层

如何在分布式系统中高效地达成共识是分布式计算领域的重要研究问题。与社会系统中"民主"和"集中"的对立关系相似，决策权越分散的系统达成共识的效率越低，但系统稳定性和满意度越高，而决策权越集中的系统更易达成共识，但同时更易出现专制和独裁。区块链技术的核心优势之一就是能够在决策权高度分散的去中心化系统中使得各节点高效地针对区块数据的有效性达成共识。

早期的比特币区块链采用高度依赖节点算力的工作量证明 PoW 机制来保证比特币网络分布式记账的一致性。随着区块链技术的发展和各种竞争币的相继涌现，研究者提出多种不依赖算力而能够达成共识的机制，例如点点币首创的权益证明（Proof of Stake，PoS）共识机制和比特币首创的授权股份证明（Delegated Proof of Stake，DPoS）共识机制等。区块链共识层即封装了这些共识机制。

1. PoW 共识机制

中本聪在其比特币奠基性论文中设计了 PoW 共识机制，其核心思想是，通过引入分布式节点的算力竞争来保证数据的一致性和共识的安全性。比特币系统中，各节点（即矿工）基于各自的计算机算力相互竞争来共同解决一个求解复杂但验证容易的 SHA256 数学难题（即挖矿），最快解决该难题的节点将获得区块记账权和系统自动生成的比特币奖励。该数学难题可表述为：根据当前难度值，通过搜索求解一个合适的随机数（Nonce）使得区块头各元数据的双 SHA256 哈希值小于或等于目标哈希值。比特币系统通过灵活调整随机数搜索的难度值来控制区块的平均生成时间为 10 分钟左右。PoW 共识机制整合了比特币系统的货币发行、交易支付和验证等功能，并通过算力竞争保障系统的安全性和去中心性。PoW 共识机制的缺陷也是显著的，其强大算力造成的资源（如电力）浪费，历来为研究者所诟病，而且长达 10 分钟的交易确认时间使其不适合小额交易的商业应用。

2. PoS 共识机制

PoS 共识机制是为解决 PoW 共识机制的资源浪费和安全性缺陷而提出的替代方案。PoS 共识机制本质上是采用权益证明来代替 PoW 共识机制中的基于哈希算力的工作量证明，是由系统中具有最高权益而非最高算力的节点获得区块记账权。权益体现为节点对特定数量货币的所有权，称为币龄或币天数（Coin days）。币龄是特定数量的币与其最后一次交易的时间长度的乘积，每次交易都将会消耗掉特定数量的币龄。例如，某人在一笔交易中收到 10 个币后并持有 10 天，则获得 100 币龄；而后其花掉 5 个币后，则消耗掉 50 币龄。显然，采用 PoS 共识机制的系统在特定时间点上的币龄总数是有限的，长期持币者更倾向于拥有更多币龄，因此币龄可视为其在 PoS 系统中的权益。此外，PoW 共识过程中各节点挖矿难度相同，而 PoS 共识过程中的难度与交易输入的币龄成反比，消耗币龄越多则挖矿难度越低。节点判断主链的标准也由 PoW 共识的最高累计难度转变为最高消耗币龄，每个区块的交易都会将其消耗的币龄提交给该区块，累计消耗币龄最高的区块将被链接到主链。由此可见，PoS 共识过程仅依靠内部币龄和权益而不需要消耗外部算力和资源，从根本上解决了 PoW 共识算力浪费的问题，并且能够在一定程度上缩短达成共识的时间，因而比特币之后的许多竞争币均采用 PoS 共识机制。

3. DPoS 共识机制

DPoS 共识机制的基本思路类似于"董事会决策"，即系统中每个股东节点可以将其持有的股份权益作为选票授予一个代表，获得票数最多且愿意成为代表的前 101 个节点将进入"董事会"，按照既定的时间表轮流对交易进行打包结算并且签署（即生产）一个新区块。每个区块被签署之前，必须先验证前一个区块已经被受信任的代表节点所签署。"董事会"的授权代表节点可以从每笔交易的手续费中获得收入，同时要成为授权代表节点必须缴纳一定量的保证金，其金额相当于生产一个区块收入的 100 倍。授权代表节点必须对其他股东节点负责，如果其错过签署相对应的区块，则股东将会收回选票从而将该节点"投出"董事会。因此，授权代表节点通常必须保证 99%以上的在线时间以实现盈利目标。显然，与 PoW 共识机制必须信任最高算力节点和 PoS 共识机制必须信任最高权益节点不同的是，DPoS 共识机制中每个节点都能够自主决定其信任的授权节点且由这些节点轮流记账生成新区块，因而大幅减少了参与验证和记账的节点数量，可以实现快速共识验证。

12.4.4　激励层

区块链共识过程通过汇聚大规模共识节点的算力资源来实现共享区块链账本的数据验证和记账工作，因而其本质上是一种共识节点间的任务众包过程。去中心化系统中的共识节点本身是自利的，最大化自身收益是其参与数据验证和记账的根本目标。因此，必须设计激励相容的合理众包机制，使得共识节点最大化自身收益的个体理性行为与保障去中心化区块链系统的安全和有效性的整体目标相吻合。区块链系统通过设计适度的经济激励机制并与共识过程相集成，从而汇聚大规模的节点参与并形成了对区块链历史的稳定共识。

以比特币为例，比特币 PoW 共识机制中的经济激励由新发行比特币奖励和交易流通过程中的手续费两部分组成，奖励给 PoW 共识过程中成功搜索到该区块的随机数并记录该区块的节点。因此，只有当各节点通过合作共同构建共享和可信的区块链历史记录，并维护比特币系统的有效性，其获得的比特币奖励和交易手续费才会有价值。比特币形成了挖矿生态圈，大量配备专业"矿机"设备的"矿工"积极参与基于挖矿的 PoW 共识过程，其根本目的就是通过获取比特币奖励并转换为相应法币来实现盈利。

1. 发行机制

比特币系统中每个区块发行比特币的数量是随着时间阶梯性递减的。创世区块起的每个区块将发行 50 个比特币奖励给该区块的记账者，此后每隔约 4 年（21 万个区块）每区块发行比特币的数量会降低一半，依次类推，一直到比特币的数量稳定在上限 2100 万个为止。比特币交易过程中会产生手续费，目前默认手续费是万分之一个比特币，这部分费用也会记入区块并奖励给记账者。这两部分费用将会封装在每个区块的第一个交易（称为 Coinbase 交易）中。虽然现在每个区块的总手续费相对于新发行比特币来说规模很小（通常不会超过 1 个比特币），但随着未来比特币发行数量的逐步减少甚至停止发行，手续费将逐渐成为驱动节点共识和记账的主要动力。同时，手续费还可以防止大量微额交易对比特币网络发起的"粉尘"攻击，起到保障安全的作用。

2. 分配机制

在比特币系统中，大量的小算力节点通常会选择加入矿池，通过相互合作汇集算力来提高"挖"到新区块的概率，并共享该区块的比特币和手续费奖励。据 Bitcoinmining.com 统计，目前已经存在 13 种不同的分配机制。主流矿池通常采用 PPLNS（Pay Per Last N Shares）、PPS（Pay Per Share）和 PROP（PRO Portionately）等机制。矿池将各节点贡献的算力按比例划分成不同的股份（Share）。其中 PPLNS 机制是指发现区块后，各合作节点根据其在最后 N 个股份内贡献的实际股份比例来分配区块中的比特币；PPS 则直接根据股份比例为各节点估算和支付一个固定的理论收益，采用此方式的矿池将会适度收取手续费来弥补其为各节点承担的收益不确定性风险；PROP 机制则根据节点贡献的股份按比例地分配比特币。矿池的出现是对比特币和区块链去中心化趋势的潜在威胁，如何设计合理的分配机制引导各节点合理地合作、避免出现因算力过度集中而导致的安全性问题是需要解决的问题。

12.4.5 合约层

合约层封装区块链系统的各类脚本代码、算法机制以及由此生成的更为复杂的智能合约。如果说数据、网络和共识 3 个层次作为区块链底层"虚拟机"分别承担数据表示、数据传播和数据验证功能的话，合约层则是建立在区块链虚拟机之上的商业逻辑和算法，是实现区块链系统灵活编程和操作数据的基础。包括比特币在内的数字加密货币大多采用非图灵完备的简单脚本代码来编程控制交易过程，这也是智能合约的雏形；随着技术的发展，目前已经出现以太坊等图灵完备的可实现更为复杂和灵活的智能合约的脚本语言，使得区块链能够支持宏观金融和社会系统的诸多应用。

比特币采用一种简单的、基于堆栈的、从左向右处理的脚本语言，而一个脚本本质上是附着在比特币交易上的一组指令的列表。比特币交易依赖于两类脚本来加以验证，即锁定脚本和解锁脚本，二者的不同组合可在比特币交易中衍生出无限数量的控制条件。其中，锁定脚本是附着在交易输出值上的"障碍"，规定以后花费这笔交易输出的条件；解锁脚本则是满足被锁定脚本在一个输出上设定的花费条件的脚本，同时它将允许输出被消费。举例来说，大多数比特币交易均是采用接收者的公钥加密和私钥解密，因而其对应的 P2PKH（Pay to Public Key Hash）标准交易脚本中的锁定脚本即是使用接收者的公钥实现阻止输出功能，而使用私钥对应的数字签名来加以解锁。

比特币脚本系统可以实现灵活的交易控制。例如，通过规定某个时间段（如一周）作为解锁条件，可以实现延时支付；通过规定接收者和担保人必须共同私钥签名才能支配一笔比特币，可以实现担保交易；通过设计一种可根据外部信息源核查某概率事件是否发生的规则并作为解锁脚本附着在一定数量的比特币交易上，即可实现博彩和预测市场等类型的应用；通过设定 N 个私钥集合中至少提供 M 个私钥才可解锁，可实现 M-N 型多重签名，即 N 个潜在接收者中至少有 M 个同意签名才可实现支付。多重签名可广泛应用于公司决策、财务监督、中介担保甚至遗产分配等场景。

比特币脚本是智能合约的雏形，催生了人类历史上第一种可编程的全球性货币。然而，比特币脚本系统是非图灵完备的，其中不存在复杂循环和流控制，这在损失一定灵活性的同时能够极大地降低复杂性和不确定性，并能够避免因无限循环等逻辑炸弹而造成拒绝服务等类型的安全性攻击。为提高脚本系统的灵活性和可扩展性，研究者已经尝试在比特币协议之上叠加新的协议，以满足在区块链上构建更为复杂的智能合约的需求。以太坊已经研发出一套图灵完备的脚本语言，用户可基于以太坊构建任意复杂和精确定义的智能合约与去中心化应用，从而为基于区块链构建可编程的金融与社会系统奠定了基础。

12.4.6　应用层

区块链技术作为数字货币的核心支撑，已经引起了花旗银行、摩根大通、高盛、纽约梅隆银行、汇丰银行、巴克莱银行等众多金融巨头的高度重视。这些金融巨头均与区块链公司取得合作，研究区块链技术在金融世界的应用。

麦肯锡研究报告指出了区块链技术在金融业应用的 5 大场景。

（1）数字货币：提高货币发行便利性。

（2）跨境支付与结算：实现点到点交易，减少中间费用。

（3）票据与供应链金融业务：减少人为介入，降低成本及操作风险。

（4）证券发行与交易：实现实时资产转移，加速交易清算速度。

（5）客户征信与反欺诈：降低法律合规成本，防止金融犯罪。

除了金融业，区块链技术还有以下的应用场景。

（1）存在性证明。由于区块链技术的不可篡改性，可把区块链技术应用于存在性证明，把过去的某一状态存在区块链上，未来就可以证明该状态在过去确实存在。

（2）智能合约。以太坊上的智能合约就是一个最好的例子，把智能合约部署在区块链上，合约内容事先定好，达到合约中的某个条件时合约自动触发，执行合约中的内容可以免去现实生活中合约执行的一些苛刻条件，能在不信任的环境下执行合约。

（3）身份验证。智能合约可以存储个人的身份信息，保存现有的身份状态，一旦身份信息被篡改就会触发一定的条款，身份所有者就会知晓。

（4）预测市场。例如，Augur 是一个基于区块链技术的去中心化的预测市场的平台，任何人都可以随时随地地访问和使用 Augur，利用这种技术可以消除中心化服务器的风险。

（5）电子商务。把比特币无监管模式应用到电子商务中，能免去中间冗杂的环节，例如，OpenBazaar 直接用比特币进行交易，类似于一个去中心化的淘宝平台。

（6）社交通信。例如去中心化通信平台 Gems，它试图打破现有的社交媒体的模式，不仅让社交公司可以赚钱，用户也能从中获利。

（7）文件存储。目前，基于区块链的存储技术直接冲击甚至颠覆传统的云计算架构，Storj、Siacoin、Filecoin 等基于区块链技术的文件存储系统越来越成熟。

本章小结

本章介绍了区块链的基本概念和核心技术，并介绍了区块链的一种典型应用——比特币的基本概念及其交易过程，结合比特币应用介绍了区块链系统基础架构模型。区块链是一种特殊的分布式数据库，其通过去中心化和去信任的方式集体维护一个可靠数据库的技术。比特币是区块链技术的一种典型应用，其本质是由分布式网络系统生成的数字加密货币。

习题 12

1. 什么是区块链？其本质是什么？
2. 区块链有哪些特点？
3. 区块链有哪些核心技术？它们解决了什么问题？
4. 比特币的本质是什么？简述其交易过程。
5. 论述区块链的基础架构模型以及每一部分的具体组成。
6. 区块链技术有哪些应用场景？

参考文献

[1] 陈克非，黄征. 信息安全技术导论[M]. 北京：电子工业出版社，2007.

[2] 毛文波. 现代密码学理论与实践[M]. 王继林，等译. 北京：电子工业出版社，2004.

[3] 道格拉斯 R，斯廷森. 密码学原理与实践[M]. 冯登国，等译. 3 版. 北京：电子工业出版社，2009.

[4] 杨义先，钮心忻. 应用密码学[M]. 北京：北京邮电大学出版社，2005.

[5] 弗莱格. 信息安全原理与应用[M]. 李毅超，等译. 北京：电子工业出版社，2007.

[6] 王丽娜，张焕国，叶登攀，等. 信息隐藏技术与应用[M]. 武汉：武汉大学出版社，2009.

[7] 张焕国、王张宜. 密码学引论[M]. 2 版. 武汉：武汉大学出版社，2009.

[8] 张浩军. 计算机网络实训教程[M]. 2 版. 北京：高等教育出版社，2008.

[9] PROUOS N，HOLZ T. 虚拟蜜罐：从僵尸网络追踪到入侵检测[M]. 张浩军，等译. 北京：中国水利水电出版社，2010.

[10] 朱要恒. WAPI 安全技术研究与仿真实现[D]. 成都：电子科技大学，2017.

[11] 张骁，李红信. 信息安全建设中的隔离网闸技术应用研究[J]. 山西师范大学学报（自然科学版），2010，24（2）：43-47.

[12] 查东辉. 入侵防御系统技术[J]. 信息安全与通信保密，2009（2）：48-50.

[13] 沈昌祥. 用主动免疫可信计算 3.0 筑牢网络安全防线营造清朗的网络空间[J]. 信息安全研究，2018，4（4）：282-302.

[14] 袁勇，王飞跃. 区块链技术发展现状与展望[J]. 自动化学报，2016，42（4）：481-494.